普通高等教育"十二五"创新型规划教材·电工电子实验精品系列

电子工艺实训指导

（第 2 版）

主 编 李 明 果 莉
副主编 胡海波 王润涛

U0223462

哈尔滨工业大学出版社

内 容 简 介

　　本书是根据高校电气类、机电类各专业工程实训的基本要求,结合编者多年的教学和实践经验,针对全面培养学生动手能力和创新能力的目标而编写的。全书共分7章,主要内容包括电子工艺概述、安全用电、电子元器件、焊接技术、印制电路板设计与制作、装配与调试工艺及典型的电子综合实训项目。本书系统地介绍了电子工艺的基础理论知识和操作技能。在本书的内容结构设计上,各章节设计了总结性的实训项目,并在第7章重点提出了11个符合高校实际课程需要的实训项目。

　　本书内容丰富,取材实际,直观易懂,具有很强的实用性,可作为高等院校电子信息、电气工程、自动化等专业的实验教材,也可作为机械等非电专业课程设计的指导书。

图书在版编目(CIP)数据

电子工艺实训指导/李明,果莉主编. —2 版. —哈尔滨:哈尔滨工业大学出版社,2019.7

ISBN 978-7-5603-8437-5

Ⅰ.①电… Ⅱ.①李… ②果… Ⅲ.①电子技术-高等学校-教学参考资料 Ⅳ.①TN

中国版本图书馆 CIP 数据核字(2019)第 159771 号

责任编辑　　王桂芝
出版发行　　哈尔滨工业大学出版社
社　　址　　哈尔滨市南岗区复华四道街 10 号　邮编 150006
传　　真　　0451-86414749
网　　址　　http://hitpress.hit.edu.cn
印　　刷　　黑龙江艺德印刷有限责任公司
开　　本　　787mm×1092mm　1/16　印张 15.25　字数 375 千字
版　　次　　2013 年 8 月第 1 版　2019 年 7 月第 2 版
　　　　　　2019 年 7 月第 1 次印刷
书　　号　　ISBN 978-7-5603-8437-5
定　　价　　34.00 元

(如因印装质量问题影响阅读,我社负责调换)

普通高等教育"十二五"创新型规划教材
电工电子实验精品系列
编　委　会

主　任　吴建强

顾　问　徐颖琪　梁　宏

编　委　（按姓氏笔画排序）

尹　明　付光杰　刘大力　苏晓东

李万臣　宋起超　果　莉　房国志

序

电工、电子技术课程具有理论与实践紧密结合的特点,是工科电类、非电类各专业必修的技术基础课程。电工、电子技术课程的实验教学在整个教学过程中占有非常重要的地位,对培养学生的科学思维方法、提高动手能力、实践创新能力及综合素质等起着非常重要的作用,有着其他教学环节不可替代的作用。

根据《国家中长期教育改革和发展规划纲要(2010~2020)》及《卓越工程师教育培养计划》"全面提高高等教育质量"、"提高人才培养质量"、"提升科学研究水平"、支持学生参与科学研究和强化实践教学环节的指导精神,我国各高校在实验教学改革和实验教学建设等方面也都面临着更大的挑战。如何激发学生的学习兴趣,通过实验、课程设计等多种实践形式夯实理论基础,提高学生对科学实验与研究的兴趣,引导学生积极参与工程实践及各类科技创新活动,已经成为目前各高校实验教学面临的必须加以解决的重要课题。

长期以来实验教材存在各自为政、各校为政的现象,实验教学核心内容不突出,一定程度上阻碍了实验教学水平的提升,对学生实践动手能力的培养提高存有一定的弊端。此次,黑龙江省各高校在省教育厅高等教育处的支持与指导下,为促进黑龙江省电工、电子技术实验教学及实验室管理水平的提高,成立了"黑龙江省高校电工电子实验教学研究会",在黑龙江省各高校实验教师间搭建了一个沟通交流的平台,共享实验教学成果及实验室资源。在研究会的精心策划下,根据国家对应用型人才培养的要求,结合黑龙江省各高校电工、电子技术实验教学的实际情况,组织编写了这套"普通高等教育'十二五'创新型规划教材·电工电子实验精品系列",包括《模拟电子技术实验教程》《数字电子技术实验教程》《电路原理实验教程》《电工学实验教程》《电工电子技术 Multisim 仿真实践》《电子工艺实训指导》《电子电路课程设计与实践》《大学生科技创新实践》。

该系列教材具有以下特色:

1. 强调完整的实验知识体系

系列教材从实验教学知识体系出发统筹规划实验教学内容,做到知识点全面覆盖,杜绝交叉重复。每个实验项目只针对实验内容,不涉及具体实验设备,体现了该系列教材的普适通用性。

2. 突出层次化实践能力的培养

系列教材根据学生认知规律,按必备实验技能—课程设计—科技创新,分层次、分类型统一规划,如《模拟电子技术实验教程》《数字电子技术实验教程》《电工学实验教程》《电路原理实验教程》,主要侧重使学生掌握基本实验技能,然后过渡到验证性、简单的综合设计性实验;而《电子电路课程设计与实践》和《大学生科技创新实践》,重点放在让学生循序渐进掌握比较复杂的较大型系统的设计方法,提高学生动手和参与科技创新的能力。

3. 强调培养学生全面的工程意识和实践能力

系列教材中《电工电子技术 Multisim 仿真实践》指导学生如何利用软件实现理论、仿真、实验相结合,加深学生对基础理论的理解,将设计前置,以提高设计水平;《电子工艺实训指导》中精选了 11 个符合高校实际课程需要的实训项目,使学生通过整机的装配与调试,进一步拓展其专业技能。并且系列教材中针对实验及工程中的常见问题和故障现象,给出了分析解决的思路、必要的提示及排除故障的常见方法,从而帮助学生树立全面的工程意识,提高分析问题、解决问题的实践能力。

4. 共享网络资源,同步提高

随着多媒体技术在实验教学中的广泛应用,实验教学知识也面临着资源共享的问题。该系列教材在编写过程中吸取了各校实验教学资源建设中的成果,同时拥有与之配套的网络共享资源,全方位满足各校实验教学的基本要求和提升需求,达到了资源共享、同步提高的目的。

该系列教材由黑龙江省十几所高校多年从事电工电子理论及实验教学的优秀教师共同编写,是他们长期积累的教学经验、教改成果的全面总结与展示。

我们深信:这套系列教材的出版,对于推动高等学校电工电子实验教学改革、提高学生实践动手及科研创新能力,必将起到重要作用。

教育部高等学校电工电子基础课程教学指导委员会副主任委员
中国高等学校电工学研究会理事长
黑龙江省高校电工电子实验教学研究会理事长
哈尔滨工业大学电气工程及自动化学院教授

2013 年 7 月于哈尔滨

再版前言

　　《电子工艺实训指导》是在黑龙江省教育厅高教处的统一立项和指导下,在黑龙江省电工电子实验教学研究会的统一组织下,总结黑龙江省各高校多年来的电工电子实践教学改革经验,跟踪电工电子技术发展新趋势,并结合以往电工电子系列实验讲义和参阅相关资料的基础上,针对加强学生实践能力和创新能力培养的教学目标编写完成的。

　　此次修订,除保持本书深入浅出、理论严谨、系统性强及便于自学等特点外,新增加了拔河游戏机控制电路的装调实训内容,拓展了实训项目;并对第1版中存在的疏漏进行了补充和修订,以便读者更加流畅地阅读和全面学习电子工艺实训技能。

　　本书具有以下特点:

　　(1)内容设计突出了编写思路的创新性、针对性和实用性,着重培养学生电子电路装接与调试、故障的排查与处理、电路设计与选型等能力,本着"先简单针对性任务,后复杂综合性任务"这一原则进行全文结构的设计。

　　(2)内容体现了理论与实训的相互融合、相互渗透,本书可兼作教学和自学的指导教程。

　　(3)突出实训教程的应用性特点,注重动手能力的培养,深入浅出,有利于学生在学习过程中牢固掌握并灵活应用所学知识。

　　(4)既重视电子工艺基本操作技能的阐述,又突出综合性装配技能的训练,第1～6章主要以理论介绍和基础技能为主,第7章提供了11个电子产品整机的装配与调试训练,使学生在掌握扎实的基本技能的同时,又能够进行整机的装配与调试,从而进一步拓展专业技能。

　　本书建议安排学时数为40～80学时,理论部分建议以学生自学为主,实训部分可以作为课程设计或者毕业设计项目,使用者可以根据自身的办学条件与设备的投入灵活地设置。

　　本书由李明(岭南师范学院)和果莉(东北农业大学)担任主编,胡海波(黑龙江工程学院)和王润涛(岭南师范学院)担任副主编。参加编写的老师有冷欣(东北林业大学),盛程潜、张正苏、徐泽清、周玉滨(黑龙江工程学院),林春(东方学院)。

　　本书在编写过程中,参考了国内学者的科研成果和网络资源,得到了哈尔滨工业大学电工电子实验中心主任吴建强教授的大力支持,在此一并致以诚挚的谢意。

　　由于现代电子技术的迅猛发展和电子产品的快速更新,加上作者水平有限,书中难免有疏漏和不妥之处,恳请读者给予批评指正。

编　者

2019 年 7 月

目　录

第1章 电子工艺概述

1.1 电子工艺的基本概念

随着电子技术的发展,电子设备正广泛地应用于人类生活的各个领域,按用途可分为通信、广播、电视、导航、无线电定位、自动控制、遥控遥测和计算机技术等方面的设备。随着电子设备的使用范围越来越广,使用条件越来越复杂,质量要求越来越高,对电子产品结构的要求也越来越高。

电子产品的种类繁多,主要分为电子材料、元器件、配件、整机和系统。各种电子材料和元器件是构成组件和整机的基本单元,组件和整机又是组成电子产品系统的基本单元。电子产品的组成结构如图1.1所示。

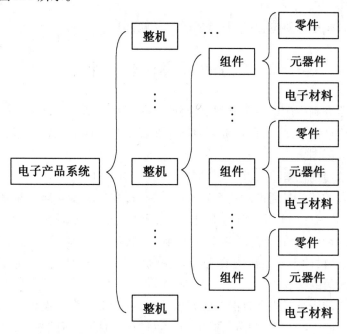

图1.1 电子产品的组成结构

1. 零件
零件是组成电子产品的基本单元,如元器件、印刷电路板及一定长度的导线等。

2. 组件
组件由零件、元器件和电子材料构成,是通过装配工序组成部分连接且不具有独立用途的中间产品,如机壳、焊接导线的组合开关、组装部分元件的面板等。其来源为外加工或本企业组织生产。

3. 整机

整机是通过装配工序完成连接且具有独立结构、独立用途和一定通用性的产品,如个人计算机的声卡、显卡,完成装配、焊接及调试的电路板组件(PCBA)等。

4. 电子产品系统

电子产品系统由一定基本功能的整机连接构成,能够完成某项完整功能的产品。若干台整机又能组成成套设备,如计算机、多媒体音响及示波器等。

成套设备(整机)一般不需要制造厂连接,必须在使用环境下进行安装与连接。

工艺是生产者利用设备和生产工具,对各种原材料、半成品进行加工或处理,使之最后成为产品的艺术(程序、方法或技术)。任何电子产品从原材料进厂到加工、制造、检验的每一个环节,直到成品出厂,都要按照特定的工艺规程去生产。

电子工艺是指电子整机(包括配件)产品的制造工艺,包括设计、试验、装配、焊接、调整、检验、维修及服务等环节。

电子工艺的内容包括工艺技术和工艺管理两部分。

(1)工艺技术

工艺的技术手段和操作技能。(硬件)

(2)工艺管理

产品在生产过程中的质量控制和工艺管理。(软件)

1.2　电子产品设计的工作流程

电子产品从研究到生产的整个过程可划分为四个阶段,即方案论证阶段、工程设计阶段、设计定型阶段和生产定型阶段,在各阶段中都存在着工艺方面的工艺规程。图1.2所示为电子产品工艺工作流程图。

1. 方案论证阶段的任务

方案论证阶段的任务是通过对新产品的设计调研,在产品设计前突破复杂的关键技术课题,为确定设计任务书选择最佳设计方案;根据电子技术发展的新趋向,寻求把新技术的成果应用于产品设计的途径,有计划地掌握新线路、新结构、新工艺、新理论,以及采用新材料、新器件等,为不断在产品设计中采用新技术,创造出更高水平的新产品奠定基础。

2. 工程设计阶段的任务

工程设计阶段的任务是根据批准的研究任务书,进行产品全面设计。这一阶段要编制产品设计文件和必要的工艺文件,制造出样机,并通过对样机的全面试验检查鉴定产品的性能,从而肯定产品设计与关键工艺。

3. 设计定型阶段的任务

设计定型阶段的任务是对研制出的样机进行使用现场的试验和鉴定,对产品的主要性能作出全面的评价。这一阶段要进行工艺质量的评审、补充完善工艺文件、全面考查设计文件和技术文件的正确性,进一步稳定和改进工艺,为产品生产定型做好生产技术准备工作。

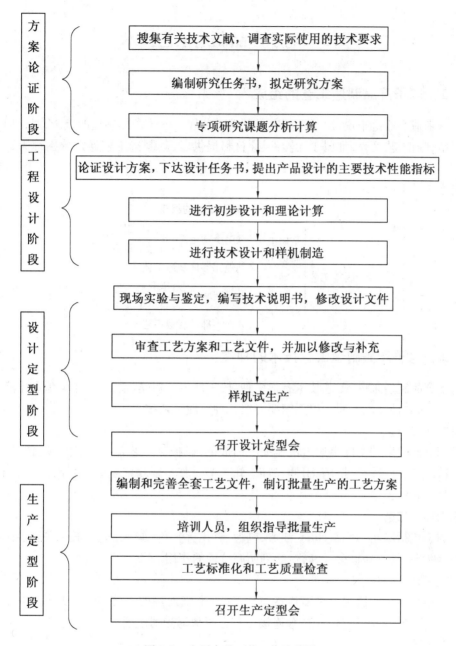

图1.2　电子产品工艺工作流程图

4. 生产定型阶段的工艺工作

生产定型阶段的任务是在总结产品设计定型的基础上,按照正式生产的生产类型要求,提出生产定型的各项工艺技术准备工作。

产品生产定型的标准:具备生产条件,生产工艺经过考验,生产的产品性能稳定;产品经试验后符合技术条件;具备生产与验收的各种技术文件。

1.3　电子产品制造工艺技术

1.3.1　电子产品制造工艺的组成

从电子制造产业链来说,由于基础电子制造工艺属于电子产品制造的上游,对于面向最终产品的产品制造工艺而言,都属于元器件、原材料提供者,其制造工艺通常分别称为元器件制造工艺、微电子制造工艺和PCB制造工艺。通常谈到电子工艺,指的是狭义的电子制造工艺。电子制造工艺的组成见表1.1。

表1.1　电子制造工艺的组成

电子制造工艺	基础电子制造工艺	微电子制造工艺	芯片制造工艺
			电子封装工艺
		其他元器件制造工艺	
	电子产品制造工艺	电子装联工艺	PCBA制造工艺
			整机组装工艺
		其他零部件制造工艺	

1.3.2　电子产品制造工艺技术的种类

对电子产品制造来讲,工艺技术有很多种,按工厂生产规模、设备、技术力量和生产产品的不同,工艺技术的种类也不同。以下简要介绍几种一般工艺技术。

1. 机械加工工艺

电子产品的很多结构件是通过机械加工而成的,机械类工艺包括车、钳、刨、铣、镗、磨、插齿、冷作、铸造、锻打、冲裁、挤压、引伸、滚齿、轧丝等。其主要功能是改变材料的几何形状,使之满足产品的装配连接。

2. 表面加工工艺

表面加工包括刷丝、抛光、印刷、油漆、电镀、氧化、铭牌制作等工艺。其主要功能是提高表面装饰性,使产品具有新颖感,同时也起到防腐抗蚀的作用。

3. 连接工艺

电子设备在生产制造中有许多连接方法,实现电气连接的工艺主要是焊接(手工和机器焊接)。除焊接外,压接、绕接、胶接等连接工艺也越来越受到重视。

4. 化学工艺

化学工艺包括电镀、浸渍、灌注、三防、油漆、胶木化、助焊剂、防氧化等工艺。其主要功能是防腐抗蚀、装饰美观等。

5. 塑料工艺

塑料工艺主要分为压塑、注塑及部分吹塑。

6. 总装工艺

总装工艺包括总装配、装联、调试、包装及总装前的预加工工艺和胶合工艺。

7. 其他工艺

其他工艺包括保证质量的检验工艺、老化筛选工艺、热处理工艺、数控工艺、电火花工艺等。

1.4 电子工艺技术及其发展

1.4.1 电子工艺的发展过程

电子工艺的发展基本可分为五代。

1. 第一代

电子管——底座框架式时代(始于1950年)。应用导线直连技术的电子管时代虽然很原始,但却打开了电子工艺之先河,在人类社会发展中具有划时代的意义。

2. 第二代

晶体管——通孔插装(THT)时代(始于1960年)。1947年,世界著名的贝尔实验室研制出了第一个半导体晶体管,也就是晶体管。晶体管既能代替电子管工作,又能消除电子管的所有缺点,它没有玻璃管壳,不需要真空,体积很小,生产成本很低,它的寿命比电子管长很多。因此,晶体管问世后,立即得到了迅速发展并且代替了电子管的位置。现在,我们日常生活中已经到处可见它的踪影。

3. 第三代

集成电路——通孔插装时代(始于1970年)。无论是晶体管还是集成电路,它们都属于在印制电路板上通孔安装方式。

4. 第四代

大规模集成电路——表面安装(SMT)时代(始于1980年)。SMT将人类带入了数字时代,成为电子制造的主流技术。

5. 第五代

超大规模集成电路——多层复合贴装(MPT)时代(始于1985年)。MPT技术正在发展,已经部分进入实际应用,而THT技术仍然还有部分应用。

1.4.2 电子工艺的发展趋势

1. 潮流一:技术的融合与交汇

电子设备追求高性能、多功能,向轻薄短小方向发展永无止境,不断推动着电子封装技术和组装技术"高密度化、精细化"发展。

(1)精细化

随着01005元件、高密度CSP封装的广泛使用,元件的安装间距正从目前的0.15 mm向0.1 mm发展,工艺上对焊膏的印刷精度、图形质量及贴片精度提出了更高要求。SMT从设备到工艺都将向着适应精细化组装的要求发展。

(2)微组装化

元器件复合化和半导体封装的三维化和微小型化,驱动着板级系统安装设计的高密度化。电子组装技术必须加快自身的技术进步,适应其发展。将无源元件及IC等全部埋置在基板内部的终极三维封装,以及芯片堆叠封装(SDP)、多芯片封装(MCP)和堆叠芯片尺寸封装(SCSP)的大量应用,将迫使电子组装技术跨进微组装时代。引线键合、CSP超声焊接、DCA、

POP(堆叠装配技术)等将进入板级组装工艺范围。

2. 潮流二:绿色化

（1）无铅

欧盟于 1998 年通过法案,明确规定从 2004 年 1 月起,任何电子产品中不可使用含铅焊料。欧洲电子电气设备指导法令(WEEE Directive)则规定到 2006 年 7 月 1 日,部分含铅电子设备的生产和进口将属非法,同时含铅电子产品也不允许在欧盟区域生产和销售。中国已于 2003 年 3 月由信息产业部拟定《电子信息产品生产污染防治管理法》,自 2006 年 7 月 1 日禁止电子产品中含有铅、汞、镉、六价铬、聚溴化联苯(PBB)、聚溴化苯基(PBDE)及其他有毒有害物质的含量。

（2）无卤

大部分有机卤素化合物本身是有毒的,在人体内潜伏可导致癌症,且其生物降解率很低,致使其积累在生态系统中,而且部分挥发性有机卤素化合物对臭氧层有极大的破坏作用,对环境和人类健康造成严重影响,因此,被列为对人类和环境有害的化学品,禁止或限量使用,是世界各国重点控制的污染物。

（3）其他方面

其他方面如绿色设计、能源效率、产品回收并大部分循环利用等。在全球变暖日益加剧以及其他环境问题日益凸显的今天,电子工艺的绿色化进程无疑具有极大的意义和深远的影响,同时它对普通人的低碳生活也颇有启示。

3. 潮流三:标准化与国际化

产品的生产过程是一个质量管理过程,为了向用户提供满意的产品和服务,提高电子企业和产品的竞争能力,世界各国都在积极推行全面质量管理,各种标准也应运而生。标准化是一个不分行业、不分国家地区、不分领域的纯技术理念。公认的标准化的定义是:对实际与潜在的问题作出统一规定,供共同和重复使用,以在预定领域内获取最佳秩序的活动。电子工艺标准化见表 1.2。

表 1.2　电子工艺标准化

标准化	国内标准	国家标准	强制性标准
			推荐性标准
		行业标准	强制性标准
			推荐性标准
		地方标准	
		企业标准	
	国际标准	ISO	
		IEC	
		ITU	⇒国际化
		ISO/IEC 联合标准与 JTC1	
		* IPC 等	

标准化的重要意义在于以先进标准要求、规范和改进产品、过程和服务的适用性,以便于开放、交流、贸易和合作。在当今世界经济发展日益激烈的竞争中,在具体产业、产品和贸易往来上的一个重要体现就是标准化水平、标准化程度和标准化的科技含量。

第2章 安全用电

2.1 人身安全

了解电可能造成人身伤害的各种方式和机制,预防和阻断伤害的途径,养成良好的用电习惯,是保障人身安全的根本。

2.1.1 触电的定义与分类

当人体某一部位接触了低压带电体或接近、接触了高压带电体,人体便成为一个通电的导体,电流流过人体,称为触电。触电对人体会产生伤害,按伤害的程度可将触电分为电击和电伤两种。

电击是指人体接触带电后,电流使人体的内部器官受到伤害。触电时,肌肉发生收缩,如果触电者不能迅速摆脱带电体,电流持续通过人体,最后因神经系统受到损害,使心脏和呼吸器官停止工作而导致死亡,这是最危险的触电事故。

电伤是指对人体外部造成的局部伤害,如电弧灼伤、电烙印、熔化的金属溅到皮肤造成的伤害,严重时也可导致死亡。

1. 触电电流

人体是一个不确定的非线性电阻。每个人两手之间、手脚之间、脚与脚之间及人体皮肤表面,都可能成为触电情况下的电流通路。特定电压下通过的电流大小取决于人体电流通道上电阻的大小,而此电阻的大小因不同人体和不同环境等复杂因素存在很大差异。当电压升高,同样的人体在电流通道下,电阻会变小。一般工作和生活场所供电为 380/220 V 中性点接地系统,触电时不同的电流通路所呈现的人体电阻范围可能在数百欧姆至数千欧姆之间。

人触电时,人体的伤害程度与通过人体的电流大小、频率、时间长短、触电部位经及触电者的生理素质等情况有关。通常,低频电流对人体的伤害高于高频电流,而电流通过心脏和中枢神经系统最危险。电流的大小对人体的伤害程度见表2.1。

表2.1　电流的大小对人体的伤害程度

交流电流/mA	对人体的伤害程度
0.6 ~ 1.5	手指有些微麻的感觉
2 ~ 3	手指有强烈麻的感觉
3 ~ 7	手部肌肉痉挛
8 ~ 10	难以摆脱电源,手部有剧痛感
50 ~ 80	呼吸麻痹、心脑震颤
90 ~ 100	呼吸麻痹,如果持续 3 s 以上,心脏就会停止跳动

2. 安全电压

人体电阻通常为 1 ~ 100 kΩ,在潮湿及出汗的情况下会降至 800 Ω 左右。接触 36 V 以下电压时,通过人体电流一般不超过 5 mA。因此,我国规定安全生产电压的等级为 36 V、24 V、12 V、6 V。在一般情况下,安全电压规定为 36 V,在潮湿及地面能导电的厂房,安全电压规定为 24 V,工作地点狭窄、行动不便及周围有大面积接地导体的环境(如管道内、隧道内、矿井内)中使用的手提照明灯,应采用 12 V 安全电压。

2.1.2 常见的触电方式

常见的触电方式可分为单相触电、双相触电和跨步触电三种。

1. 单相触电

当人体的某一部位碰到相线(俗称火线)或绝缘性不好的电气设备外壳时,电流由相线经人体流入大地的触电,称为单相触电(图 2.1)。因现在广泛采用三相四线制供电,且中性线(俗称零线)一般都接地,所以发生单相触电的机会也最多。此时人体承受的电压是相电压,在低压动力线路中为 220 V。

2. 双相触电

当人体的不同部位分别接触到同一电源的两根不同相位的相线,电流由一根相线经人体流到另一根相线的触电,称为双相触电(图 2.2)。380 V 的线电压或 220 V 的相电压直接加在人体上,此时通过人体的电流将更大,而且电流大部分经过心脏,后果比单相触电更严重。这类事故多发生在带电检修或安装电气设备时。

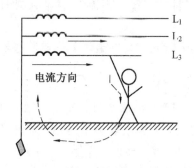

图 2.1 单相触电

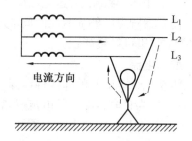

图 2.2 双相触电

3. 跨步触电

当高压电线因某种原因断落在地面时,电流会从电线的着地点向四周扩散,电流在接地点周围 1 520 m 的范围内产生电压降,这时如果人站在高压电线着地点附近,人的双脚之间就会有电压,并有电流通过人体造成触电,这种触电称为跨步触电。这时千万不要跑,最好单脚跳离电线落地点 20 m 以外,跳离现场有困难时应两脚并在一起站立。

2.1.3 常见的触电原因

①与电器带电极单极直接接触,形成"电极→人体→大地"回路。如电线、插座等裸露火线,故障电器致使电器金属外壳直接带电(无外壳接地保护)。

②与供电相线双极接触,形成"相 A→人体→相 B"回路。

③静电接触,主要是大容量电容瞬间放电,形成导电回路。

④偶然性事故,如电线断落触及人体等。

2.2 安全用电

安全用电的有效措施是"安全用电、以防为主"。相关人员要认真学习安全用电知识,增强安全意识,遵守安全操作规程,消除人为危险因素,落实电气设备的防范措施,彻底杜绝安全隐患。

2.2.1 基本安全措施

1. 合理选用导线和熔丝

不超负荷用电,不私拉乱接电线,严禁用铜、铝、铁丝代替保险丝或选用不适当的保险丝。各种导线和熔丝的额定电流值可以从手册中查到。在选用导线时应使载流能力大于实际输电电流。熔丝额定电流应与最大实际输电电流相符,切不可用铜、铝、铁丝代替。

2. 正确安装和使用电气设备

实验室或其他生活、办公环境下必须首先遵循防范在先的原则,从使用设备环境的角度防止触电。

① 所有电气设备及仪器的金属外壳、电源插座都应该安装保护接地或保护接零,并确保室内保护部位可靠接地或接零。

② 对正常情况下带电部位,一定要加绝缘防护,并确保带电部位置于人不容易碰到的地方。

③ 在所有使用民用电(220 V)的场所加装漏电保护器。

④ 开关必须接相线。单相电器的开关应接在相线上,切不可接在中性线上,以便在开关断开状态下维修和更换电器,从而减少触电的可能。

⑤ 在不同的环境下按规定选用安全电压。工矿企业一般机床照明灯电压为 36 V,移动灯具等电源的电压为 24 V,特殊环境下照明灯电压还有 12 V 或 6 V。

⑥ 防止跨步触电。应远离落在地面上的高压线至少 8 ~ 10 m,不得随意触摸高压电气设备。

⑦ 在选用用电设备时,必须先考虑带有隔离、绝缘、防护接地、安全电压等防护切断防范措施的用电设备。

⑧ 强电线路(如动力线等)与弱电线路要明显分开。

⑨ 电烙铁、灯泡等电热器具不能靠近易燃物,防止因长时间使用或无人看管而发生意外。

⑩ 不使用不合格的灯头、灯线、开关、插座等用电设备,用电设备要保持清洁、完整。

3. 明确统一的用电安全标识

标识分为颜色标识和图形标识。颜色标识常用来区分各种不同性质、不同用途的导线,或用来表示某处的安全程度。图形标识一般用来告诫人们不要去接近有危险的场所。为保证安全用电,必须严格按有关标准使用颜色标识和图形标识。

(1)红色

红色用来表示禁止、停止和消除。如信号灯、信号旗、设备的紧急停机按钮等,都用红色表示"禁止"的信息。

（2）黄色

黄色用来表示注意安全,如"当心触电""注意安全"等。

（3）绿色

绿色用来表示安全无事,如"在此工作""已接地"等。

（4）蓝色

蓝色用来表示强制执行,如"必须戴安全帽"等。

（5）黑色

黑色用来表示图像、文字符号和警告标识的几何图形。

按照有关技术法规的规定,在各种重要场合要采用不同颜色来区别设备的特征。

①在电器母线中,A 相为黄色、B 相为绿色、C 相为红色,明敷的接地线为黑色。

②在二次系统中,交流电压回路用绿色,信号和警告回路用白色。

2.2.2　安全操作

1. 停电工作的安全常识

停电工作是指用电设备或线路在不带电的情况下进行的电气操作。为保证停电后的安全操作,应按以下步骤操作:

（1）检查是否断开所有电源

在停电操作时,为保证安全切断电源,要使电源至作业的设备或线路有两个以上的明显断开点。对于多回路的用电设备或线路,还要注意从低压侧向被作业设备的倒送电。

（2）进行操作前的验电

操作前,使用电压等级合适的验电笔,对被操作的电气设备或线路进行两侧分别验电。验电时,手不得触及验电笔的金属带电部分,确认无电后,方可进行工作。

（3）悬挂警告牌

在断开的开关或刀闸操作手柄上应悬挂"禁止合闸,有人工作"的警告牌。

（4）挂接接地线

在检修交流线路中的设备或部分线路时,对于可能送电的地方都要安装携带型临时接地线。装接地线时,必须做到先接接地端,后接设备或线路导体端,接触必须良好。

2. 带电工作的安全常识

在没有停电的设备或线路上进行的作业,称为带电作业。一般情况下尽量停电作业,但由于工作急需,必须带电作业时,要采取可靠的安全措施后方可带电作业。

①在用电设备或线路上带电工作时,应由有经验的电工专人监护。

②带电作业前要明确任务,熟悉现场,并确定好作业方案。工作前,应把工具、材料准备充分,并运至现场,带电作业应穿戴好相应的防护用品。

③使用绝缘安全用具操作。在移动带电设备的操作（接线）时,应先接负载,后接电源,拆线时则顺序相反。

④带电作业人员工作时,与相线、零线、地线都要保持一定的距离。对达不到安全距离或无意中可能触及的导线,均应采取增强绝缘的措施。作业中,不允许带负荷拆线或接线。需要拆线时,应先拆相线,后拆零线;接线时,应先接零线,后接相线。

⑤带电作业时必须精神集中,在接触某一火线时,不许与其他火线及接地部分相碰。

2.2.3 保护接地与保护接零

电气接地和接零技术是防止人身触电和限制事故范围的一种安全措施。接地的种类很多,有工作接地、保护接地、保护接零、重复接地及屏蔽接地等。电网主要用到的是保护接地和保护接零。

1. 保护接地

保护接地就是把电气设备的金属外壳、框架等用接地装置与大地可靠地连接,它常用于电源中性点不接地的低压系统中。

保护接地的作用:电气设备的绝缘一旦击穿,就会发生漏电,保护接地可将其外壳对地电压限制在安全电压以内,以防止人身体触电事故的发生。

2. 保护接零

保护接零就是在电源中性点接地的低压系统中,把电气设备的金属外壳、框架与零线相连接,称为保护接零。

实施保护接零应注意以下几点:

①中性点未接地的供电系统,绝不允许采用接零保护。因为此时接零既不起任何保护作用,在电器发生漏电时,还会使所有接在中性线上的电气设备的金属外壳带电,导致触电。

②单相电器的接零线不允许加接开关、断路器等,否则,若中性线断开或熔断器的熔丝熔断,即使不漏电的设备,其外壳也将存在相电压,造成触电危险。若确实需要在中性线上接熔断器或开关,则可用作工作零线,但绝不允许再用于保护接零,保护线必须在电网的零干线上直接引向电器的接零端。

③在同一供电系统中,不允许设备接地和接零并存。因为此时若接地设备产生漏电,而漏电电流不足以切断电源,就会使电网中性线的电位升高,而接零电器的外壳与中性线等电位,人若触及接零电气设备的外壳,就会触电。

2.3 设备安全

2.3.1 设备接电前检查

设备接电前检查的重点是设备供电电源的规格。符合生产要求的设备都有设备铭牌。按国家标准,位于设备醒目处的铭牌或标识上应该注明设备需要的电源电压、频率及电源容量等参数。符合国家供电标准的国产一般设备,均应符合我国的市电 AC220 V/50 Hz 或三相(三相四线制) AC380 V/50 Hz 的标准。

设备接电前必须注意做到"三查":

①查设备铭牌,获取设备的基本信息和使用要求。

②查环境电源,看可供电压、容量是否与设备标注相吻合。

③查设备本身,如电源线是否完好,外壳是否可能带电等。

2.3.2 设备使用及异常处理

1. 正确使用设备

①了解仪器设备的功能,掌握其使用方法和注意事项。

②仪器设备使用后将面板上各旋钮、开关置回合适位置。

③正确接线,设置正确量程,以免量程与被测量不符而损坏仪器设备。

④轻拿轻放设备,不得擅自拆卸仪器和测试探头,以免影响其精度甚至损坏仪器。

2. 异常处理

设备外壳或手持部位有麻的感觉,开机或使用过程中机外熔断器烧断或空气开关跳闸,出现异常声音和异味时,应尽快断开电源,拔下电源插头,对设备进行检修;对烧断熔断器的情况,绝不允许换上大容量熔断器工作,一定要查明原因再换上同规格熔断器;及时记录异常现象及部位,避免检修前再通电。

2.4　电气火灾

2.4.1　电气火灾产生的原因

1. 线路短路、过载或接触不良

由于电线选择不当,绝缘过低或安装不符合规定要求,线路年久失修,导线绝缘老化和破损等都可能造成线路短路。线路短路时,其短路电流比正常工作电流大几十倍,甚至上百倍,从而使导线温度急剧上升,造成导线绝缘物和其他易燃物品的燃烧,形成电气火灾。

线路长时间过载和接触不良也会使导线过热,从而使绝缘损坏,也能引起火灾。此外,导线接触不良容易产生电火花,可能引起附近易燃物品的燃烧,形成火灾。

2. 电气设备发生故障

电动机、变压器和配电箱等电气设备发生故障,均有可能引起火灾。例如,电动机在运行中长期过载或发生匝间短路、单相接地、缺相运转、定转子相磨等故障时,都可能使电动机绕组过热,将其绝缘烧焦起火,形成电气火灾。

3. 静电放电

两种绝缘物体相互摩擦会产生静电。有时带电体上积累的静电对地电压会高达数千伏,甚至上万伏,并击穿周围的空气而放电,产生火花。这种静电放电现象,如发生在易燃或有爆炸性气体的场所,将会造成火灾。

4. 设备使用不当

设备使用不当也可能引起火灾。例如,易燃、易爆的场所使用普通电气设备,用灯泡取暖或电热毯使用不当等。

2.4.2　电气火灾的预防

电气火灾的预防应从以下几方面进行:

①防止发生短路是防止电气火灾的主要措施。电路中要合理装设断路器、熔断器、热继电器及电流继电器,当短路时,可将电源切断。

②要加强对电气设备及线路绝缘的测试,加强电气设备及线路的检修工作,及时更换电路中陈旧及绝缘老化的设备及导线,不得乱拉乱接电线及电器,绝缘电线的接头必须包扎良好绝缘,且各项接头的位置应错开。

③防止过负荷运行是防止电气火灾的重要措施。除电路中要合理安装断路器、熔断器、热继电器及电流继电器外,要及时调整线路的负荷,保持三相负荷的平衡,新增线路时,开关应与导线匹配。系统运行时要加强电流及温升的监视,不能随意增加用电器或调大用电器的容量。

④防止电弧及电火花的产生,特别是在易燃易爆场所。电气线路及设备接通时,必须使用断路器或有灭弧装置的开关,电器的触点、导线的连接必须紧密可靠,以免电弧及火花的产生。

⑤建立健全各项规章制度和设备的操作规程,加强责任心,防止麻痹大意和设备使用不当。

2.4.3　电气火灾的紧急处理

电气火灾发生时,应注意以下几个方面:

①电气火灾发生后,电气设备可能是带电的,这对消防人员是非常危险的,可能会发生触电伤亡事故。因此,无论带电与否,电气火灾发生后,都必须先将电气设备的电切断。

就近切断电源,利用设备或线路的电源开关和刀闸有困难时,可将电线剪断,然后再进行灭火工作。由于受潮、烟熏,开关的绝缘能力降低,在切断电源时最好使用绝缘工具。如急需带电灭火,严禁用水,因为用水会发生触电事故,应使用干粉灭火器、二氧化碳灭火器等不导电的灭火器材。

②灭火时不可使身体或灭火工具触及导线和电气设备,保持一定距离,防止触电。配电室以及高压线路发生火灾时,一般都带电且电压较高,扑救人员应注意跨步电压对人体的伤害。扑救 110 kV 以下的电气火灾,扑救人员及灭火器必须与着火的电气设备和线路保持 3 m 以上的距离,有高压电线落地发生火灾时,扑救人员不得进入电线接地点的 10 m 范围内,并应使用绝缘强度高的灭火器进行灭火。

③电气火灾发生后,现场人员应沉着机警,指挥现场其他人员不要慌乱,一方面尽快切断电源,用现场的灭火器尽快灭火,另一方面要疏散在场人员。

2.5　触电急救措施

触电急救必须分秒必争,立即就地进行抢救,并坚持不断地进行,同时及早与医疗部门联系,争取医务人员接替救治。在医务人员未接替救治前,不应放弃现场抢救,更不能只根据没有呼吸或脉搏擅自判定伤员死亡,放弃抢救。

触电急救的关键在于能否使触电者迅速脱离电源并及时采取正确的救护方法。

2.5.1　脱离电源

触电急救的第一步是使触电者迅速脱离电源,因为电流对人体的作用时间越长,对生命的威胁就越大。

1. 脱离低压电源的方法

脱离低压电源可用"拉""切""挑""拽""垫"五个字来概括。

(1)拉

拉指就近拉开电源开关。但应注意,普通的电灯开关只能断开一根导线,有时由于安装不符合标准,可能只断开零线,而不能断开电源,人身触及的导线仍然带电,不能认为已切断电源。

(2)切

当电源开关距触电现场较远或断开电源有困难,可用带有绝缘柄的工具切断电源线。切断时应防止带电导线断落触及其他人。

(3)挑

当导线搭落在触电者身上或压在身下时,可用干燥的木棒、竹竿等挑开导线,或用干燥的绝缘绳套拉导线或触电者,使触电者脱离电源。

(4)拽

救护人员可戴上手套或在手上包缠干燥的衣物等绝缘物品拖拽触电者,使之脱离电源。如果触电者的衣物是干燥的,又没有紧缠在身上,不至于使救护人直接触及触电者的身体时,救护人才可用一只手抓住触电者的衣物,将其拉开,脱离电源。

(5)垫

如果触电者由于痉挛,手指紧握导线或导线缠在身上,可先用干燥的木板塞进触电者的身下,使其与地绝缘,然后再采取其他办法切断电源。

2. 脱离高压电源的方法

由于电源的电压等级高,一般绝缘物品不能保证救护人员的安全,而且高压电源开关一般距现场较远,不便拉闸。因此,使触电者脱离高压电源的方法与脱离低压电源的方法有所不同。

①立即电话通知有关部门拉闸停电。

②如果电源开关离触电现场不太远,可戴上绝缘手套,穿上绝缘鞋,使用相应电压等级的绝缘工具,拉开高压跌落式熔断器或高压断路器。

③抛掷裸金属软导线,使线路短路,迫使继电保护装置动作,切断电源,但应保证抛掷的导线不触及触电者和其他人。

3. 注意事项

① 应防止触电者脱离电源后可能出现的摔伤事故。

② 未采取绝缘措施前,救护人不得直接接触触电者的皮肤和潮湿衣服。

③ 救护人不得使用金属和其他潮湿的物品作为救护工具。

④ 为使触电者与导电体脱离,最好用一只手进行,以防救护人触电。

⑤ 夜间发生触电事故时,应解决临时照明问题,以利于救护。

2.5.2 现场救护

触电者脱离电源后,应立即就近移至干燥通风处,再根据情况迅速进行现场救护,同时应通知医务人员到现场。

1. 救护方法

根据触电者受伤害的轻重程度,现场救护可以按以下方法进行:

① 触电者所受伤害不太严重,如触电者神志清醒,只是有些心慌、四肢发麻、全身无力、一度昏迷,但未失去知觉,可让触电者静卧休息,并严密观察,同时请医生前来或送医院救治。

② 触电者所受伤害较严重,如触电者无知觉、无呼吸,但心脏有跳动,应立即进行人工呼吸;如有呼吸,但心脏跳动停止,则应立即采用胸外心脏按压法进行救治。

③ 触电者所受伤害很严重,如触电者心脏和呼吸都已停止、瞳孔放大、失去知觉,应立即按心肺复苏法(通畅气道、人工呼吸、胸外心脏按压),正确进行就地抢救。

a. 口对口人工呼吸法。病人仰卧在硬地上,鼻孔朝天,头后仰。首先清理口鼻腔,然后松扣、解衣,捏鼻吹气。吹气要适量,排气应口鼻通畅。吹 2 s 停 3 s,每 5 s 一次。

b. 胸外心脏按压法。胸外心脏按压法适用于有呼吸、无心跳的触电者。病人仰卧在硬地上,然后松扣、解衣,手掌根用力下按,压力要轻重适当,慢慢下压,突然放开,1 s 一次。

对既无呼吸,又无心跳的触电者应两种方法并用。先吹气 2 次,再做胸外挤压 15 次,以后交替进行。

2. 注意事项

①救护人员应在确认触电者已与电源隔离,且救护人员本身所涉环境安全距离内无危险电源时,方能接触伤员进行抢救。

②在抢救过程中,不要为方便而随意移动伤员,如确需移动,应使伤员平躺在担架上并在其背部垫以硬木板,不可让伤员身体蜷曲着进行搬运。移动过程中应继续抢救。

③任何药物都不能代替人工呼吸和胸外心脏按压,对触电者用药或注射针剂,应由有经验的医生诊断确定,慎重使用。

④在抢救过程中,要每隔数分钟再判定一次,每次判定时间均不得超过 5~7 s。做人工呼吸要有耐心,尽可能坚持抢救 4 h 以上,直到把人救活,或者一直抢救到确诊死亡时为止。如需送医院抢救,在途中也不能中断急救措施。

⑤在医务人员未接替抢救前,现场救护人员不得放弃现场抢救,只有医生有权作出伤员死亡的诊断。

第3章 电子元器件

电子元器件是一个品种众多、数量庞大的电子基础产品,任何一个电子装置、设备和家用电器产品都是由多种若干个电子元器件组装而成的。电阻器、电容器、电感器、半导体器件、电声器件、开关及继电器等都是整机电路常用的元器件。学习和掌握常用电子元器件的性能、用途、质量判别方法,是学习、掌握电子工程知识的基础,对提高电子设备的装配质量及可靠性将起到重要的作用。

3.1 电 阻 器

电子在物体内做定向运动时会遇到阻力,这种阻力称为电阻。在物理学中,用电阻表示导体对电流阻碍作用的大小。电阻器是电子电路中应用最多的元件之一,常用来进行电压、电流的控制和传送。

3.1.1 电阻器的种类、结构、性能及特点

1. 电阻器的种类

电阻器通常按如下方法分类:

①电阻器按照阻值的特性,可分为固定电阻器、可变电阻器和特种电阻器三种。

②电阻器按照制造的材料,可分为线绕电阻器、碳膜电阻器、金属膜电阻器及金属氧化膜电阻器等。

③电阻器按照功能,可分为负载电阻、采样电阻、分流电阻及保护电阻等。

2. 常见电阻器的结构、性能及特点

(1)碳膜电阻(图3.1)

碳膜电阻指气态碳氢化合物在高温和真空中分解,碳沉积在瓷棒或瓷管上,形成一层结晶碳膜。改变碳膜厚度和用刻槽的方法改变碳膜的长度,可以得到不同的阻值。碳膜电阻成本较低,在一般电子产品中被大量使用。

(2)金属膜电阻(图3.2)

金属膜电阻指在真空中加热合金,合金蒸发,使瓷棒表面形成一层导电金属膜。刻槽和改变金属膜厚度可以控制阻值。这种电阻和碳膜电阻相比,体积小、噪声低、稳定性好,但成本较高。金属膜电阻主要应用在质量要求较高的电子电路中。

(3)线绕电阻(图3.3)

线绕电阻是用康铜或者镍铬合金电阻丝在陶瓷骨架上绕而制成。这种电阻分为固定和可变两种。它的特点是工作稳定,耐热性能好,误差范围小,适用于大功率的场合,额定功率一般在1 W以上,不可用于高频电路。

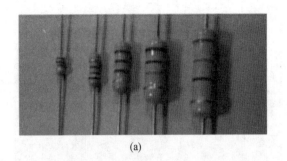 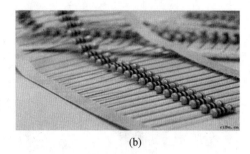

(a)　　　　　　　　　　　　　　(b)

图 3.1　碳膜电阻

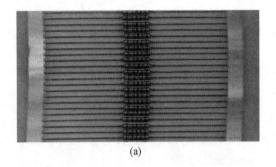 

(a)　　　　　　　　　　　　　　(b)

图 3.2　金属膜电阻

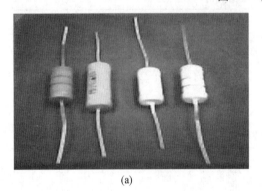 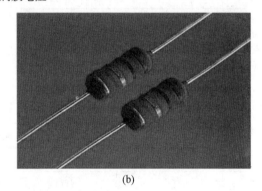

(a)　　　　　　　　　　　　　　(b)

图 3.3　线绕电阻

（4）金属氧化膜电阻（图 3.4）

金属氧化膜电阻指将金属盐溶液用喷雾器送入 500~550 ℃的加热炉内,喷覆在旋转的陶瓷基体上而形成的电阻。其膜比金属膜和碳膜厚得多,且均匀、阻燃,与基体附着力强,有极好的脉冲、高频和超负荷性能,机械性能好、坚硬、耐磨。在空气中不易被氧化,化学稳定性好,阻值范围为 1~200 kΩ,功率大,为 25~50 kW,但温度系数比金属膜电阻差。金属氧化膜电阻常用于中高档电子产品中。

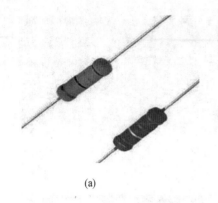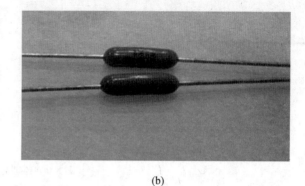

(a)　　　　　　　　　　　　　　　　　　　　(b)

图 3.4　金属氧化膜电阻

3.1.2　电阻器的型号命名方法

固定电阻器和电位器的命名方法主要由五个部分组成:第一部分用字母表示产品的主称,R 为电阻器,W 为电位器;第二部分用字母表示产品的材料或类别,见表 3.1;第三部分用数字或字母表示电阻器和电位器的特性和用途,见表 3.2;第四部分用数字表示生产序号;第五部分用字母表示同一序号但性能又有一定差异的产品区别代号。

表 3.1　固定电阻器和电位器的材料或类别

字　母	材　料	字　母	材　料
T	碳膜	Y	氧化膜
H	合成膜	C	沉积膜
S	有机实芯	I	玻璃釉膜
N	无机实芯	X	线绕
J	金属膜		

表 3.2　电阻器和电位器的特性和用途

数　字	意　义	数　字	意　义
1	普通	9	特殊
2	普通	G	高功率
3	超高频	T	可调
4	高阻	X	小型
5	高温	L	测量用
6	精密	W	微调
7	电阻高压	D	多圈
8	电位器特殊		

3.1.3　电阻器的主要参数及标识方法

1. 电阻器的主要参数

电阻器的参数是指标称阻值、允许偏差、标称功率、最高工作电压、稳定性和温度特性等,其中主要参数是标称阻值、允许偏差和标称功率。

(1)标称阻值

为了便于生产,同时考虑到能够满足实际使用的需要,国家规定了一系列数值作为产品的标准,这一系列数值称为标称阻值。

（2）允许偏差

电阻器的标称值与实际阻值不完全相符,存在着误差（偏差）。当 R 为实际阻值、R_H 为标称阻值时,允许偏差的表示为:$(R-R_H)/R_H$。允许偏差表示电阻器值的准确程度,常用百分数表示。不同的精度有一个相应的允许误差,电阻器的标称阻值按误差等级分类,国家规定有 E24、E12、E6 系列,其误差分别为Ⅰ级（±5%）、Ⅱ级（±10%）、Ⅲ级（±20%）,见表 3.3。

表 3.3　E24、E12、E6 系列的具体规定

系列值电阻	精度	误差等级	标称值
E24	±5%	Ⅰ	1.0、1.1、1.2、1.3、1.5、1.6、1.8、2.0、2.2、2.4、2.7、3.0、3.3、3.6、3.9、4.3、4.7、5.1、5.6、6.2、6.8、7.5、8.2、9.1
E12	±10%	Ⅱ	1.0、1.2、1.5、1.8、2.2、2.7、3.3、3.9、4.7、5.6、6.8、8.2
E6	±20%	Ⅲ	1.0、1.5、2.2、3.3、4.7、6.8、8.2

（3）标称功率

标称功率又称为额定功率,是指在一定条件下,电阻器长期连续工作所允许消耗的最大功率。功率较小的电阻器一般不在电阻器表面标识额定功率,可根据其外形尺寸查阅相关手册。功率较大的电阻器一般在电阻器表面用阿拉伯数字直接标识。额定功率的单位是瓦（W）。在电路中表示电阻器额定功率的图形符号如图 3.5 所示。

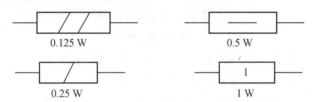

0.125 W　　　　　　　　0.5 W

0.25 W　　　　　　　　1 W

图 3.5　电阻器额定功率的图形符号

2. 电阻器的标识方法

电阻器常用的识别方法主要有直标法、文字符号表示法、色标法和数码表示法等。

（1）直标法

直标法是把重要参数值直接标在电阻体表面的方法,如图 3.6 所示。直标法一目了然,但只适用于体积较大的元件。

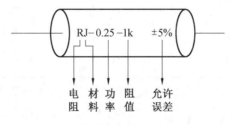

RJ-0.25-1k　±5%

电阻　材料　功率　阻值　允许误差

图 3.6　直标法

（2）文字符号表示法

文字符号表示法是用文字和符号共同表示其阻值大小的方法,如图 3.7 所示。

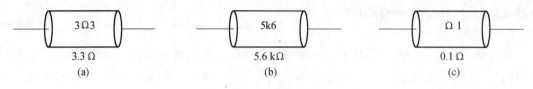

3Ω3	5k6	Ω 1
3.3 Ω	5.6 kΩ	0.1 Ω
(a)	(b)	(c)

图 3.7　文字符号表示法

（3）色标法

色标法是将电阻器的类别及主要技术参数的数值用颜色标注在它的外表面上。色环标注电阻器的示意图如图 3.8 所示。在一般情况下,普通的电阻器用四色环表示,精密电阻器用五色环表示。

四色环其第一色环是十位数,第二色环为个位数,第三色环为应乘位数,第四色环为误差率,见表 3.4。例如,一个四色环电阻器的色环颜色排列为红、蓝、棕、金,则这只电阻器的电阻值为 260 Ω,误差率为 ±5%。

数值的读取方法

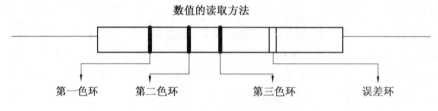

第一色环　　第二色环　　　第三色环　　　误差环

图 3.8　色环标注电阻器

表 3.4　电阻器色标法

颜色	第一色环	第二色环	第三色环	应乘位数	误差率
黑色	0	0	0	1	
棕色	1	1	1	10	±1%
红色	2	2	2	100	±2%
橙色	3	3	3	1 k	
黄色	4	4	4	10 k	
绿色	5	5	5	100 k	±0.5%
蓝色	6	6	6	1 M	±0.25%
紫色	7	7	7	10 M	±0.10%
灰色	8	8	8		±0.05%
白色	9	9	9		
金色				0.1	±5%
银色				0.01	±10%
无					±20%

五色环其第一色环为百位数,第二色环是十位数,第三色环是个位数,第四色环是应乘位数,第五色环为误差率。例如,一个五色环电阻器的色环颜色排列为黄、红、黑、黑、棕,则其阻值为 $420×1=420$ Ω,误差率为 ±1%。

（4）数码表示法

数码表示法常见于继承电阻器和贴片电阻器等。其前两位数字表示标称阻值的有效数字,第三位表示"0"的个数。例如,在集成电阻器表面标出 104,则代表电阻器的阻值为 $10×10^4$ Ω。

3.1.4 电位器

电位器与可变电阻从原理上说是一致的,电位器就是一种可连续调节的可变电阻器。除特殊品种外,对外有三个引出端,靠一个活动端(也称为中心抽头或电刷)在固定电阻体上滑动,可以获得与转角或位移成一定比例的电阻值。

当电位器用作电位调节(或称分压器)时,习惯称为电位器。它是一个四端元件,如图3.9(a)所示,输入电压 U_{BA} 加在 AB 端,由 CA 端可获得随 C 点在 R_p 上移动而变化的电压。

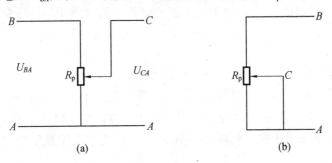

图3.9 电位器用作电位调节

而电位器作为可调电阻使用时,是一个二端元件,如图3.9(b)所示,将 R_p 的 A,C 端连接,调节 C 点位置,则 AB 端电阻随 C 点位置改变。

可见,电位器与可变电阻是使用方式的不同而演变出的不同称呼,有时统称为可变电阻。人们习惯将带有手柄、易于调节的称为电位器;而将不带手柄或调节不方便的称为可调电阻(也称为微调电阻)。

常见的电位器主要有以下几种:碳膜电位器、线绕电位器、双连或多连电位器和有机实芯电位器。

1. 碳膜电位器

碳膜电位器的电阻体是在马蹄形的纸胶板上涂上一层碳膜制成。它的阻值变化和中间触头位置的关系有直线式、对数式和指数式三种。碳膜电位器有大型、小型及微型三种,有的和开关一起组成带开关电位器。还有一种直滑式碳膜电位器,靠滑动杆在碳膜上滑动来改变阻值,这种电位器调节方便。

2. 线绕电位器

线绕电位器用电阻丝在环状骨架上绕制成,中心抽头的簧片在电阻丝上滑动。根据其用途可制成普通型及精密型及微调型;根据阻值变化规律有线性、非线性两种。线性电位器的精度易于控制、稳定性好、电阻的温度系数小、噪声小、耐压高,但阻值范围小,一般在几欧到几千欧之间。

3. 双连或多连电位器

为了满足某些电路统调的需要,将相同规格的电位器装在同一轴上,这就是同轴双连或多连电位器。使用这些电位器可以节省空间,美化板面的布置。

4. 有机实芯电位器

有机实芯电位器由导电材料与有机填料、热固性树脂配置成电阻粉,经过热压,在基座上形成实芯电阻体。有机实芯电位器的优点是结构简单、耐高温、体积小、寿命长、可靠性高;缺

点是耐压稍低、噪声较大、转动力矩大。有机实芯电位器多用于对可靠性要求较高的电子仪器中。

3.1.5　电阻器与电位器的选用及注意事项

1. 电阻器的选用及注意事项

（1）优先选用通用型电阻器

通用型电阻器种类很多，如碳膜电阻器、金属膜电阻器、金属氧化膜电阻器、金属玻璃釉电阻器、实芯电阻器、线绕电阻器等。这类电阻器的阻值范围宽，精度包括±5%，±10%和±20%三级，功率为0.1~10 W。由于其品种多、规格齐全、来源充足、价格便宜，所以有利于生产和维修。

（2）所用电阻器的额定功率必须大于实际承受功率的两倍

要保证电阻器正常工作而不致被烧坏，就必须使它实际工作时所承受的功率不超过其额定功率。为了使电阻器工作可靠，通常所选用电阻器的额定功率要大于其实际承受功率的两倍以上。例如，若电路中某电阻实际承受功率为0.5 W，则应选用额定功率为1 W以上的电阻器。

（3）在高增益前置放大电路中，应选用噪声电动势小的电阻器，以减小噪声对有用信号的干扰

例如，可选用金属膜电阻器、金属化电阻器和碳膜电阻器。实芯电阻器噪声电动势较大，一般在前置放大电路中不宜使用。

（4）根据电路工作频率选择电阻器

由于各种电阻器的结构和制造工艺不同，其分布参数也不相同。RX型线绕电阻器的分布电感和分布电容都比较大，只适用于频率低于50 kHz的电路；RH型合成膜电阻器和RS型有机实芯电阻器可以工作在几十兆赫兹的电路中；RT型碳膜电阻器可在100 MHz左右的电路中工作；而RJ型金属膜电阻器和RY型氧化膜电阻器可以工作在高达数百兆赫兹的高频电路中。

（5）根据电路对温度稳定性的要求选择电阻器

由于电阻器在电路中的作用不同，所以对它们在稳定性方面的要求也就不同。例如，在退耦电路中的电阻，即使阻值有所变化，但对电路工作影响并不大；而应用在稳压电源中作电压取样的电阻，其阻值的变化将引起输出电压的变化。

实芯电阻器温度系数较大，不宜用在稳定性要求较高的电路中；碳膜电阻器、金属膜电阻器和玻璃釉膜电阻器都具有较好的温度特性，很适合应用于稳定度较高的场合；线绕电阻器由于采用特殊的合金线绕制，它的温度系数极小，因此其阻值最为稳定。

（6）根据安装位置选用电阻器

由于制作电阻器的材料和工艺不同，因此相同功率的电阻器，其体积并不相同。例如，相同功率的金属膜电阻器的体积就比碳膜电阻器小50%左右，因此适于安装在元件比较紧凑的电路中。反之，在元件安装位置较宽松的场合，选用碳膜电阻器就相对经济些。

（7）根据工作环境条件选用电阻器

使用电阻器的环境，如温度、湿度等条件不同时，所选用的电阻器种类也不相同。例如，沉积膜电阻器不宜用于易受潮气和电解腐蚀影响的场合；如果环境温度较高，可以考虑用金属膜

电阻器或金属氧化膜电阻器,它们都可在高温条件下长期工作。

2.电位器的选用及注意事项

选用电位器时一般应注意以下几点:

①根据电路的要求,选择合适型号的电位器。一般在要求不高的电路中,或使用环境较好的场合,如在室内工作的收录机的音量、音调控制用的电位器,均可选用碳膜电位器,它的规格齐全,价格低廉。如果需要较精密的调节,而且消耗的功率较大,应选用线绕电位器。在工作频率较高的电路中,选用玻璃釉电位器较为合适。

②根据不同用途,选择相应阻值变化规律的电位器。例如,用于音量控制的电位器应选用指数式,也可用直线式勉强代替,但不应该使用对数式,这是因为对数式电位器将使音量调节范围变窄;用作分压器时,应选用直线式;用作音调控制时,应选用对数式。

③选用电位器时,还应注意尺寸大小和旋转轴柄的长短、轴端式样和轴上有无紧锁装置等。经常需要进行调节的电位器,应选择半圆轴柄的,以便安装旋钮。不需要经常调整的,可选择轴端带有刻槽的,用螺丝刀调整好后不再经常转动。收音机中的音量控制电位器,一般都选用带开关的电位器。

3.1.6　电阻器识别技能实训

1.训练目的

熟悉根据电阻器的外表标识判读标称阻值的方法。

2.训练内容

判读表 3.5 中电阻器的阻值和偏差。

表 3.5　电阻器的识别

序号	阻值与偏差	序号	阻值与偏差	序号	阻值与偏差
R_1	棕黑橙金	R_{11}	红黄红金	R_{21}	绿蓝红金
R_2	黄紫黄金	R_{12}	白棕红金	R_{22}	棕棕红金
R_3	4.7 kΩ±10%	R_{13}	100 Ω±10%	R_{23}	24 kΩ±5%
R_4	750 kΩ±10%	R_{14}	91 Ω±10%	R_{24}	680 Ω±10%
R_5	棕黑黑橙金	R_{15}	棕黄棕橙棕	R_{25}	蓝黑绿黑棕
R_6	绿绿黄红棕	R_{16}	棕紫蓝黄棕	R_{26}	橙黑黑棕棕

3.2　电　容　器

3.2.1　电容器的种类、结构、性能及特点

电容器的分类方式有很多种,通常电容器的分类方法如图 3.10 所示。下面对几种常用电容器的特点进行介绍。

1.铝电解电容器

铝电解电容器内装液体电解质,外裹铝皮;外表作负极,内插铝带作正极。其特点是体积小、容量大、可耐受大的脉动电流;但容量误差大、泄漏电流大、损耗大且稳定性差。

2.钽电解电容器

钽电解电容器是由稀有金属钽加工而成,其优点是没有使用寿命限制,因为所用的材质都

是固体材料,另外体积小、性能稳定、绝缘电阻大、温度性能好,适用于要求较高的电子设备中。

3. 陶瓷电容器

陶瓷电容器用陶瓷作介质,在陶瓷基体两面喷涂银层,然后烧成银质薄膜作极板。其特点是体积小、耐热性好、损耗小、绝缘电阻大,但容量小。

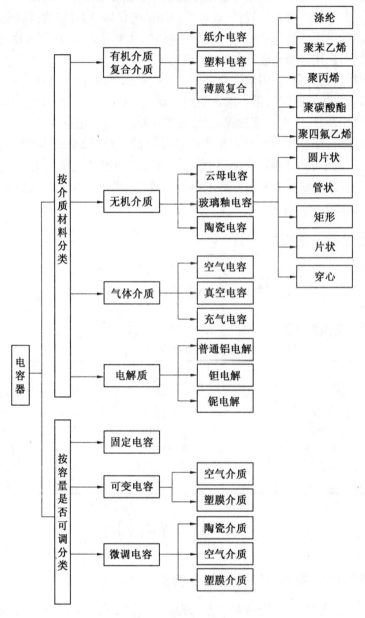

图 3.10 电容器的分类

4. 云母电容器

云母电容器用金属箔或在云母片上喷涂银层作电极板,极板和云母一层层叠合后,再压铸在胶木粉或封固在环氧树脂中制成。其特点是介质损耗小、绝缘电阻大,但温度系数小。

5. 纸介电容器

纸介电容器用金属箔做电极,中间夹极薄的电容纸,卷成圆柱形或者扁柱形芯子,然后密封在金属壳或者绝缘材料壳中制成。它的特点是体积较小,容量可以做得较大,但是固有电感和损耗比较大。

6. 薄膜电容器

薄膜电容器结构同纸介电容器介质,是涤纶或聚苯乙烯。涤纶薄膜电容介质常数较高、体积小、容量大、稳定性较好、频率特性好、介电损耗小,但不能做成大的容量,耐热能力差。而聚苯乙烯薄膜电容器介质损耗小、绝缘电阻高,但温度系数大。

7. 金属化纸介电容器

金属化纸介电容器的结构与纸介电容器相同,由金属膜代替金属箔,体积小,容量大。

8. 油浸纸介电容器

油浸纸介电容器是把纸介电容浸在经过特别处理的油里,增强耐压性。其特点是电容量大、耐压高,但体积大。

9. 超电容

超电容实质上是由两个极板和一块悬挂在电解液中的隔板组成。其特点是容量特大,可以达到 650 ~ 3 000 F 的电容值。其主要应用于稳定直流总线电压,也可作为充电电池使用。

3.2.2　电容器型号的命名方法

电容器型号的命名由四部分组成,如图 3.11 所示。

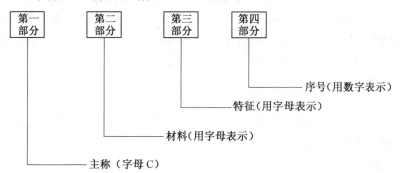

图 3.11　电容器型号的命名格式

其中第三部分作为补充,说明电容器的某些特征,如无说明,则只需三部分,即两个字母一个数字。大多数电容器的型号由三部分内容组成。例如,CC224 表示瓷片电容器,0. 22 μF。电容器的表示格式中用字母表示产品的材料,见表 3.6。电容器的标识格式中用数字表示产品的分类,见表 3.7。

表 3.6　用字母表示产品的材料

字母	电容器介质材料	字母	电容器介质材料
A	钽电解	L	涤纶
B	聚苯乙烯	N	铌电解
C	高频陶瓷	O	玻璃膜
D	铝电解	Q	漆膜
E	其他材料电解	ST	低频陶瓷
H	纸膜复合	Y	云母
I	玻璃釉	Z	纸
J	金属化纸质	BB	聚丙烯

表 3.7　用数字表示产品的分类

数字或字母	瓷介电容	云母电容	有机电容	电解电容
1	圆形	非密封	非密封	箔式
2	管形	非密封	非密封	箔式
3	叠形	密封	密封	烧结粉,非固体
4	独石	密封	密封	烧结粉,固体
5	穿心		穿心	
6	支柱形等			
7				无极性
8	高压	高压	高压	
9			特殊	特殊

3.2.3　电容器的主要参数及标识方法

1. 电容器的主要参数

电容器的主要参数有以下几种。

（1）标称电容量

标称电容量指标识在电容器上的电容量。但电容器实际电容量与标称电容量是有偏差的,精度等级与允许误差有对应关系。一般电容器常用Ⅰ、Ⅱ、Ⅲ级,电解电容器用Ⅳ、Ⅴ、Ⅵ级,根据用途选取。电解电容器的容值取决于在交流电压下工作时所呈现的阻抗,随着工作频率、温度、电压及测量方法的变化,容值将所有变化。

（2）额定电压

额定电压指在最低环境温度和额定环境温度下可连续加在电容器上的最高直流电压的有效值。如果工作电压超过电容器的耐压值,电容器将被击穿,造成损坏。在实际使用中,随着温度的升高,耐压值将变低。

（3）绝缘电阻

直流电压加在电容上,产生漏电流,两者之比称为绝缘电阻。当电容较小时,主要取决于电容的表面状态;当容量大于 0.1 μF 时,主要取决于介质。绝缘电阻越大越好。

（4）损耗

电容在电场作用下,在单位时间内因发热所消耗的能量称为损耗。损耗与频率范围、介质、电导、电容金属部分的电阻等有关。

（5）频率特性

随着频率的上升,一般电容器的电容量呈现下降的规律。当电容工作在谐振频率以下时,表现为容性,当其工作频率超过其谐振频率时,表现为感性,此时它不再是一个电容,而是一个电感。所以一定要避免电容工作于谐振频率以上。

2. 电容器的标识方法

电容器的标识方法主要有直标法、数码表示法和色码表示法。

（1）直标法

电容器的容量单位为 F（法）、mF（毫法）、μF（微法）、nF（纳法）及 pF（皮法）。

$$1\ F = 10^3\ mF = 10^6\ μF = 10^9\ nF = 10^{12}\ pF \tag{3.1}$$

没标识单位的读法是对于普通电容器标识数字为整数的,容量单位为 pF;标识数字为小

数的容量单位为 μF。对于电解电容器,省略不标出的单位是 μF。

电容器误差表示方法也有多种。

直接表示:例如,$(10±0.5)$ pF,误差就是 $±0.5$ pF;

字母表示:D 表示 $±0.5\%$,F 表示 $±1\%$,G 表示 $±2\%$,J 表示 $±5\%$,K 表示 $±10\%$,M 表示 $±20\%$,N 表示 $±30\%$。

(2)数码表示法

一般用三位数字来表示容量的大小,单位为 pF。前两位为有效数字,后一位表示倍率,即乘以 10^i,i 为第三位数字,若第三位为数字9,则乘 10^{-1}。

例如:$223-22×10^3=22\,000$ pF $=0.022$ μF;$589-58×10^{-1}=5.8$ pF。如果在三位数字后面加上字母,则表示电容值和误差。

(3)色码表示法

色码表示法和电阻器的色环标识法类似,颜色涂在电容器的一端或顶端向引脚排列。色码一般只有三种颜色,前两环为有效数字,第三环为倍率,单位为 pF。

3.2.4　可变电容器

可变电容器种类很多,常见的有单联可变电容器、双联可变电容器和微调可变电容器。

可变电容器按介质可分为空气介质和薄膜介质两大类。

1. 空气介质可变电容器

空气介质可变电容器分为单联和双联两种。空气单联可变电容器的构造是平板式的,分定片组和动片组。动片组可在 $0°\sim180°$ 内自由旋转,随着动片的旋入旋出,电容器的容量也随着变大或变小。空气双联可变电容器的结构为两组定片、两组动片,金属外壳与动片相连。其容量有等容和差容两种。所谓等容,是指其动片不管旋转多大角度,每联电容量的变化均相同。差容是指每联电容量各不相同,旋转过程中各联电容容量的变化也不相同。空气介质电容器的最大特点是损耗低,效率高。一般单联空气可变电容器多用于直放式收音机的调谐。双联空气可变电容器用于外差式收音机的调谐。当电容器接入电路时,一定要将动片接地,以防人体感应。对于差容双联电容器,容量大的接输入回路,容量小的接振荡回路。

2. 薄膜介质可变电容器

这种电容器的动片与定片之间是以云母和塑料薄膜作为介质,由于介质薄膜很薄,动片与定片之间很近,因此体积做得很小而且是密封的。这种电容器的特点是体积小,质量轻,但由于介质薄膜的磨损,容易出现噪声,而且寿命不如空气可变电容器长,比较容易发生故障。

3.2.5　电容器的选用及注意事项

1. 选择电容器的原则

选择电容器要留足余量,没有余盈时,不能用参数相近的替代,否则将造成不必要的损坏。主要考虑以下几点:

①应根据电路要求选择电容器的类型。

②合理确定电容器的电容量及允许偏差。

③选用电容器的工作电压应符合电路要求。

④优先选用绝缘电阻大、介质损耗小、漏电流小的电容器。

⑤应根据电容器的工作环境选择电容器。

2. 电容器在电路中的常规选用及注意事项

（1）不同电路条件电容器类型的选择

对于要求不高的低频电路和直流电路，一般可选用纸介电容器，也可选用低频瓷介电容器。在高频电路中，当电气性能要求较高时，可选用云母电容器、高频瓷介电容器或穿心瓷介电容器。在要求较高的中频及低频电路中，可选用塑料薄膜电容器。在电源滤波、去耦电路中，一般可选用铝电解电容器。对于要求可靠性高、稳定性高的电路，应选用云母电容器、漆膜电容器或钽电解电容器。对于高压电路，应选用高压瓷介电容器或其他类型的高压电容器。对于调谐电路，应选用可变电容器及微调电容器。

（2）不同电路条件电容器容量的选择

在低频的耦合及去耦电路中，一般对电容器的电容量要求不太严格，只要按计算值选取稍大一些的电容即可。在定时电路、振荡回路及音调控制等电路中，对电容器的电容量要求较为严格，因此选取电容量的标称值应尽量与计算的电容值相一致或尽量接近，应尽量选精度高的电容器。在一些特殊的电路中，往往对电容器的电容量要求非常精确，此时应选用允许偏差在 $\pm(0.1\% \sim 0.5\%)$ 范围内的高精度电容器。

（3）耐压有较高要求场合电容器的选择

在一般情况下，选用电容器的额定电压应是实际工作电压的 $1.2 \sim 1.3$ 倍。对于工作环境温度较高或稳定性较差的电路，选用电容器的额定电压应考虑降低额定电压使用。电容器的额定电压一般是指直流电压，若要用于交流电路，应根据电容器的特性及规格来选用；若要用于脉动电路，则应按交、直流分量总和不得超过电容器的额定电压来选用。

（4）环境有较高要求场合电容器的选择

①在高温条件下，使用的电容器应选用工作温度高的电容器。

②在潮湿环境中工作的电路，应选用抗湿性好的密封电容器。

③在低温条件下使用的电容器，应选用耐寒的电容器。这对电解电容器来说尤为重要，因为普通的电解电容器在低温条件下会由于电解液结冰而失效。

④选用电容器时应考虑安装现场的要求。电容器的外形有很多种，选用时应根据实际情况选择电容器的形状及引脚尺寸。

（5）常见电路电容器的一般选择（要考虑电容的性能参数与使用环境的条件密切相关）

①高频旁路：陶瓷电容器、云母电容器、玻璃膜电容器及涤纶电容器。

②低频旁路：纸介电容器、陶瓷电容器、铝电解电容器及涤纶电容器。

③滤波：铝电解电容器、纸介电容器、复合纸介电容器及液体钽电容器。

④调谐：陶瓷电容器、云母电容器、玻璃膜电容器及聚苯乙烯电容器。

⑤高频耦合：陶瓷电容器、云母电容器及聚苯乙烯电容器。

⑥低频耦合：纸介电容器、陶瓷电容器、铝电解电容器、涤纶电容器及固体钽电容器。

3.2.6 电容器识别技能实训

1. 训练目的

识别电容器的标称阻值。

2. 实训器材

几个有标称阻值的电容器。

3. 训练内容

选取四个电容器，将标称值记入表 3.8 中。

表 3.8　电容器的识别

	电容器 A	电容器 B	电容器 C	电容器 D
标称阻值				

3.3　电感器与变压器

3.3.1　电感器的种类、结构、性能及特点

电感器又称为电感线圈，是利用自感作用的一种元器件。它是用漆包线或沙包线等绝缘导线在绝缘体上单层或多层绕制而成的。其伏安特性应满足

$$u = L \frac{\mathrm{d}i}{\mathrm{d}t} \tag{3.2}$$

电感器的电感大小用字母"L"表示，电感的基本单位是亨利（H）。电感器在电路中起调谐、振荡、阻流、滤波、延迟、补偿等作用。其单位换算为

$$1 \text{ H} = 10^3 \text{ mH} = 10^6 \text{ μH} \tag{3.3}$$

电感器一般可分为小型固定电感器、固定电感器及微调电感器等。

1. 小型固定电感器

小型固定电感器中最常用的是色码电感器。它是直接将线圈绕在磁芯上，再用环氧树脂或者塑料封装起来，在其外壳上标示电感量的电感器。

2. 固定电感器

固定电感器可以细分为高频阻（扼）流线圈和低频阻（扼）流线圈等。高频阻流线圈采用蜂房式分段绕制或多层平绕分段绕制而成，在普通调频收音机里就用到这种线圈。低频阻流线圈是将铁芯插入绕好的空芯线圈中而形成的，常应用于音频电路或场输出电路。

3. 微调电感器

微调电感器是通过调节磁芯在线圈中的位置改变电感量大小的电感器。半导体收音机中的振荡线圈和电视机中的行振荡线圈等就属于这种电感器。

3.3.2　电感器型号的命名方法

电感的名称由主称、特征、形式和区别代号四部分组成，如图 3.12 所示。

例如，LGX 的含义是小型高频电感线圈。

3.3.3　电感器的主要参数及标识方法

1. 电感器的主要参数

（1）电感量

在没有非线性导磁物质存在的条件下，一个载流线圈的磁通与线圈中的电流成正比，其比例常数称为自感系数，用 L 表示。电感器的电感量可以通过各种方式标识出来。

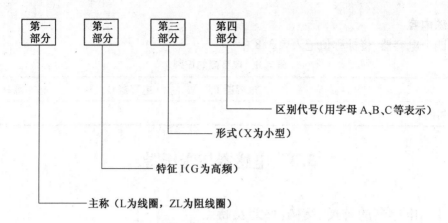

图 3.12　电感器型号的命名格式

（2）额定电流

额定电流指允许长时间通过线圈的最大工作电流。

（3）品质因数（Q 值）

品质因数是指线圈在某一频率下所表现出的感抗与线圈的损耗电阻的比值，或者说是在一个周期内储存能量与消耗能量的比值，即 $Q = \dfrac{\omega L}{R}$。品质因数 Q 值的大小取决于线圈的电感量、工作频率和损耗电阻，其中，损耗电阻包括直流电阻、高频电阻及介质损耗电阻。Q 值越高，电感的损耗越小，其效率也就越高。

（4）分布电容（固有电容）

线圈的匝与匝之间，多层线圈的层与层之间，线圈与屏蔽层、地之间都存在电容，这些电容称为线圈的分布电容。把分布电容等效为一个总电容 C 加上线圈的电感 L 及等效电阻 R，就可以构成图 3.13 所示的等效电路图。在直流和低频情况下，图中的 R 和 C 可以忽略不计，但是当频率提高时，R 和 C 的影响就会增大，进而影

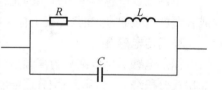

图 3.13　分布电容等效电路图

响到 Q 值。所以电感线圈只有在一定频率以下工作时，才具有较明显的电感特性。

2. 电感器的标识方法

电感器的标识方法主要有直标法、文字符号法、色标法和数码表示法等。

（1）直标法

直标法指直接用数字和文字符号标注在电感器上。它由三个部分组成，前面的数字和字母分别表示电感量的大小和单位，最后一个字母表示其允许误差。每个字母所代表的允许误差见表 3.9。

表 3.9　电感器允许误差

英文字母	允许误差/%	英文字母	允许误差/%	英文字母	允许误差/%
Y	±0.001	W	±0.05	G	±2
X	±0.002	B	±0.1	J	±5
E	±0.005	C	±0.25	K	±10
L	±0.01	D	±0.5	M	±20
P	±0.02	F	±1	N	±30

（2）文字符号法

文字符号法是将电感器的标称值和允许误差值用数字和文字符号按一定的规律组合标示在电感体上。小功率电感器一般采用这种方法标注,使用 N 或 R 代表小数点的位置,对应的单位分别是 nH 和 μH,最后一位字母表示允许误差,各字母代表的允许误差与直标法相同,见表3.9。

（3）色标法

一般采用四环标注法,其单位为 μH,紧靠电感体一端的色环是第一环,露着电感体本色较多的另一端为末环。前两环为有效数字,第三环为零的个数,第四环为误差环,其读数与电阻的色环法类似。

（4）数码表示法

默认单位为 μH,前两位数字为有效数字,第三位数字为零的个数,用 R 表示小数点的位置,最后一个字母表示允许误差。

3.3.4　变压器

变压器也是一种电感器。它是利用两个电感线圈靠近时的互感现象工作的。在电路中可以起到电压变换和阻抗变换的作用,是电子产品中十分常见的元件。

1.变压器的分类

按照变压器的工作频率可分为高频、中频、低频和脉冲变压器等。按照耦合材料可分为空芯变压器、铁芯变压器和磁芯变压器等。

2.变压器的组件及其主要参数

变压器主要由铁芯和绕组组成。铁芯是由磁导率高、损耗小的软磁材料制成;绕组是变压器的电路部分,初级绕组、次级绕组及骨架组成的线包需要与铁芯紧密结合,以免产生干扰信号。变压器的主要参数有以下几个:

（1）变压比

变压比指变压器初级电压（阻抗）与次级电压（阻抗）的比值。通常变压比直接标出电压变换值,如 220 V/20 V。

（2）额定功率

额定功率在规定的电压和频率下,变压器能长期正常工作的输出功率,用 V·W 表示。电子产品中的变压器功率一般都在数百瓦以下。

（3）效率

效率指变压器输出功率与输入功率的比值。

此外,变压器的参数还有空载电流、空载损耗、温升及绝缘电阻等。

3.3.5　电感器和变压器的选用原则

1.电感器的选用原则

①电感线圈的工作频率要适合电路的要求。用在低频电路中的电感线圈,应选用铁氧体或硅钢片作为磁芯材料,线圈能承受较大电流。当用于音频电路时,应选用带铁芯（硅钢片）或低铁氧体芯的;用于几百千赫兹到几兆赫兹之间时,最好选用铁氧体芯,并以多股绝缘导线绕制而成;用于几兆赫兹到几十兆赫兹时,应选用单股镀银的粗铜线绕制而成,磁芯选用短波

高频铁氧体,也可选用空芯线圈。由于多股导线间分布电容的影响,不适用于频率较高的场合,100 MHz 以上时一般不选用铁氧体芯,只能用空芯线圈。线圈骨架的材料与线圈的损耗有关。在高频电路中,通常选用高频损耗小的高频陶瓷作为骨架。对于要求不高的场合,可选用塑料、胶木和纸为骨架的电感器,这样损耗虽然大,但价格低、制造方便、质量轻。

②电感线圈的电感量和额定电流必须满足电路要求。

③电感线圈的外形尺寸要符合电路板上位置的要求。

④对于不同电路应选用不同性能的电感线圈。如振荡电路、滤波电路等,电路性能不同,对电感线圈的要求也不一样。

2.变压器的选用原则

①选用变压器一定要了解变压器的输出功率、输入和输出电压大小及所接负载需要的功率。

②要根据电路要求选择其输出电压与标称电压相符。其绝缘电阻值应大于 500 MΩ,对于要求较高的电路应大于 1 000 MΩ。

③要根据变压器在电路中的作用合理使用变压器,必须知道其引脚与电路中各点的对应关系。

3.3.6　电感器识别技能实训

1.训练目的

①认识常用的电感器外形特征。

②会识别并读出电感器上的标识和电气符号。

2.实训器材

色码电感器、铁片电感器、磁芯线圈电感器、磁器线圈可调电感器、铁志线圈电感器(扼流圈)、空心线圈电感器、小型固定电感器和中频变压器(中周)各一个。

3.训练内容

识别各电感器的外形特征和读出电感的标识。

3.4　半导体分立器件

3.4.1　半导体分立器件型号的命名方法

根据中华人民共和国国家标准《半导体分立器件型号命名方法》(GB 249—89)的规定,半导体分立器件命名由五个部分组成。

①用阿拉伯数字表示电极数。

②用字母表示材料和极性。

③用字母表示类型。

④用阿拉伯数字表示序号。

⑤用字母表示规格。

我国半导体分立器件型号命名法见表 3.10。

表 3.10　中国半导体分立器件型号命名法

第一部分		第二部分		第三部分		第四部分	第五部分
用数字表示器件的电极数目		用字母表示器件的材料和极性		用字母表示器件的类型		用数字表示器件的序号	用汉语拼音字母表示规格号
符号	意义	符号	意义	符号	意义		
2	二极管	A	N 型，锗材料	P	普通管		
		B	P 型，锗材料	V	微波管		
		C	N 型，硅材料	W	稳压管		
		D	P 型，硅材料	C	参量管		
3	晶体管	A	PNP 型，锗材料	Z	整流器		
		B	NPN 型，锗材料	L	整流堆		
		C	PNP 型，硅材料	S	隧道管		
		D	NPN 型，硅材料	N	阻尼管		
		E	化合物材料	U	光电器件		
				X	低频小功率管 (f_{hb}<3 MHz, P_c<1 W)		
				G	高频小功率管 (f_{hb}≥3 MHz, P_c<1 W)		
				D	低频大功率管 (f_{hb}<3 MHz, P_c≥1 W)		
				A	高频大功率管 (f_{hb}≥3 MHz, P_c≥1 W)		
				T	场效应器件		
				B	雪崩管		
				J	阶跃恢复管		
				CS	声效应器件		
				BT	半导体特殊器件		
				FH	复合管		
				PIN	PIN 型管		
				JG	激光器件		

3.4.2 二极管

1. 二极管的分类

二极管是结构最简单的有源电子器件。由于利用二极管构成的整流电路可将交流电变成脉动直流电,因此它是一切电子仪器设备中必不可少的器件。

二极管是由半导体材料硅或锗晶体做成的,故称之为晶体二极管或半导体二极管。半导体材料按其导电特点不同,可分为 P 型半导体和 N 型半导体两种。将 P 型半导体和 N 型半导体紧密结合,在其交界面上形成的一层很薄的区域,称为 PN 结。PN 结是构成半导体器材的基础,也就是最简单的普通二极管,它的主要特性是单向导电。二极管的电路符号如图 3.14 所示。

阳极 ▷|— 阴极

图 3.14 二极管的电路符号

常见的几种二极管实物外形如图 3.15 所示,从左至右前五个属于小功率管,第六个属于大功率管,第七个是稳压二极管,后三个是发光二极管。

图 3.15 常见的几种二极管实物外形

晶体二极管按结构材料分为锗二极管、硅二极管和砷化镓二极管等;按制作工艺分点接触型二极管和面接触型二极管;按功能用途分整流二极管、检波二极管、开关二极管、稳压二极管、变容二极管、双色二极管、发光二极管、光敏二极管、压敏二极管和磁敏二极管等。

2. 二极管的主要参数

二极管的参数是正确选择和使用二极管的依据,各种参数均可从半导体器件手册查出。现将几个主要参数说明如下:

(1)最大整流电流 I_{OM}

最大整流电流是指二极管长期工作时所允许通过的最大正向的平均电流。该电流由 PN 结的面积和散热条件确定。若电流超过最大整流电流值,将由于 PN 结过热而损坏管子。例如,二极管 2CP10 的最大整流电流为 100 mA。

(2)反向工作峰值电压 U_{RWM}

反向工作峰值电压是保证二极管不被反向击穿而规定的反向工作峰值电压,一般为反向击穿电压的1/3~1/2。例如,2CP10 型硅二极管的击穿电压为 50 V,那么该二极管工作时所能承受的反向峰值电压应小于 16 V,可保证不被反向击穿。

(3)反向峰值电流 I_{RM}

反向峰值电流是二极管加上反向峰值电压时的反向饱和电流。它的值越小,表明管子的单向导电性能越好。温度对反向电流影响较大,使用时应注意。硅管反向电流较小,一般在几个微安以下,而锗管的反向电流约为硅管的几十到几百倍。硅管热稳定性好,反向击穿电压高;但锗管的死区电压及导通管压降较硅管低,有些场合还需选用锗管。

3. 二极管的检测

普通二极管的检测(包括检波二极管、整流二极管、阻尼二极管、开关二极管、续流二极管)是由一个 PN 结构成的半导体器件,具有单向导电特性。通过用万用表检测其正、反向电阻值,可以判别出二极管的电极,还可估测出二极管是否损坏。

(1)极性的判别

将万用表置于 $R \times 100\ \Omega$ 挡或 $R \times 1\ k\Omega$ 挡,两表笔分别接二极管的两个电极,测出一个结果后,对调两表笔,再测出一个结果。在两次测量的结果中,有一次测量出的阻值较大(为反向电阻),一次测量出的阻值较小(为正向电阻)。在阻值较小的一次测量中,黑表笔接的是二极管的正极,红表笔接的是二极管的负极。

(2)单负导电性能的检测及好坏的判断

通常,锗材料二极管的正向电阻值为 $1\ k\Omega$ 左右,反向电阻值为 $300\ k\Omega$ 左右。硅材料二极管的电阻值为 $5\ k\Omega$ 左右,反向电阻值为 ∞(无穷大)。正向电阻越小越好,反向电阻越大越好。正、反向电阻值相差越悬殊,说明二极管的单向导电特性越好。若测得二极管的正、反向电阻值均接近 0 或阻值较小,则说明该二极管内部已击穿短路或漏电损坏。若测得二极管的正、反向电阻值均为无穷大,则说明该二极管已开路损坏。

(3)反向击穿电压的检测

二极管反向击穿电压(耐压值)可以用晶体管直流参数测试表测量。其方法是:测量二极管时,应将测试表的“NPN/PNP”选择键设置为 NPN 状态,再将被测二极管的正极接测试表的“c”插孔内,负极插入测试表的“e”插孔,然后按下“V”键,测试表即可指示出二极管的反向击穿电压值。

也可用兆欧表和万用表来测量二极管的反向击穿电压。测量时被测二极管的负极与兆欧表的正极相接,将二极管的正极与兆欧表的负极相连,同时用万用表(置于合适的直流电压挡)监测二极管两端的电压。摇动兆欧表手柄(应由慢逐渐加快),待二极管两端电压稳定而不再上升时,此电压值即是二极管的反向击穿电压。

3.4.3 晶体管

1. 晶体管的结构及分类

在纯净的半导体基片上,按生产工艺扩散掺杂制成两个“背靠背”紧密结合的 PN 结,引出三个电极,封装在金属或塑料外壳内而制成晶体管,几种常见晶体管的实物外形如图 3.16 所示。晶体管内部结构是由三层不同类型的杂质半导体构成,有两个 PN 结。按掺杂不同,晶体管可分为 NPN 型和 PNP 型两类,其中 NPN 型晶体管结构示意图如图 3.17 所示。无论哪种类型晶体管,都有三个导电区,即发射区、集电区和基区。由三个区引出的三个电极分别是发射极 e、集电极 c 和基极 b。发射区与基区交界处的 PN 结为发射结,集电区与基区交界处的 PN

结为集电结,集电结的结面积要较大。三个导电区掺杂浓度不尽相同,发射区最浓,集电区次之,基区最淡,并且基区最薄(约几微米)。这些都是为晶体管能够实现电流放大作用而设计的。

NPN 型和 PNP 型晶体管的电气符号如图 3.18 所示,其中发射结的箭头方向表示晶体管工作在放大状态时实际的电流方向。目前,国产的 NPN 型晶体管大多数是硅管(3D 系列),PNP 型晶体管大多是锗管(3A 系列),由于硅管的温度稳定性强于锗管,因此硅管应用较多。

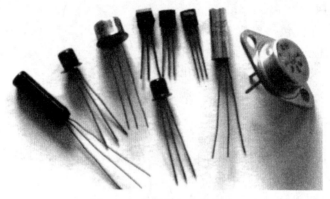

图 3.16　晶体管的实物外形

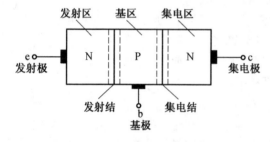

图 3.17　NPN 型晶体管结构示意图

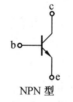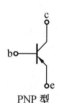

NPN 型　　　　　　　　PNP 型

图 3.18　NPN 型和 PNP 型晶体管的电气符号

2. 晶体管的主要参数

晶体管的特性除用特性曲线表示外,还可用一些数据来说明,这些数据就是晶体管的参数。晶体管的参数也是设计电路、选用晶体管的依据。主要参数如下。

(1)电流放大系数 $\bar{\beta}$、β

当晶体管接成共发射极电路时,在静态(无输入信号)时集电极电流 I_c 与基极电流 I_b 的比值称为共发射极静态电流(直流)放大系数。其计算公式为

$$\bar{\beta} = \frac{I_c}{I_b} \tag{3.4}$$

当晶体管工作在动态(有输入信号)时,基极电流的变化量为 ΔI_b,它引起集电极电流的变化量为 ΔI_c。ΔI_c 与 ΔI_b 的比值称为动态电流(交流)放大系数。其计算公式为

$$\beta = \frac{\Delta I_c}{\Delta I_b} \tag{3.5}$$

由于制造工艺的分散性,即使同一型号的晶体管,β 值也有很大差别,常用的晶体管的 β 值为几十到几百。

（2）集-基极反向截止电流 I_{cbo}

I_{cbo} 是当发射极开路时，由于集电结处于反向偏置，集电区和基区中的少数载流子向对方做漂移运动形成的电流。I_{cbo} 受温度的影响大，在室温下，小功率锗管的 I_{cbo} 约为几微安到几十微安，小功率硅管在 1 μA 以下。I_{cbo} 越小越好。硅管在温度稳定性方面胜于锗管。

（3）集-射极反向截止电流 I_{ceo}

I_{ceo} 是当 $I_b = 0$（将基极开路）、集电结处于反向偏置和发射结处于正向偏置时的集电极电流。因为它是从集电极直接穿透晶体管而到达发射极的，所以又称为穿透电流。硅管的 I_{coe} 约为几微安，锗管的约为几十微安，该值越小越好。

（4）集电极最大允许电流 I_{cm}

当集电极电流 I_c 超过一定值时，晶体管的 β 值要下降。当 β 值下降到正常数值的 2/3 时的集电极电流，称为集电极最大允许电流 I_{cm}。因此，在使用晶体管时，I_c 超过 I_{cm} 并不一定会使晶体管损坏，但要以降低 β 值为代价。

（5）集-射极反向击穿电压 $U_{(br)ceo}$

当基极开路时，加在集电极和发射极之间的最大允许电压，称为集-射极反向击穿电压 $U_{(br)ceo}$。当晶体管的集-射极电压大于 $U_{(br)ceo}$ 时，I_{ceo} 突然大幅度上升，说明晶体管已被击穿。手册中给出的 $U_{(br)ceo}$ 一般是常温（25 ℃）时的值，晶体管在高温下，$U_{(br)ceo}$ 值将要降低，使用时应特别注意。为了电路可靠，应取集电极电源电压 $U_{cc} \leqslant \left(\dfrac{1}{2} \sim \dfrac{2}{3}\right) U_{(br)ceo}$。

（6）集电极最大允许耗散功率 P_{cm}

由于集电极电流在流经集电结时将产生热量，使结温升高，从而会引起晶体管参数变化。当晶体管因受热而引起的参数变化不超允许值时，集电极所消耗的最大功率，称为集电极最大允许耗散功率 P_{cm}。

P_{cm} 主要受结温 T_j 的限制，一般来说，锗管允许结温为 70 ~ 90 ℃，硅管约为 150 ℃。

根据晶体管的 P_{cm} 值，由 $P_{cm} = I_c U_{ce}$，可在晶体管的输出特性曲线上作出 P_{cm} 曲线，它是一条双曲线。

由 I_{cm}、$U_{(br)ceo}$ 和 P_{cm} 三者共同确定晶体管的安全工作区。

以上讨论的几个参数，其中 β 和 $I_{cbo}(I_{ceo})$ 是表明晶体管性能优劣的主要指标；I_{cm}、$U_{(br)ceo}$ 和 P_{cm} 都是极限参数，用来说明晶体管的使用限制。

3. 晶体管的测量

（1）判断晶体管的性能

已知型号和管脚排列的三极管，可按下述方法来判断其性能好坏。

① 测量极间电阻。将万用表置于 $R \times 100$ Ω 或 $R \times 1$ kΩ 挡，按照红、黑表笔的六种不同接法进行测试。其中，发射结和集电结的正向电阻值比较低，其他四种接法测得的电阻值都很高，约为几万欧至无穷大。但不管是低阻还是高阻，硅材料三极管的极间电阻要比锗材料三极管的极间电阻大得多。

② 三极管的穿透电流 I_{ceo} 的数值近似等于管子的倍数 β 和集电结的反向电流 I_{cbo} 的乘积。I_{cbo} 随着环境温度的升高而增长很快，I_{cbo} 的增加必然造成 I_{ceo} 的增大。而 I_{ceo} 的增大将直接影响管子工作的稳定性，所以在使用时应尽量选用 I_{ceo} 小的管子。通过用万用表电阻直接测量三极管 e-c 极之间的电阻方法，可间接估计 I_{ceo} 的大小，万用表电阻的量程一般选用 $R \times 100$ Ω 或

$R \times 1$ kΩ挡,对于 PNP 管,黑表管接 e 极,红表笔接 c 极,对于 NPN 型三极管,黑表笔接 c 极,红表笔接 e 极。要求测得的电阻越大越好。e-c 间的阻值越大,说明管子的 I_{ceo} 越小;反之,所测阻值越小,说明被测管的 I_{ceo} 越大。一般说来,中、小功率硅管、锗材料低频管,其阻值应分别在几百千欧、几十千欧以上,如果阻值很小或测试时万用表指针来回晃动,则表明 I_{ceo} 很大,管子的性能不稳定。

③测量放大能力(β)。目前,有些型号的万用表具有测量三极管 h_{FE} 的刻度线及其测试插座,可以很方便地测量三极管的放大倍数。把红、黑表笔短接,调整调零旋钮进行调零,然后将量程开关拨到 h_{FE} 位置,并使两短接的表笔分开,把被测三极管插入测试插座,即可从 h_{FE} 刻度线上读出管子的放大倍数。另外,在此型号的中、小功率三极管,生产厂家直接在其管壳顶部标示出不同色点来表明管子的放大倍数 β 值。

(2)检测判别电极

①判定基极。用万用表 $R \times 100$ Ω 或 $R \times 1\,000$ kΩ 挡测量三极管三个电极中每两个极之间的正、反向电阻值。当用第一根表笔接某一电极,而第二表笔先后接触另外两个电极均测得低阻值时,则第一根表笔所接的那个电极为基极 b。这时,要注意万用表表笔的极性,如果红表笔接的是基极 b,黑表笔分别接在其他两极时,测得的阻值都较小,则可判定被测三极管为PNP 型管;如果黑表笔接的是基极 b,红表笔分别接触其他两极时,测得的阻值较小,则被测三极管为 NPN 型管。

②判定集电极 c 和发射极 e。以 PNP 为例,将万用表置于 $R \times 100$ Ω 或 $R \times 1\,000$ kΩ 挡,红表笔基极 b,用黑表笔分别接触另外两个管脚时,所测得的两个电阻值会是一个大一些,一个小一些。在阻值小的一次测量中,黑表笔所接管脚为集电极;在阻值较大的一次测量中,黑表笔所接管脚为发射极。

(3)判别高频管与低频管

高频管的截止频率大于 3 MHz,而低频管的截止频率则小于 3 MHz,在一般情况下,二者是不能互换的。

(4)在路电压检测判断法

在实际应用中,小功率三极管多直接焊接在印刷电路板上,由于元件的安装密度大,拆卸比较麻烦,所以在检测时常常通过用万用表直流电压挡去测量被测三极管各引脚的电压值,来推断其工作是否正常,进而判断其好坏。

3.4.4 半导体器件识别与判别技能实训

1.二极管的识别与判别

(1)训练目的

认识二极管外形特征;掌握二极管的检测方法。

(2)实训器材

准备元器件:检波二极管、整流二极管、开关二极管、稳压二极管、发光二极管、红外发射二极管、红外接收二极管、贴片二极管和贴片发光二极管各两只;10 只各种二极管(要求有好有坏)。

准备工具:数字万用表一块。

（3）训练内容

识别不同类型的二极管。判断二极管的性能是否良好，并检测二极管的极性，将检测结果填入表 3.11 中。

表 3.11 二极管检测

序号	型号	正向测量 （导通或截止，阻值/Ω）	反向测量 （导通或截止，阻值/Ω）	检测结果
1				
2				
3				
4				
5				
6				
7				
8				
9				
10				

2. 晶体管的识别与判别

（1）训练目的

认识晶体管的外形特征；掌握晶体管的检测方法。

（2）实训器材

准备元器件：普通小功率晶体管、中功率晶体管、金属外壳晶体管、大功率金属外壳晶体管和贴片晶体管各两只；各种型号的全部为良好的普通晶体管 10 只，其中 NPN 型管和 PNP 型管各 5 只；10 只晶体管（要求有好有坏）。

准备工具：数字万用表一块。

（3）训练内容

识别不同类别的晶体管。用万用表测量 10 只晶体管，判断晶体管的管型及电极，并将判断结果填入表 3.12 中；检测 10 只晶体管的好坏，将结果填入表 3.13 中。

表 3.12 晶体管管型和电极的判断

序号	型号	管型判断	电极判断
1			
2			
3			
4			
5			
6			
7			
8			
9			
10			

电子工艺实训指导

表 3.13　晶体管检测

序号	型号	检测过程	检测结果
1			
2			
3			
4			
5			
6			
7			
8			
9			
10			

3.5　半导体集成电路

集成电路品种繁多,层出不穷,最能体现电子产业的飞速发展。要熟悉各种集成电路几乎是不可能的,实际也没有必要,但对常用的集成电路有所了解则是非常必要的。

3.5.1　集成电路的型号命名方法

集成电路的命名与分立器件相比规律性较强,绝大部分国内外厂商生产的同一种集成电路采用基本相同的数字标号,而以不同的字头代表不同的厂商,如 NE555、LM555、SG555 分别由不同国家和厂商生产的定时器电路,它们的功能、性能、封装、引脚排列也都一致,可以相互替换。

我国集成电路的型号命名采用与国际接轨的准则,见表 3.14。

表 3.14　国产半导体集成电路的型号组成

第 0 部分		第 1 部分		第 2 部分	第 3 部分		第 4 部分	
用字母表示器件		用字母表示器件的类型		用阿拉伯数字表示器件的系列器件代号	用字母表示器件的工作温度范围/℃		用字母表示器件的封装	
符号	意义	符号	意义		符号	意义	符号	意义
C	中国制造	T	TTL	与国际同品种保持一致	C	0~70	W	陶瓷扁平
		H	HTL		E	−40~85	B	塑料扁平
		E	ECL		R	−55~85	F	全密封扁平
		C	CMOS		M	−55~125	D	陶瓷直插
		F	线性放大器				P	塑料瓷直插
		D	音响电视电路				J	黑陶瓷直插
		W	稳压器				K	金属菱形
		J	接口电路				T	金属圆形
		B	非线性电路					
		M	存储器					
		μ	微型机电路					

但是也有一些厂商按自己的标准命名,如型号为 D7642 和 YS414 实际上是同一种微型调

· 40 ·

幅单片收音机电路,因此在选择集成电路时要以相应产品手册为准。另外,我国早年生产的集成电路型号命名另有一套标准,现在仍在一些技术资料中见到,可查阅有关新老型号对照手册。

3.5.2　集成电路的引脚识别及性能检测

1. 集成电路的引脚识别

下面根据集成电路引脚排列情况,介绍常用集成电路的引脚分布规律和识别方法。

（1）圆顶封装的集成电路

对圆顶封装的集成电路(一般为圆形或菱形金属外壳封装),识别引出脚时,应将集成电路的引出脚朝上,再找出其标记。常见的定位标记有锁口突平、定位孔及引脚不均匀排列等。引出脚的顺序由定位标记对应的引脚开始,按顺时针方向依次排列引出脚 1、2、3 等,如图 3.19 所示。

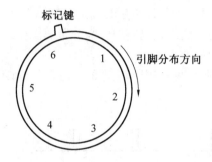

图 3.19　圆顶封装的集成电路引脚的排列

（2）单列直插集成电路引脚分布规律

所谓单列直插集成电路就是它的引脚只有一列,且引脚为直的。这类集成电路的引脚分布规律可以用如图 3.20 所示的示意图来说明。

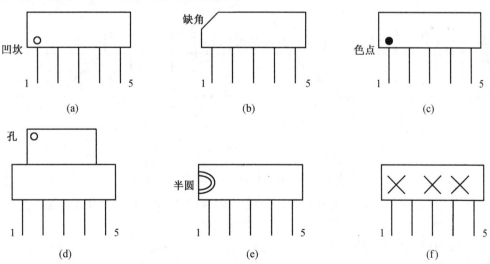

图 3.20　单列直插集成电路引脚分布示意图

在图 3.20(a)所示集成电路中,左侧端处有一个小圆坑或其他标记,它用来指示第一根引

脚位置,说明左侧端的引脚为第一根引脚,然后依次从左向右为各引脚。

在图 3.20(b)所示集成电路中,在集成电路的左侧上方有一个缺角,说明左侧端第一根引脚为 1 脚,依次从左向右为各引脚。

在图 3.20(c)所示集成电路中,用色点表示第一根引脚的位置,也是从左向右依次为各引脚。

在图 3.20(d)所示集成电路中,在散热片左侧有一个小孔,说明左侧端第一根引脚为 1 脚,依次从左向右为各引脚。

在图 3.20(e)所示集成电路中,左侧有一个半圆缺口,说明左侧端第一根引脚为 1 脚,依次从左向右为各引脚。

在图 3.20(f)所示集成电路中,在外形上无任何第一根引脚的标记,此时将印有型号的一面朝向自己,且将引脚朝下,最左端为第一根引脚,依次为各引脚。

从上述几种单列直插集成电路引脚分布规律来看,除图 3.20(f)所示集成电路外(这种情况很少见),其他集成电路都有一个较为明显的标记来指示第一根引脚的位置,而且都是自左向右依次为各引脚,这是单列直插集成电路的引脚分布规律。

(3)双列集成电路引脚分布规律

双列直插集成电路的引脚有两列,引脚是直的。图 3.21 所示是几种双列集成电路引脚分布示意图。

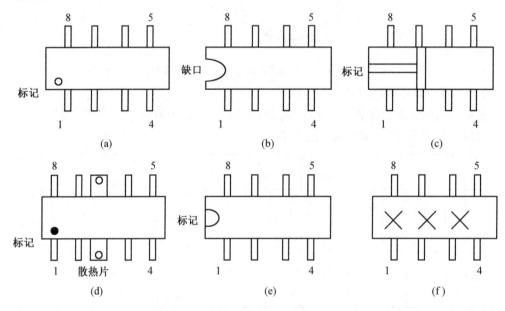

图 3.21　双列直插集成电路引脚分布示意图

在图 3.21(a)所示双列集成电路中,它的左下端有一个凹块标记,这指示左侧下端第一根引脚为 1 脚,然后从 1 脚开始逆时针方向各引脚依次排列。

在图 3.21(b)所示双列集成电路中,它的左侧有一个半圆缺口。此时,左侧下端第一根引脚为 1 脚,然后逆时针方向依次为各引脚。

在图 3.21(c)所示陶瓷封装双列直插集成电路中,它的左侧有一个标记,此时左下方第一根引脚为 1 脚,然后逆时针方向依次为各引脚。

在图 3.21(d)所示双列集成电路中,它的引脚被散热片隔开,在集成电路的左侧下端有一个标记,此时左下方第一根引脚为 1 脚,也是逆时针方向依次为各引脚(散热片不算)。

在图 3.21(e)所示集成电路中(这是一个双列曲插集成电路),当它左侧有一个半圆缺口时,左下方第一根引脚为 1 脚,逆时针方向依次为各引脚。

在图 3.21(f)所示集成电路中,它无任何明显的引脚标记,此时将印有型号一面朝向自己放置,左侧下端第一个引脚为 1 脚,逆时针方向依次为各引脚。

上面介绍的双列集成电路外形仅是众多双列集成电路中的几种,除图 3.21(f)所示的集成电路外,一般都有各种形式的明显标记,指明第一根引脚的位置,然后逆时针方向依次为各引脚,这是双列直插集成电路的引脚分布规律。

(4)四列扁平封装的集成电路

四列扁平封装的集成电路的引脚分成四列,如图 3.22 所示,集成电路四周都有引脚,在这一集成电路的左下方有一个标记,此时左下方第一根引脚为 1 脚,然后逆时针方向依次为各引脚。这种四列集成电路一般是无脚集成电路形式,即它有引脚但很短,引脚不伸到线路板的背面,集成电路直接焊在印刷线路这一面上,引脚直接与铜箔线路相焊接。

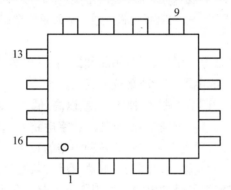

图 3.22　四列集成电路引脚分布示意图

2. 集成电路的性能检测

检测集成电路的方法有多种,各种故障下的具体检查方法不同,集成电路装在电路中和不装在电路中时的检测方法也不同,这里介绍几种最基本的检查方法。

(1)电压检查法

电压检查法是指使用万用表的直流电压挡,测量电路中有关测试点的工作电压,根据测得的结果来判断电路工作是否正常。对集成电路工作情况的检测过程:给集成电路所在电路通电,并不给集成电路输入信号(即使处于静态工作状态下)。用万用表直流电压挡的适当量程,测量集成电路各引脚对地之间的直流工作电压(或部分有关引脚电压对地的直流电压),根据测得的结果与这一集成电路各引脚标准电压值的比较(各种集成电路的引脚直流电压有专门的资料供查询),判断是集成电路有故障,还是集成电路外围电路中的元器件有故障。

(2)电阻法

①通过测量单块集成电路各引脚对地正、反向电阻,与参数资料或另一块好的相同集成电路进行比较,从而作出判断。注意:必须使用同一万用表的同一挡测量,结果才准确。

②在没有对比条件的情况下只能使用间接电阻法测量,即在印制电路板上通过测量集成电路引脚外围元件好坏(电阻、电容、晶体管)来判断,若外围元件没有坏,则原集成电路有可

能已损坏。

（3）波形法

波形法指用示波器测量集成电路各引脚波形是否与原设计相符，若发现有较大区别，并且外围元件又没有损坏，则原集成电路有可能已损坏。

（4）替换法

替换法指用相同型号集成电路替换试验，若电路恢复正常，则集成电路已损坏。

3.5.3　集成电路的种类及选用

集成电路的种类很多，按制造工艺和结构分，可分为半导体集成电路、膜集成电路（又可细分为薄膜、厚膜两类）和混合集成电路。通常提到集成电路指的是半导体集成电路，采用半导体工艺技术。在硅基片上制作包括电阻、电容、二极管、晶体管等元器件并具有某种功能的集成电路，是应用最广泛、品种最多的集成电路。膜集成电路和混合集成电路一般用于专用集成电路，通常称为模块。

集成电路按集成度分为小规模（SSIC）、中规模（MSIC）、大规模（LSIC）和超大规模（VLSIC）。一般常用集成电路以中、大规模电路为主，超大规模电路主要用于存储器及计算机CPU等专用芯片中。

集成电路按应用领域可分为军用品、工业用品和民用品（又称为商用）三大类。按照功能可分为数字集成电路、模拟集成电路和微波集成电路三大类。

①数字集成电路是指以"开"和"关"两种状态，或以高、低电平对应"1"和"0"两个二进制数字，并进行数字的运算、存储、传输及转换的电路。数字电路的基本形式有两种，包括门电路和触发电路。将两者结合起来，原则上可以构成各种类型的数字电路，如集成门电路、驱动器、译码器/编码器、数据选择器、触发器、寄存器、计数器、存储器、微处理器及可编程器件等。

②模拟集成电路是处理模拟信号的电路。模拟集成电路可分为线性集成电路和非线性集成电路。输出信号随输入信号的变化呈线性关系的电路称为线性集成电路。例如，音频放大器、高频放大器、直流放大器以及收录机、电视机中所用的一些电路就属于这种。输出信号不随输入信号而变化的电路称为非线性集成电路，如对数放大器、信号放大器、检波器及变频器等。

③微波集成电路是指工作频率在1 GHz以上的微波频段的集成电路，多用于卫星通信、导航、雷达等方面。

3.5.4　集成电路识别技能实训

1. 训练目的

认识IC的常见封装形式。

2. 实训器材

LM741（金属外壳封装）、CD4069（双列直插封装）、NE555（双列直插封装）、CD4013（贴片封装）、TDA2616（单列直插封装）和音乐芯片（9561）集成电路各一个。

3. 训练内容

认识集成电路的引脚及其常见的封装形式。

3.6　机电元件

利用机械力或电信号的作用,使电路产生接通、断开或转接等功能的元件,称为机电元件。常见于各种电子产品中的开关、连接器(又称为接插件)等均属于机电元件。

机电元件的工作原理及结构较为直观、简明,容易被设计及整机制造者所轻视。实际上,机电元件与电子产品安全性、可靠性及整机水平的关系很大,而且是故障多发点。正确选择、使用和维护机电元件是提高电子工艺水平的关键之一。

3.6.1　开关

开关是接通或断开电路的一种广义功能元件。其种类众多,按结构特点可分为旋转开关、按钮开关、钮子开关、双列直插式和滑动开关等;按用途可分为键盘开关、微动开关、电子开关、电源开关、波段开关、多位开关、转换开关、拨码开关和控制开关;按驱动方式可分为手动、机械控制和声、光和磁等控制。

一般提到开关习惯上指的是手动式开关,像压力控制、光电控制、超生控制等具有控制作用的开关,实际已不是一个简单的开关,而是包括了较复杂的电子控制单元。至于常见于书刊中的电子开关则指的是利用晶体管、可控硅等器件的开关特性构成的控制电路单元,不属于机电元件的范畴,为应用方便,也将它们列入开关的行列。

开关的极和位是了解开关类型必须掌握的概念。所谓极是指开关活动触点(习惯称为刀);位则指静止触点(习惯称为掷)。

开关的主要参数主要包括:

(1)额定电压

额定电压指正常工作状态开关可以承受的最大电压。对交流电源开关来说,则指交流电压有效值。

(2)额定电流

额定电流指正常工作时开关所允许通过的最大电流。在交流电路中指交流电流有效值。

(3)接触电阻

接触电阻指开关接通时,相同的两个接点之间的电阻值。此值越小越好,一般开关接触电阻应小于 20 MΩ。

(4)绝缘电阻

绝缘电阻指开关不相接触的各导电部分之间的电阻值。此值越大越好,一般开关的阻值在100 MΩ以上。

(5)耐压

耐压也称为抗电强度,指开关不相接触的导体之间所能承受的电压值。一般开关耐压大于 100 V,对电源开关而言,要求耐压不小于 500 V。

(6)使用寿命

使用寿命指开关在正常工作条件下的使用次数。一般开关的使用寿命为 5 000 ~ 10 000 次,要求较高的开关可达 $5 \times 10^4 \sim 5 \times 10^5$ 次。

3.6.2　继电器

继电器是一种电气控制常用的机电元件,可以看作一种由输入参量(如电、磁、光、声等物理量)控制的开关。电子产品中常用的继电器有如下几种:

①电磁继电器,分交流与直流两大类,利用电磁吸力工作。

②磁保持继电器,用极化磁场作用保持工作状态。

③高频继电器,专用于转换高频电路并能与同轴电缆匹配。

④控制继电器,按输入参量不同,有温度继电器、热继电器、光继电器、声继电器、压力继电器等类别。

⑤舌簧继电器,是利用舌簧管(密封在管内的簧片在磁力下闭合)工作的继电器。

⑥时间继电器,是有时间控制作用的继电器。

⑦固态继电器,实际上是一种输入(控制信号)与输出隔离的电子开关,功能与电磁继电器相同。

这些继电器中使用最普遍的是电磁继电器和固态继电器。电磁继电器的接触点负荷又可分为四类:

①微功率继电器,接通电压为 28 V 时,负载(阻性)电流小于 0.2 A。

②小功率继电器,接通电流为 0.5 ~ 1 A。

③中功率继电器,接通电流为 2 ~ 5 A。

④大功率继电器,接通电流为 10 ~ 40 A。

固态继电器是近年来新发展的控制元件,实际上是一种采用电力电子器件作为开关元件的可控电子电路模块。尽管从工作原理上说它不属于机电元件,但在大多数使用场合可以取代机电继电器,而且在降低功耗和使用寿命上有显著的优势,因此在很多应用领域已成为继电器元件的首选品种。

继电器的技术参数除了与开关相同的部分外,主要是输入信号参数(如输入电压、电流)。选用继电器要考虑的内容,可参阅有关产品手册。

3.6.3　连接器

连接器是电子产品中用于电气连接的一类机电元件,使用十分广泛。习惯上把连接器称为接插件,有时也把连接器中的一部分称为接插件,为了方便,我们用连接器称呼这一类元件。

在电子产品中一般有以下几类连接。

A 类:元器件与印制电路板的连接。

B 类:印制电路板与印制电路板或导线之间的连接。

C 类:同一机壳内各功能单元相互连接。

D 类:系统内各种设备之间的连接。

除了焊接、压接、绕接等连接方式外,采用连接器是提高效率及便于装配、调试、维修的普通工艺。

1. 连接器的种类

连接器按外形分为以下几类:

①圆形连接器,主要用于 D 类连接、端接导线、电缆等,外形为圆筒形。

②矩形连接器,主要用于 C 类连接,外形为矩形或梯形。

③条形连接器,主要用于 B 类连接,外形为长条形。

④印制板连接器,主要用于 B 类连接,包括边缘连接器、板装连接器及板件连接器。

⑤IC 连接器,主要用于 A 类连接,通常称为插座。

⑥导电橡胶连接器,用于液晶显示器件与印制板连接。

连接器按用途分为以下几类:

①电缆连接器,连接多股导线、屏蔽线及电缆,由固定配对器组成。

②机柜连接器,一般由配对的固定连接器组成。

③音视频设备连接器。

④电源连接器,通常称为电源插头插座。

⑤射频同轴连接器,也称为高频连接器,用于射频、视频及脉冲电路。

⑥光纤光缆连接器。

⑦其他专用连接器,如办公设备、汽车电气等专用连接器。

2. 连接器的主要参数

普通低频连接器的技术参数与开关相同,主要由额定电压、电流及接触电阻来衡量,而且从外观及配合容易判断性能。对同轴连接器及光纤光缆连接器,则有阻抗特性及光学性能等参数,应用时请参考相关资料。

3.6.4　机电元件识别与判别技能实训

1. 训练目的

认识实际电路中的开关、继电器和接插座。

2. 实训器材

按钮、直键开关、钮子开关、拨码开关、微动开关、琴键开关、薄膜开关、直流继电器、单相固态继电器、直流电源插座、压线插座、两针插座、排线插座、DIP 封装 IC 插座各一个。

3. 训练内容

识别机电元件。

第4章　焊接技术

4.1　焊接的基础知识

电子电路的焊接、组装与调试在电子工程技术中占有重要地位。任何一个电子产品都是由设计、焊接、组装、调试形成的,焊接是保证电子产品质量和可靠性的最基本环节,焊接是金属连接的一种方法。利用加热、加压或其他手段,在两种金属的接触面,依靠原子或分子的相互扩散作用,形成一种新的牢固的结合,使这两种金属永久地连接在一起,这个过程就称之为焊接。焊接分为熔焊、钎焊和接触焊三类。

锡焊属于软钎焊(钎料熔点低于450 ℃)。习惯把钎料称为焊料,采用铅锡焊料进行焊接称为铅锡焊,简称为锡焊。施焊的零件统称为焊件,一般情况下是指金属零件。

锡焊实际上就是将铅锡焊料熔入焊件缝隙使其连接的一种焊接方法。焊接时将焊件与焊料共同加热到焊接温度,由于焊料的熔点低于焊件,所以焊料熔化而焊件不熔化,连接的形式是由熔化的焊料润湿焊件的焊接面产生冶金、化学反应形成结合层而实现的。

铅锡焊料熔点较低,适合半导体等电子材料的连接,只需简单的加热工具和材料即可加工,投资少,且焊点有足够强度和电气性能,锡焊过程可逆,易于拆焊,因此锡焊在电子装配中得到广泛应用。

4.2　焊接工具与材料

焊接工具和材料是实施焊接作业的必要条件。合适、高效的工具是焊接质量的保证,合格的材料是焊接的前提。

电子产品装配的主要工具是电烙铁,辅助工具有尖嘴钳、斜口钳、镊子、剪子、钢皮尺、扳手、导线剥头钳、开口螺钉旋具等。焊接的材料包括焊料(焊锡)和焊剂(助焊剂与阻焊剂)。

4.2.1　电烙铁

电烙铁是手工焊接的基本工具,是电子产品装配人员常用工具之一。选择合适的电烙铁,并正确使用,是保证焊接质量的基础。电烙铁是根据电流通过发热元器件产生热量的原理而制成的,常用的电烙铁有内热式、外热式、恒温式等。另外还有半自动送料电烙铁、超声波电烙铁、充电电烙铁等。下面对几种常用电烙铁的构造及特点进行介绍。

1. 内热式电烙铁

内热式电烙铁由烙铁头、烙铁芯、卡箍、金属外壳、手把、固定座、线柱、线卡、软电线等组成,其结构示意图如图 4.1 所示。内热式电烙铁的烙铁芯是采用极细的镍铬电阻丝绕在瓷管上制成的。烙铁头的一端套在烙铁芯的外面,用卡箍紧固。由于发热器件烙铁芯装在烙铁头内部,热量完全传到烙铁头上,所以其升温快,能量转化效率高,热效率高达 85% ~ 90%,烙铁头部温度可达 350 ℃ 左右。20 W 内热式电烙铁的实用功率相当于 25 ~ 40 W 的外热式电烙铁。

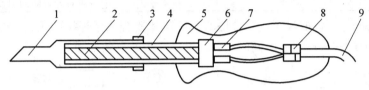

图 4.1　内热式电烙铁结构示意图

1—烙铁头;2—烙铁芯;3—卡箍;4—金属外壳;5—手把;6—固定座;7—接线柱;8—线卡;9—软电线

2. 外热式电烙铁

外热式电烙铁的基本结构与内热式电烙铁相似,不同的是外热式烙铁的烙铁头插在烙铁芯内部。其头部结构示意图如图 4.2 所示。电阻丝绕在薄云母片绝缘的圆筒上组成烙铁芯。烙铁头装在烙铁芯里面,外包金属外壳,电阻丝通电后产生的热量传送到烙铁头上,使烙铁头温度升高。外热式电烙铁结构简单,价格较低,使用寿命长,但其体积较大,升温较慢,热效率低。

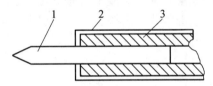

图 4.2　外热式电烙铁头部结构示意图

1—烙铁头;2—金属外壳;3—烙铁芯

3. 恒温式电烙铁

恒温电烙铁升温时间快,只需 40 ~ 60 s。它是借助于电烙铁内部的磁性开关而达到恒温的目的,由于是断续加热,可比普通电烙铁省电 50% 左右。它的烙铁头始终保持在适于焊接的温度范围内,焊料不易氧化,可减少虚焊,提高焊接产品质量。恒温烙铁头采用镀铁镍新工艺,它的温度变化范围很小,电烙铁不会发生过热现象,从而延长了使用寿命,同时也能防止被焊接的元器件因温度过高而损坏。此外,恒温电烙铁还有体积小、质量轻的优点,可以减轻操作者的劳动强度。

4. 电烙铁的选择

根据焊接对象的不同,各种类型的电烙铁适用范围不同,见表 4.1。

表4.1　不同对象的电烙铁选型

焊接对象	功率/W	品种	说明
印制电路板焊接点	25	普通内热式	
整机总装的导线、接线焊片(柱)、散热器、接地点等	35	手枪式	
温度敏感元器件、无引线元器件	40	自动温控式	温度可根据需要调节,并自动温控
高可靠要求产品	50	自动断电及自动温控式	焊接时能自动断电,防止电烙铁漏电造成对元器件的损伤

　　焊点质量的好坏不但取决于选择合适的电烙铁和能否掌握焊接要领,也取决于烙铁头的选择,因为不同的烙铁头适用于不同的场合。电烙铁头的形状如图4.3所示。

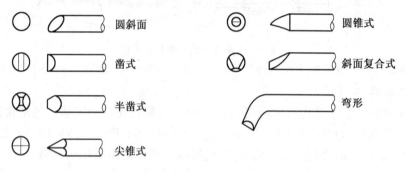

图4.3　电烙铁头的形状

　　圆斜面式电烙铁头适用于在单面板上焊接不太拥挤的焊点;凿式、半凿式电烙铁头适用于一般电气维修中的焊接;尖锥式、圆锥式电烙铁头适用于焊点密度高、焊点小且怕热元件的焊接;斜面复合式电烙铁头适用于通常情况下的焊接。

5. 焊接的辅助工具

　　焊接的辅助工具如图4.4所示。

剪刀　　　　　镊子　　　　　尖头钳　　　　　小旋凿

图4.4　焊接的辅助工具

　　剪刀:用来剪断电线或元件引线,还可以用来刮除元件引线或其他金属表面的氧化物及污垢,便于焊接。

　　镊子:用来夹持细小元件或元件的引线。

　　尖头钳:夹持元件或剪断较粗的导线。

　　小旋凿:有平头和十字头两种,用来拧动螺钉。

4.2.2　焊料

　　焊料是用来连接两种或多种金属表面,同时在被连接金属的表面之间起冶金学桥梁作用的金属材料。其作用是把被焊物连接起来,对电路来说构成一个通路。焊料一般为易熔金属。

1. 焊料应具备的性能

①焊料的熔点要低于被焊母材。

②具有良好的浸润作用,易于与被焊母材连成一体。

③要有良好的导电性和足够的机械强度。

④具有凝固快、抗腐蚀性强的物理特性。

2. 常用焊料的种类

根据组成成分不同,焊料可分为有铅焊锡和无铅焊锡。有铅焊锡成本低、可靠性高,然而铅是含毒性重金属,对人体有潜在的危害,也会造成环境污染,在现代电子工业的发展中逐渐被限制使用。无铅焊锡作为一种环保型焊接材料成为焊接应用发展的主流。现在常见的无铅焊锡是锡和铜、银等的合金。相比较于有铅焊锡,无铅焊锡的熔点高、机械强度低、浸润能力差、成本高,因此目前的手工焊接中依然使用锡铅合金焊料,主要包括两类:锡铅焊料和共晶焊锡。

(1)锡铅焊料

锡铅焊料是常用的锡铅合金焊料,通常称为焊锡,主要由锡和铅组成,还含有锑等微量金属成分。

(2)共晶焊锡

共晶焊锡是指达到共晶成分的锡铅焊料,对应的合金成分是锡的质量分数为61.9%、铅的质量分数为38.1%。在实际应用中一般将含锡60%、含铅40%的焊锡称为共晶焊锡。在锡和铅的合金中,除了纯锡、纯铅和共晶成分是在单一温度下熔化外,其他合金都是在一个区域内熔化的,因此共晶焊锡是锡铅焊料中性能最好的一种。

3. 常用焊料的形状

(1)丝状焊料

丝状焊料通常称为焊锡丝,中心包着松香助焊剂,称为松脂心焊丝,手工烙铁锡焊时常用。松脂心焊丝的外径通常有0.5 mm、0.6 mm、0.8 mm、1.0 mm、1.2 mm、1.6 mm、2.0 mm、2.3 mm、3.0 mm等规格。焊锡丝线径的选择见表4.2。

表4.2　焊锡丝线径的选择

被焊对象	锡丝直径/mm
印制板焊接点	0.8 ~ 1.2
小型端子与导线焊接	1.0 ~ 1.2
大型端子与导线焊接	1.2 ~ 2.0

(2)片状焊料

片状焊料常用于硅片及其他片状焊件的焊接。

(3)带状焊料

带状焊料常用于自动装配的生产线上,用自动焊机从制成带状的焊料上冲切一段进行焊接,以提高生产效率。

(4)焊料膏

焊料膏由焊料与助焊剂粉末搅拌在一起制成,焊接时先将焊料膏涂在印制电路板上,然后进行焊接,在自动贴片工艺上需要使用大量焊料膏。

4.2.3 助焊剂

焊剂是用来增加润湿,以帮助和加速焊接的进程,故焊剂又称为助焊剂。

1. 助焊剂的作用

①溶解被焊母材表面的氧化膜,有利于焊锡的浸润和焊点合金的生成。

②覆盖在焊料表面,防止被焊母材的再氧化。

③增强焊料和被焊母材表面活性,降低熔融焊料的表面张力。

④焊料和焊剂是相熔的,可增加焊料的流动性,进一步提高浸润能力。

⑤能加快热量从烙铁头向焊料和被焊母材表面传递。

⑥合适的助焊剂还能使焊点美观。

2. 助焊剂应具备的性能

①助焊剂要有适当的活性温度范围和助焊效果。

②助焊剂要有良好的热稳定性和化学性能稳定。

③助焊剂的残留物不应有腐蚀性,且容易清洗。

④不应析出有毒、有害气体,应符合环保的基本要求。

⑤要有符合电子工业规定的水溶性电阻和绝缘电阻。

3. 助焊剂的分类

助焊剂的种类很多,大体上可分为无机、有机和树脂三大系列。

(1)无机系列

无机系列主要是指各类无机盐和无机酸,如盐酸、氢氟酸、氯化锡、氟化钠或氟化钾和氯化锌。这些助焊剂能够去掉铁和非铁金属的氧化膜层,如不锈钢、铁镍钴合金和镍铁,这些用较弱助焊剂都不能锡焊。无机助焊剂一般应用于非电子焊接,如铜管的铜焊,也可应用于电子工业的铅镀锡。无机助焊剂由于其潜在的可靠性问题,不应该考虑用于电子装配(传统或表面贴装)。其主要缺点是有化学活性残留物,可能引起腐蚀和严重的局部失效。

(2)有机系列

有机系列主要是有机酸类,有机酸(OA)助焊剂比松香助焊剂要强,但比无机助焊剂要弱。在助焊剂活性和可清洁性之间,它提供了一个很好的平衡,特别是如果其固体含量低(1%～5%),这些助焊剂含有极性离子,很容易用极性溶剂去掉,如水。有机酸助焊剂可应用于波峰焊接板底胶固的表面贴装片状组件,也可用作回流焊接引脚穿孔组件中的环形焊接的助焊剂涂层。

(3)树脂焊剂

树脂焊剂通常是以松香为主要成分的混合物,松香是从树木的分泌物中提取出来的,属于天然产物,没有腐蚀性,因此树脂焊剂也称为松香类焊剂。松香的通用分子式是 $C_{19}H_{29}COOH$,主要由松香酸和胡椒酸组成。松香助焊剂在室温下不活跃,但加热到焊接温度时变得活跃。松香呈酸性,可溶于许多溶剂,但不溶于水。松香助焊剂也分为非活性化松香、弱活性化松香、活性化松香、超活性化松香及合成松香。

助焊剂通常与焊料相匹配使用,可按照与焊料相对应分为软焊剂和硬焊剂。电子产品在组装与维修中常用的有松香、松香混合焊剂、焊膏和盐酸等软焊剂,在不同的场合应根据不同的焊接工件进行选用。助焊剂中的活性成分可清除熔融焊锡和被焊金属表面的氧化物与脏污等,以利于焊接过程的顺利进行,得到一个良好的焊接点。其缺点是活性剂具有腐蚀性,若不清洗干净,则会腐蚀焊接点和 PCB 板。

焊锡辅助性材料还有清洗剂,它主要用来清洗焊接后的 PCB 板和组件上的脏污物质,常用的有三氯乙烯、异丙醇、酒精等。手焊工作结束后,应以清洁剂清洗被焊物表面,使外观清洁美观。另外,清洁剂也是易挥发物质,使用完后应马上盖上瓶盖避免挥发,同时放置到远离热源的地方防止发生火灾。

4.2.4　阻焊剂

阻焊剂是一种耐高温涂料,在电路板上用于保护不需要焊接的部分。印制电路板上的绿色涂层即为阻焊剂。

阻焊剂的种类有热固化型阻焊剂、紫外线光固化型阻焊剂(又称为光敏阻焊剂)和电子辐射固化型阻焊剂等。目前常用的是紫外线光固化型阻焊剂。

4.2.5　技能实训——常用焊接工具检测

1. 实训目的

在进行焊接工作之前首先要对需要用到的焊接工具进行检测,要符合如下几点要求:

①了解焊接材料与工具的特点和特性。

②了解电烙铁的组成结构,并能够熟练地拆装和使用。

③了解被焊接线板的结构和工作原理。

2. 实训器材

电烙铁一把;接线板一个;烙铁架一个;螺钉旋具一套;万用表一块。

3. 实训内容

(1)电烙铁的拆装

①拆卸。先拧松手柄上卡紧导线的螺钉,旋下手柄,然后卸下电源线和烙铁芯引线,取出烙铁芯,最后拔下烙铁头。

②装配。与拆卸顺序相反,但要注意,当旋紧手柄时,电源线不能与手柄一起转动,否则容易造成短路。

(2)电烙铁的测试与维修

①将万用表置于欧姆挡位,选择 $R \times 1\ \text{k}\Omega$ 量程,进行“Ω 校零”。

②测量电烙铁插头两端的电阻值,正常时应为 $R = U^2/P = 220^2/P$。

③若所测量的电阻值为 $0\ \Omega$,则内部的烙铁芯短路或者连接杆处的导线相碰。

④若所测量的电阻值为 ∞,则内部的烙铁芯开路或者连接杆处的导线脱落。

⑤切断电源,待烙铁冷却后,对电阻值为 $0\ \Omega$ 或 ∞ 的电烙铁进行维修,维修后再次测试,正常后方能通电使用。

(3)电烙铁的选用

①电烙铁的电源线最好选用纤维编织花线或橡皮软线,因为这两种线不易被烫坏。

②根据器件的焊接要求,对应选择内热式或外热式电烙铁。

③根据焊接件的形状、大小及焊点和元器件密度等要求来选择合适的烙铁头形状。

④烙铁头顶端温度应根据焊锡的熔点而确定,通常烙铁头的顶端温度应比焊锡熔点高

$30\sim80\ ℃$,而且不应包括烙铁头接触焊点时下降的温度。

⑤所选电烙铁的热容量和烙铁头的温度恢复时间应能够满足被焊工件的热要求。

（4）接线板的测试与维修

①将万用表置于欧姆挡位,选择 $R×1\ k\Omega$ 量程,进行"Ω 校零"。

②测量插头两端的电阻值应为∞,若为 $0\ \Omega$,则不能通电,需进行维修。

③将万用表置于250 V 交流电压挡位。测量通电接线板上的电压,正常应为220 V,若为 0 V,则内部导线开路。

④维修接线板时,必须切断电源,且禁止导线接头与板内金属片之间出现短路现象,维修好后的接线板需要再次进行测量,正常后方能通电使用。

4. 实训报告

（1）电烙铁检测报告

电烙铁检测记录见表4.3。

表 4.3　电烙铁检测记录表

组成结构	1.	2.	3.	4.	5.
种类					
参数值	实测电阻值：		功率值：		
性能					

（2）接线板的检测报告

接线板检测记录见表4.4。

表 4.4　接线板检测记录表

组成结构	1.	2.	3.	4.	5.
插头两端电阻值					
接线板上插孔电压					
性能					

4.3　手工焊接工艺

焊接是电子产品组装的重要工艺,焊接质量的好坏直接影响产品与设备性能的稳定。为了保证焊接质量,获得性能稳定、可靠的电子产品,焊接工艺过程的每一步都是极为重要的。

焊接工艺过程一般可分为焊接前准备、焊件装配、加热焊接、焊后清理及质量检验等多道工序。

4.3.1　焊接的基本条件

焊接工艺开始前要确定满足焊接的基本条件。

1. 焊件必须具有可焊性

并不是所有的金属材料都具备锡焊的性质,若要实现焊接,需要采用特殊焊剂和表面镀锡、镀银等措施。只有能被焊锡浸润的金属才具有可焊性。

2.工件金属表面应洁净

工件金属表面如果存在氧化物或污垢,则会影响其与焊料在界面上形成合金层,造成虚焊、假焊。轻度的氧化物或污垢可通过助焊剂来清除,较严重的要通过化学或机械的方法来清除。因此在焊接之前需要用刮刀或砂纸去除元器件引线表面的氧化层,保持焊前清洁。

3.使用合适的焊料

不合格的焊料或杂质超标的焊料都会影响到焊接效果,影响焊料的润湿性和流动性,降低焊接质量,甚至不能进行焊接。

4.正确选用焊料

焊料的成分及其性能要与工件金属材料的可焊性、焊接的温度及时间、焊点的机械强度等相适应,锡焊工艺中使用的焊料是锡铅合金。按照锡铅的比例及其含有其他少量金属成分的不同,其焊接特性也不同,应根据不同的要求正确选用焊料。

5.适当的温度

只有在足够高的温度下,焊料才能充分浸润,并充分扩散,从而形成合金结合层。但温度也不宜过高,否则会加快金属氧化而不易焊接。

4.3.2　焊接姿势

1.操作姿势

(1)挺胸,直坐,切勿弯腰。

(2)鼻尖至烙铁头端至少应保持在 20 cm 以上的距离,通常此距离以 40 cm 为宜。

2.电烙铁握法

根据电烙铁大小的不同和焊接操作时的方向和工件的差异,可将手持电烙铁的方法分为反握法、正握法和握笔法三种,如图 4.5 所示。

反握法动作稳定,长时间操作不易疲劳,适合于大功率烙铁的操作。正握法适合于中等功率烙铁或带弯头电烙铁的操作。一般在工作台上焊印制板等焊件时,多采用握笔法。

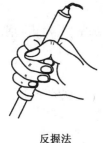
反握法

正握法
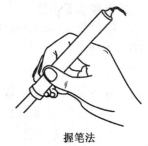
握笔法

图 4.5　电烙铁的握法

3.焊锡丝拿法

焊锡丝一般有两种拿法。焊接时,一般左手拿焊锡,右手拿电烙铁。进行连续焊接时采用如图 4.6(a)所示的拿法,这种拿法可以连续向前送焊锡丝。图 4.6(b)所示的拿法在只焊接几个焊点或断续焊接时适用,不适合连续焊接。

使用焊锡丝时应注意以下几点:

(a) 连续焊接时　　　　　　　　　　　(b) 只焊几个焊点时

图 4.6　焊锡丝拿法

①操作时应戴线手套。

②用拇指和食指捏住焊锡丝,端部留出 3~5 cm 的长度,并借助中指往前送料。

③操作后应洗手。在焊锡丝中含有一定比例的铅,它是对人体有害的重金属。

4.3.3　焊接要领

1. 焊接操作八字诀

通常把手工锡焊过程归纳成八个字:一刮、二镀、三测、四焊。

(1)刮

刮指对焊接工件表面进行处理,焊接前,对被焊工件表面的污垢和杂质进行清洁,刮去氧化层和油污。

(2)镀

镀指对被焊部位进行搪锡处理,搪锡也称为预焊或镀锡,是将被焊器件引线的表面预先进行一次浸锡处理的方法。

(3)测

测指对搪锡后的元器件进行检测,检测其在电烙铁高温下是否变质。

(4)焊

焊指最后把测试合格的、已经完成"刮""镀""测"三个步骤的元器件焊接到电路中的指定位置。焊接完毕要进行清洁和涂保护层,并根据对焊接工件的不同要求进行焊接质量的检查。

2. 焊接操作五步法

手工锡焊作为一种重要的焊接技术,必须要通过多次实际训练才能熟练掌握,对于刚刚接触电子器件焊接的初学者,可以按照以下五个步骤来进行训练。

(1)第一步:准备操作

准备好被焊工件,将电烙铁加温到工作温度,使烙铁头保持干净,按照电烙铁的正确握法,一手握好电烙铁,一手拿紧焊锡丝,电烙铁与焊料分别放在被焊工件的两侧。

(2)第二步:加热焊件

烙铁头扁平部分接触被焊工件,使得整个焊件全面均匀受热,不要施加压力或随意拖动烙铁。

(3)第三步:加入焊丝

当工件被焊部位升温到焊接温度时,送上焊锡丝并与工件焊点部位接触,熔化并润湿焊点,如图 4.7 所示。

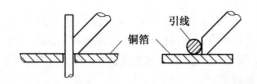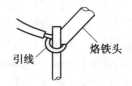

图 4.7　焊接操作示意图

（4）第四步：移去焊料

在融入适量焊料（焊件上已经形成一层薄薄的焊料层）后，迅速移去焊锡丝，移去的速度和力度是控制焊锡量的关键，焊锡量的多少直接影响焊接的牢固程度和整个电路的导通性能。

（5）第五步：撤离电烙铁

在移开焊料后，在助焊剂（焊锡丝内一般含有助焊剂）还未挥发完之前，迅速在与轴向成45°的方向移去电烙铁，否则将得到不良焊点。该步骤是掌握焊接时间的关键。

3. 焊接的操作要点

（1）掌握焊接时间长短

焊点的结合层由于长时间加热而超过合适的厚度引起焊点性能劣化，印制板、塑料板等材料受热过多会变形变质，元器件受热后性能变化甚至失效，焊点表面由于焊剂挥发，失去保护而氧化。焊接时间在保证焊料润湿焊件的前提下越短越好。一般应以 2~4 s 的时间焊好一个焊点为宜。

（2）焊锡量要合适

适量的焊剂是非常有必要的。过量的松香不仅造成焊后焊点周围脏、不美观，而且当加热时间不足时，又容易夹杂到焊锡中形成"夹渣"缺陷，另外，过量的焊锡会增加焊接时间，降低工作速度。

（3）保持焊件表面和烙铁头的清洁

保持焊件表面和烙铁头清洁是获得合格焊接点的前提条件。因为焊接时烙铁头长期处于高温状态，其表面很容易氧化并沾上一层黑色杂质形成隔热层，使烙铁头失去加热作用。保持焊件表面清洁的方法是除锈镀锡；保持烙铁头清洁的方法是每焊一些焊点后用碎布擦拭烙铁头。

（4）采用正确的加热方法

要靠增加接触面积加快传热，而不要用烙铁对焊件加力。应该让烙铁头与焊件形成面接触而不是点接触。为了加快焊件的加热速度，可依靠烙铁上保留少量焊锡作为加热时烙铁头与焊件之间传热的桥梁（焊锡桥）。

（5）焊件要固定

为了防止焊点内部结构疏松、强度降低、导电性差的现象，在焊锡凝固之前不要使焊件移动或振动。用镊子夹住焊件时，一定要等焊锡凝固后再移去镊子。

（6）烙铁撤离有角度

电烙铁撤离动作要迅速、敏捷，而且撤离时的角度和方向对焊点的形成有一定的影响。与轴向成45°的方向撤离，焊点会平滑良好；90°撤离，焊点会被拉尖；180°撤离，焊点的焊料稀少。

4.3.4　焊点要求

焊点是焊接工艺的最终目标。对焊点的基本要求：具有良好的导电性，具有一定的机械强

度,焊点表面光亮清洁,焊点不能有毛刺和空隙。

完成焊接操作后,需要对焊点的质量进行检查,这对电子产品来说是非常重要的,它包括电气性能检验和外观检验。电气性能检验是在对已安装好元器件成品电路板通电的情况下进行的,可以检测到微小的焊接缺陷。外观检验是用人工的方法检查焊点的质量,这在手工焊接工艺中是不可缺少的步骤。其常用的方法是目测法和手触法。

1. 目测检验法

目测检验就是从外观上检查焊接质量是否合格,在有条件的情况下,建议用 3 ~ 10 倍放大镜进行目检,目视检查的主要内容有:

①是否有错焊、漏焊及虚焊。

②是否有连焊,焊点是否有拉尖现象。

③焊盘是否有脱落,焊点是否有裂纹。

④焊点外形润湿应良好,焊点表面是否光亮、圆润。

⑤焊接部位有无热损伤和机械损伤现象。

2. 手触检验法

在外观检查中发现有可疑现象时,应采用手触检查。其方法是用手指触摸元器件有无松动、焊接不牢的现象,用镊子轻轻拨动焊接部位或夹住元器件引线,轻轻拉动,观察有无松动现象。

缺陷焊点分析见表 4.5。

表 4.5 缺陷焊点分析

焊点外形	外观特点	原因分析	结　　果
	以焊接导线为中心,匀称、成裙形拉开,外观光洁、平滑 $a = (1 \sim 1.2)b$;$c \approx 1\ mm$	焊料适当、温度合适,焊点呈圆锥状	外形美观,导电良好,连接可靠
	焊料过多,焊料面呈凸形	焊丝撤离过迟	浪费焊料,焊接缺陷
	焊料过少	焊丝撤离过早	机械强度不足
	焊料未流满焊盘	焊料流动性不好;助焊剂不足或质量差	强度不够
	出现拉尖	烙铁撤离角度不当;助焊剂过多;加热时间过长	外观不佳,易造成桥接
	松动	焊料未凝固前引线移动;引线氧化层未处理好	导通不良或不导通

4.3.5　拆焊技术

拆焊也称为解焊,它同样是焊接工艺中的一个重要的工艺手段。在手工拆焊过程中常用到的工具有吸锡绳、吸锡筒、吸锡电烙铁、医用空心针等。

1. 拆焊的原则

①拆焊时要尽量避免所拆卸的元器件因过热和机械损伤而失效。

②拆焊印制电路板上的元器件时,要避免印制焊盘和印制导线因过热和机械损伤而剥离或断裂。

③拆焊过程中要避免电烙铁及其他工具,烫伤或机械损伤周围其他元器件、导线等。

2. 拆焊的操作要点

(1)严格控制加热的温度和时间

为了保证元器件不受损坏或焊盘不致被翘起、断裂,就要严格控制温度和加热时间。

(2)拆焊时不要用力过猛

对于塑封、陶瓷、玻璃端子等器件,在拆焊时用力过猛会损坏元器件和焊盘。

(3)吸去拆焊点上的焊料

可用吸锡绳、吸锡筒、吸锡电烙铁、医用空心针等工具吸去拆焊点上的焊料。

(4)防止损坏焊盘和元件引脚

拆焊时不能用电烙铁去撬焊接点或晃动元器件引脚,这样容易造成焊盘的剥离和引脚的损伤。

3. PCB 上元器件的拆焊方法

(1)分点拆焊法

分点拆焊法是用电烙铁对焊点加热,逐点拔出。该种方法适用于焊点之间距离较远的情况。

(2)集中拆焊法

集中拆焊法用电烙铁同时快速交替加热几个焊接点,待焊锡熔化后一次拔出。此方法适用于焊点之间距离较近的情况。

4. 一般焊接点的拆焊方法

(1)保留拆焊法

保留拆焊法是对需要保留元器件引线和导线端头的拆焊方法。其适用于钩焊、绕焊的焊接方式。

(2)剪断拆焊法

剪断拆焊法是沿着焊接元器件引脚根部剪断的拆焊方法。其适用于可重焊的元器件或连接线。

4.3.6　技能实训——手工焊接

1. 实训目的

①掌握手工焊接的姿势、电烙铁的握法。

②掌握手工焊接的步骤、要领及焊点要求。

③能够熟练使用电烙铁完成整个焊接过程,并满足焊点的标准要求。

2. 实训器材

电烙铁一把,锉刀一把,焊接 PCB 板一块,焊锡丝与松香若干,有引脚的电阻器 15 只,漆包线若干。

3. 实训内容

(1)选择电烙铁的类型和烙铁头

首先根据被焊器件的种类选择合适的电烙铁类型与合适形状的烙铁头。

(2)烙铁头的处理与镀锡操作

然后进行烙铁头的处理与镀锡操作,具体步骤如下。

①对新烙铁头的处理与镀锡方法如下。

锉斜面:利用锉刀将烙铁头的斜面挫出铜的颜色,斜面角度应为 30°~45°。

通电加热:在电烙铁通电加热的同时,将烙铁头的斜面接触松香。

涂助焊剂:随着电烙铁的温度逐渐升高,熔化的松香便涂在烙铁头的斜面上。

上焊料:当温度尚未增加到熔化焊料时,迅速将焊锡丝接触烙铁头的斜面,待一定时间后,焊锡丝被熔化,则在斜面填满焊料。

持续加热:再继续加热,以使焊料扩散到烙铁头内部。

对电烙铁的烙铁头处理与镀锡完成。

②对烙铁头周围均已沾满焊料的情况,如果不进行处理,就会焊出不合格的焊点。对其处理与镀锡的方法如下。

断电冷却:拔下电源插头,让烙铁头冷却。

挫烙铁头的斜面与周围:用锉刀将烙铁头斜面与周围有焊锡的地方挫出铜的颜色。

通电加热:将电烙铁通电加热,使整个烙铁头全部氧化,即变成黑色。

断电冷却:拔下电源插头,让烙铁头冷却。

接下来采用对新烙铁头处理的方法进行操作,即完成上述①的过程。

(3)焊锡量的掌握训练

对一个合格的焊点,使用的焊锡量必须适中,这与焊接时间有很大关系,为了把握准确焊点的焊锡量,可采取如下方法进行训练。

①准备一个木制松香盒、一些去头的小圆钉和若干漆包线。

②在松香盒四周将小圆钉钉入少许,将漆包线镀上焊锡。

③将漆包线缠绕在小圆钉上,构成交叉的"十"字网。

④在交叉的"十"字网处进行焊接练习。把握好焊接量的多少与焊接时间。

⑤在每个交叉点都焊满之后,取下漆包线,清理多余焊锡量,再编织,再焊接,焊锡量要掌握好。

(4)PCB 焊点成形训练

对一个合格的焊点,焊锡量的适中是一个方面,而另一方面还要求有平滑良好的形状,这与烙铁撤离的方向有直接关系。为了获得良好的焊点形状,可采取如下方法进行训练:

①准备一块有焊盘的 PCB 板和若干有引脚的电阻器。

②将电阻器的引脚插入焊盘中,居中放置。

③进行焊接。

④焊接完毕后,进行拆焊操作。

⑤清洁焊盘,重新练习。

(5)手工拆焊训练

①一手拿镊子,一手拿电烙铁。

②电烙铁加热拆卸焊点,镊子夹住元器件引脚往外拉。

③用电烙铁带走焊点上多余的焊锡。

④清洁焊盘。

4. 实训报告

PCB 板手工焊接评价报告见表 4.6。

表 4.6　PCB 板手工焊接评价报告

焊接材料	一块 PCB 板,15 只有引脚的电阻器
焊接耗时	
焊点总数	30 个
合格焊点的数量	
不合格焊点的原因	

4.4　浸焊与波峰焊工艺

随着电子产品高速发展,以提高工效、降低成本、保证质量为目的的机械化、自动化锡焊技术不断发展,特别是电子产品向微型化发展,单靠人的技能已无法满足焊接要求。

浸焊比手工烙铁焊效率高,但依然没有摆脱手工操作,波峰焊比浸焊更进一步,再流焊是现代焊接的主流技术。总之,随着电子产品的迅猛发展,先进的焊接技术也层出不穷。

4.4.1　浸焊

浸焊是最早替代手工焊接的大批量机器焊接方法。所谓浸焊,就是将安装好的印制板浸入熔化状态的焊料液,一次完成印制板上的焊接。焊点以外不需要连接的部分通过在印制板上涂阻焊剂来实现。浸焊有手工浸焊和自动浸焊两种形式。

1. 手工浸焊

手工浸焊是由操作者手持夹具将需焊接的已插装好元器件的 PCB 板浸入锡槽内来完成的。手工浸焊的工艺步骤如下:

(1)第一步——锡槽的准备

将锡槽的温度调到 230 ~ 250 ℃,加入锡焊条,通电。及时去除锡焊层表面上的氧化薄膜。

(2)第二步——PCB 板准备

将元器件按照工艺要求插装到印制电路板上,在全部焊盘上涂满松香助焊剂。

(3)第三步——浸锡操作

利用夹具夹持装有元器件的 PCB 板,浸入锡锅中,深度是 PCB 板厚度的 50% ~ 70%,浸焊时间为 3 ~ 5 s。

(4)第四步——浸锡完毕

立即取出 PCB 板,冷却后,进行质量检查,若大量焊点不合格,则可重新浸焊,若个别焊点没焊好,则可手工补焊。

（5）第五步——修剪引脚

利用电动剪刀剪去 PCB 板上过长的引脚，露出焊锡面的长度以不超过 2 mm 为宜。

2. 自动浸焊

自动浸焊由机器自动完成，首先操作者将插装好元器件的印制电路板用专用夹具安置在传送带上。印制电路板先经过泡沫助焊剂槽喷上助焊剂，用加热器将助焊剂烘干，然后经过熔化的锡槽进行浸焊，待锡冷却凝固后再送到切头机剪去过长的引脚。自动浸焊的设备主要包括带振动头自动浸焊设备和超声波浸焊设备两种。

（1）带振动头自动浸焊设备

带振动头自动浸焊设备都带有振动头，它被安装在安置印制电路板的专用夹具上。印制电路板由传动机构导入锡槽，浸锡 2~3 s 后，开启振动头 2~3 s，使焊锡深入焊接点内部，尤其对双面 PCB 板效果更好，可振掉多余的焊锡。

（2）超声波浸焊设备

利用超声波可增强浸焊的效果，增加焊锡的渗透性，使焊接更可靠。此设备增加了超声波发生器、换能器等部分，因此比一般设备复杂。

4.4.2　波峰焊

波峰焊（Wave Soldering）是利用波峰焊机内的机械泵或电磁泵，将熔融钎料压向波峰喷嘴，形成一股平稳的钎料波峰，并源源不断地从喷嘴中溢出。装有元器件的印制电路板以直线平面运动的方式通过钎料波峰面来完成焊接的一种成组焊接工艺技术。

1. 波峰焊接机的组成及功能

波峰焊机通常由波峰发生器、印制电路板传输系统、助焊剂喷涂装置、印制电路板预热、冷却装置与电气控制系统等基本部分组成。其他可添加部分包括风刀、油搅拌和惰性气体氮等。

（1）泡沫助焊剂发生槽

泡沫助焊剂发生槽是由不锈钢或塑料制成的槽缸，内盛有助焊剂，用于向被焊 PCB 板的一面喷射助焊剂。

（2）气刀

气刀由不锈钢管或塑料管制成，从中喷出空气，用于排除被焊 PCB 板一面的多余的助焊剂，同时也使得整个焊面都喷涂上助焊剂。

（3）热风器与预热板

热风器是由不锈钢板制成的箱体，内装有加热器和风扇，预热板的热源一般是电热丝或红外石英管。其作用一方面将助焊剂加热成糊状；另一方面也加热 PCB 板，逐步缩小与锡槽焊料的温差。

（4）波峰焊锡槽

波峰焊锡槽是完成印制电路板波峰焊接的主要设备之一。熔化的焊锡在机械泵的作用下由喷嘴源源不断地喷出而形成波峰，当印制电路板经过波峰时即达到焊接的目的。

2. 波峰焊的分类

波峰焊分为单波峰和双波峰。双波峰的波形又可分为 λ、T、Ω 和 O 旋转波四种。

3. 波峰焊的工艺

（1）表面组装元器件的贴装

借助自动贴装机、黏接剂将表面组装元器件黏接在 PCB 板上,用自动插装机将有引线的元器件插到 PCB 板上。

（2）喷涂焊剂

用助焊剂喷涂装置将焊剂涂覆到印制电路上。溶解焊盘与引线脚表面的氧化膜,并覆盖在其表面以防止再度氧化,降低熔融焊料的表面张力,使润湿性明显提高。

（3）预热

在印制电路板预热器中将焊剂中的溶剂蒸发,活化助焊剂,增加助焊能力。同时加热 PCB 板,使得基板与焊料间的温差减小,缓解热冲击,减少锡槽的温度损失。

（4）焊接

在波峰焊锡槽中实现元器件和电路板之间的电气机械连接,连接的桥梁是焊点。

（5）清洗

去除组装后残留在 SMA 上影响其可靠性的污染物。

4. 波峰焊的工艺参数

①助焊剂比重:保持恒定。

②预热温度:90～110 ℃,调温或调速。

③焊接温度:245±5 ℃。

④焊接时间:3～5 s。

⑤波峰高度:2/3 Board。

⑥传送角度:5°～7°。

4.4.3　再流焊

再流焊（Reflow Soldering）也称为回流焊,是预先在 PCB 板焊接部位（焊盘）施放适量和适当形式的焊料,然后贴放表面组装元器件,经固化（在采用焊膏时）后,再利用外部热源使焊料再次流动达到焊接目的的一种成组或逐点焊接工艺。随着电子工业的蓬勃发展,再流焊设备也在不断的改进,目前市场上再流焊机种类繁多,双面再流焊机较为普及,无铅再流焊机逐渐兴起。

1. 再流焊的技术特点

①再流焊不像波峰焊接那样,要把元器件直接浸渍在熔融的焊料中,所以元器件受到的热冲击小。

②仅在需要部位施放焊料,能控制焊料施放量,避免桥接等缺陷的产生。

③当元器件贴放位置有一定偏离时,由于熔融焊料表面张力的作用,只要焊料施放位置正确,就能自动校正偏离,使元器件固定在正常位置。

④可以采用局部加热热源,从而可在同一基板上采用不同焊接工艺进行焊接。

⑤焊料中一般不会混入不纯物。

2. 再流焊的工作流程

再流焊的工作流程比较复杂,可分为单面贴装和双面贴装两种。

①单面贴装。预涂锡膏→贴片（分为手工贴装和机器自动贴装）→再流焊→检查及电测试。

②双面贴装。A 面预涂锡膏→贴片（分为手工贴装和机器自动贴装）→再流焊→B 面预涂

锡膏→贴片(分为手工贴装和机器自动贴装)→回流焊→检查及电测试。

3. 再流焊的组成

（1）预热段

预热段的目的是把 PCB 板(室温)尽快加热,以达到第二个特定目标,但升温速率要控制在适当范围内,如果过快,则会产生热冲击,电路板和元件都可能受损;如果过慢,则溶剂挥发不充分,影响焊接质量。

（2）保温段

保温段是指温度从 120～150 ℃升至焊膏熔点的区域。其主要目的是使 SMA 内各元件的温度趋于稳定,尽量减少温差。在这个区域里给予足够的时间使较大元件的温度赶上较小元件,并保证焊膏中的助焊剂得到充分挥发。到保温段结束,焊盘、焊料球及元件引脚上的氧化物被除去,整个电路板的温度达到平衡。

（3）回流段

在回流段区域里,加热器的温度设置得最高,使组件的温度快速上升至峰值温度。在回流段,其焊接峰值温度视所用焊膏的不同而不同,一般推荐为焊膏的熔点温度加 20～40 ℃。再流时间不要过长,以防对 SMA 造成不良影响。

（4）冷却段

冷却段中,焊膏内的铅锡粉末已经熔化并充分润湿被连接表面,应该用尽可能快的速度来进行冷却,这样将有助于得到明亮的焊点并有好的外形和低的接触角度。缓慢冷却会导致电路板的更多分解而进入锡中,从而产生灰暗毛糙的焊点。在极端情形下,它能引起沾锡不良和减弱焊点结合力。冷却段降温速率一般为 3～10 ℃/s,冷却至 75 ℃即可。

4.4.5 技能实训——手工浸焊

1. 实训目的

①熟悉波峰焊接机的主要组成部分及其功能。

②掌握手工浸焊、波峰焊的工艺流程。

③掌握导线端头、元器件和漆包线的浸焊。

④掌握 PCB 板手工浸焊。

2. 实训器材

浸锡锅一台,焊锡条与松香水若干,刷子一把,元器件与 PCB 板若干,漆包线若干。

3. 实训内容

（1）导线端头的浸焊操作

①将锡锅通电,使得锅中焊料熔化。

②将捻好头的导线蘸上助焊剂。

③将导线垂直插入锡锅中,并且使浸渍层与绝缘层之间留有 1～2 mm 的间隙,待润湿后取出。

④浸锡时间为 1～3 s。

（2）元器件的浸焊操作

①用刀片刮除元器件引脚上的氧化膜。

②将松香水涂抹到元器件引脚上。

③将元器件引脚插入锡锅中 1~3 s 后取出,完成浸焊操作。

(3)漆包线的浸焊操作

①将漆包线端头的绝缘漆刮除掉。

②将漆包线端头涂抹上松香水。

③将漆包线端头插入锡锅中 1~3 s 后取出,完成浸焊操作。

(4)PCB 板的浸焊操作

①将元器件插入 PCB 板中,浸渍松香助焊剂。

②用夹具夹住 PCB 板的边缘,以与锡锅内的焊锡液成 30°~45°的倾斜角度浸入焊锡液。

③在 PCB 板完全浸入锡锅中后,应与锡液保持平行,浸入深度以 PCB 板厚度的 50%~70% 为宜,浸锡的时间为 3~5 s。

④浸焊完成后,仍按原浸入角度缓慢取出。

⑤冷却并检查焊接质量。

4. 实训报告

PCB 板手工浸焊评价报告见表 4.7。

表 4.7　PCB 板手工浸焊评价报告

焊接材料	1 块 PCB 板、15 只有引脚的电阻器
焊接耗时	
焊点总数	30 个
合格焊点数量	
不合格焊点原因	

5. 浸焊操作的注意事项

①为防止焊锡槽的高温烫坏不耐高温和半开放性的元器件,必须事前用耐高温胶带封装这些元器件。

②对未安装元器件的安装孔也需要粘贴密封胶带,以免焊锡阻塞孔。

③操作者必须戴上防护眼镜、手套,穿上围裙。所有液态物体要远离锡槽放置,以免倒翻在锡槽内引起爆炸或焊锡喷溅。

④高温焊锡表面极易氧化,必须经常清理,以免造成焊接缺陷。

4.5　表面安装技术

4.5.1　表面安装技术概述

表面安装技术(Surface Mounting Technology,SMT)诞生于 20 世纪 60 年代。SMT 就是使用一定的工具将无引脚的表面安装元器件准确地放置到经过印刷焊膏或经过点胶的 PCB 板焊盘上,然后经过波峰焊或回流焊,使元器件与电路板建立良好的机械和电气连接。

SMT 工艺与传统插装工艺有很大区别,对 PCB 板设计有专门要求。除了满足电性能、机械结构等常规要求外,还要满足 SMT 自动印刷、自动安装、自动焊接及自动检测要求,特别要满足再流焊工艺的再流动和自定位效应的工艺特点要求。

1. 表面安装技术的特点

(1)实现微型化

在 SMT 元器件的电极上,有些焊端完全没有引线,有些只有非常短小的引线,相邻电极之间的距离比传统的双列直插式集成电路的引线间距(2.54 mm)小很多,目前引脚中心间距最小的已经达到 0.3 mm。在集成度相同的情况下,SMT 元器件的体积比传统的 THT 元器件小 60% ~90%,质量也减少 60% ~90%。

(2)电气性能大大提高

表面组装元件降低了寄生引线和导体电感,同时提高了电容器、电阻器和其他元器件的特性。使传输延迟小,信号传输速度加快,同时消除了射频干扰,使电路的高频特性更好,工作速度更快,噪声明显降低。

(3)易于实现自动化、大批量、高效率生产

由于片状元件外形的标准化、系列化和焊接条件的一致性,以及先进的高速贴片机的不断发展,使表面安装的自动化程度提高,生产效率也大大提高。

(4)材料成本、生产成本普遍降低

由于 SMT 元件体积普遍减小,使得元件的封装材料消耗减小,又由于生产自动化程度很高,成品率提高,因此 SMT 元器件的售价更低,且在 SMT 装配中,元器件不用预先整形、剪脚。印制电路板不用打孔,大大节省人力、物力,因而生产成本普遍降低。

(5)产品质量提高

由于片状集成电路体积小、功能强,在 SMT 电路板上用一块片状集成电路就可以实现几块 THT 电路集成电路的功能,因而电路板出现故障的概率大大下降,工作更加可靠、稳定。

2. PCB 板设计对表面安装技术的影响

不同厂家的生产设备对 PCB 板的形状、尺寸、夹持边、定位孔、基准标识图形的设置等有不同的规定。不正确的设计不仅会导致组装质量下降,还会造成贴装困难、频繁停机,影响自动化生产设备正常运行,影响贴装效率,增加返修率,直接影响产品质量、产量和加工成本,严重时还会造成印制电路板报废等质量事故。又由于 PCB 板设计的质量问题在生产工艺中是很难甚至无法解决的,如果疏忽了对设计质量的控制,会给批量生产带来很多困难,会造成元器件、材料、工时的浪费,甚至会造成重大损失。

4.5.2 表面安装技术的工艺流程

1. 单面 SMT 电路板的组装工艺流程

单面 SMT 组装工艺流程图如图 4.8 所示。

图 4.8 单面 SMT 组装工艺流程图

(1)涂膏

涂膏位于 SMT 生产线的最前端,其作用是将焊膏涂在 SMT 电路板的焊盘上,为元器件的装贴和焊接做准备。所用设备为丝印机(丝网印刷机)。

(2)贴装。

贴装的作用是将表面组装元器件准确地安装到 PCB 板的固定位置上。所用设备为贴片机。

（3）固化

固化的作用是将贴片胶融化,从而使表面组装元器件与 PCB 板牢固粘接在一起。所用设备为固化炉。

（4）回流焊接

回流焊接的作用是将焊膏融化,使表面组装元器件与 PCB 板牢固粘接在一起。所用设备为回流焊炉。

（5）清洗

清洗的作用是将组装好的 PCB 板上面对人体有害的焊接残留物如助焊剂等除去。所用设备为清洗机。

（6）检测

检测的作用是对组装好的 PCB 板进行焊接质量和装配质量的检测。所用设备有放大镜、显微镜、在线测试仪（ICT）、飞针测试仪、自动光学检测（AOI）、X–RAY 检测系统、功能测试仪等。

（7）返修

返修的作用是对检测出现故障的电路板进行返工,也可采用手工焊接进行修补。

图 4.9 为 SMT 设备组成示意图。

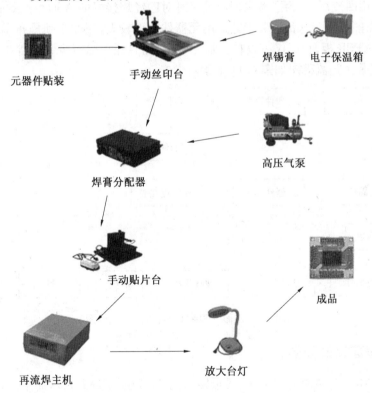

元器件贴装　　　　　手动丝印台　　　　焊锡膏　　电子保温箱

高压气泵

焊膏分配器

手动贴片台

成品

再流焊主机　　　　　　　　放大台灯

图 4.9 SMT 设备组成示意图

2. 双面 SMT 电路板的组装工艺流程

在 PCB 板两面均贴装有 PLCC 等较大的 SMD 时,首先对一面进行涂膏、贴片、固化、回流焊接操作,清洗后翻到另一面,重复组装过程。双面 SMT 组装工艺流程图如图 4.10 所示。

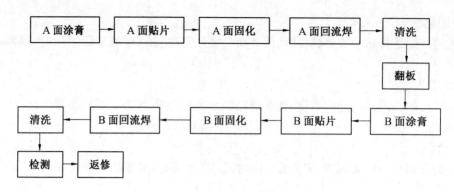

图 4.10 双面 SMT 组装工艺流程图

在 PCB 板的一面组装的 SMD 中,只有 SOT 或 SOIC(28)引脚以下时,可将该面的回流焊接改为波峰焊接。

3. 双面 SMT+THT 混装(双面回流焊接,波峰焊接)工艺

双面混合组装 PCB 板两面都有导电层(即双面板),在 PCB 板 A 面安装贴片集成电路引脚间距小,或引脚在集成电路底部的 SMT 器件,用回流焊接,之后还要混合插装 THT 元器件;B 面安装引脚间距大的、质量适中的 SMT 元器件,常采用波峰焊接。但随着回流焊接技术的提高,现在也有用回流焊接,为了减少回流焊接时对已经焊接好的 A 面焊点的破坏,B 面必需使用低温低熔点的焊膏。这种混装工艺适用元器件密度较大,底面必须排布元器件并且 THT 元器件又较多的 PCB 板,它不仅可以提高加工效率,而且还可以减少手工焊接的工作量。双面 SMT+THT 混装工艺流程图如图 4.11 所示。

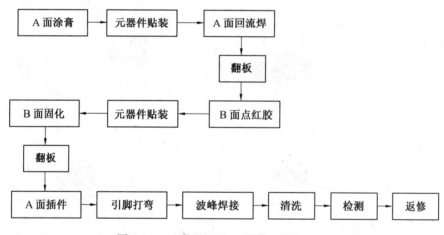

图 4.11 双面 SMT+THT 混装工艺流程图

4.5.3 表面贴装元器件

由于表面安装元器件具有尺寸小、质量轻、无引线或引线很短、形状简单、结构牢靠和标准化程度高等优点,能满足表面安装技术的各项要求,因此被广泛应用在小型、薄型、轻量、高密度、高机械强度、频率特性好、能自动化批量生产的电子整机和部件上。表面安装元器件是无引线或短引线元器件,通常把它分为无源器件(SMC)和有源器件(SMD)两大类。

表面安装常用的器材有焊膏、红胶、PCB 板、模板、刮刀等。

1. 表面安装无源元器件

表面安装无源元器件主要包括片状电阻器、电容器、电感器、滤波器和陶瓷振荡器等。

（1）表面安装电阻器

表面安装电阻器按封装外形可分为长方体片状电阻器和圆柱形贴装电阻器两种。

①长方体片状电阻。长方体片状电阻器由于制造工艺不同有厚膜型（RN 型）和薄膜型（RK 型）两种。厚膜型是在扁平的高纯度三氧化铝基板上印一层二氧化钌基浆料，烧结后经光刻而成。薄膜型是在基体上喷射一层镍铬合金而成的。薄膜型电阻器精度高，电阻温度系数小，稳定性好，但其阻值范围比较窄，适用于精密和高频领域，一般在电视机电子调谐器和移动通信等频率较高的产品中应用较为广泛。片式电阻、电容通常以它们的外形尺寸的长宽命名，以标识它们的大小，以 in（1 in ＝ 254 mm）及 mm（SI 制）为单位。如外形尺寸为 0.12 in×0.06 in，记为 1206，SI 制记为 3.2 mm×1.6 mm。RC3216 型号中，RC 代表美国电子工业协会（EIA）系列长方体片状电阻。片式电阻的精度是根据 IEC3 标准《电阻器和电容器的优选值及其公差》的规定，电阻值允许偏差为±10%，称为 E12 系列；电阻值允许偏差为±5%，称为 E24 系列；电阻值允许偏差为±1%，称为 E96 系列。

② 圆柱形贴装电阻器。圆柱形贴装电阻器也称为金属电极无端子端面元件（MELF）。其主要分为碳膜 ERD 型、高性能金属膜 ERO 型及跨接用 0 Ω 型电阻三大类。它与长方体片状电阻器相比，具有无方向性和正反面性、包装使用方便、装配密度高、较高的抗弯能力、噪声电平和三次谐波失真都比较低等诸多优点，常用于高档音响电器产品中。圆柱形贴装电阻器在高铝陶瓷基体上覆盖金属膜或碳膜，两端压上金属帽电极，采用刻螺纹槽的方法调整电阻值，表面涂上耐热漆密封，外围涂上色环来表示电阻值。额定功率有 1/16 W、1/8 W 及 1/4 W，规格有 ϕ1.2 mm×2.0 mm、ϕ1.5 mm×3.5 mm 及 ϕ2.2 mm×5.9 mm。

（2）表面安装电容器

表面安装电容器有多层陶瓷电容器、片状固体钽质电容器及片式铝电解电容器。

① 多层陶瓷电容器。

多层陶瓷电容器在实际应用中大约占 80%，通常是无引线矩形三层结构。由于电容的端电极、金属电极、介质三者的热膨胀系数不同，所以在焊接过程中升温速度不宜过快，否则易造成片式电容损坏。多层陶瓷电容所用介质有三种，即 COG、X7R 和 Z5U。COG 材料电容器，其线性特征不受温度影响，电性能稳定，适用于超高频和甚高频电路。X7R 适用于隔直、耦合、旁路和鉴频。Z5U 一般制成大容量电容，适用于低频通用电路。

② 片状固体钽质电容器。

片状固体钽质电容器的容量一般为 0.1 ~ 470 μF，外形多呈现矩形结构。由于其电解质响应速度快，所以在需要高速运算处理的大规模集成电路中被广泛使用。片状固体钽质电容器分为裸片型、模塑封装型和端帽型等不同类型。其极性的标注方法是，在基体的一端用深色标识线作为正极。钽电容器体积小，响应速度快，适用高速运算电路。

③ 片式铝电解电容器。

片式铝电解电容器的容量一般为 0.1 ~ 220 μF，主要应用于各种消费类电子产品中，价格低廉。按外形和封装材料不同，可分为矩形铝电解电容器（树脂封装）和圆柱形电解电容器（金属封装）两类。在基体上同样用深色标识线作为负极来标注其极性，容量及耐压也在基体上加以标注。国产片状电容器常见的有 CC3216 系列，如型号 CC3216CH151K101WT，其中

"CC"代表系列,"3216"代表长和宽,"CH"代表温度特性,"151"表示电容量150P,"K"表示误差为±10%,"101"表明耐压为100 V。美国Presidio公司系列有"CC1206",如型号CC1206NPO151J1012T,其中"CC1206"代表系列和长、宽,"NOP"代表温度特性,"151"表示电容量,"J"表示误差为±5%,"2T"表示耐压200 V。

（3）表面安装电感器

表面安装电感器的种类较多,按形状可分为矩形和圆柱形电感器;按磁路可分为开路型和闭路型电感器;按结构的制造工艺可分为绕线型、多层型和卷绕型电感器;按电感量可分为固定型和可调型,电感量从100 μH～47 mH不等。同插装式电感器一样,片式电感器在电路中起扼流、退耦、滤波、调谐、延迟、补偿等作用。

2. 表面安装有源元器件

表面安装有源元器件主要有二极管、晶体管、场效应管和复合管等。

（1）表面安装二极管

表面安装二极管一般采用两端或三端封装,主要封装形式有圆柱形、矩形薄片形和SOT-23型等。

圆柱形无端子二极管的封装结构是将二极管芯片装在具有内部电极的细玻璃管中,玻璃管两端装上金属帽作为正负电极,通常用于稳定二极管（也称为齐纳二极管）高速二极管和通用二极管,采用塑料编带包装。矩形薄片二极管通常为塑料封装,可用在VHF频段到S频段。SOT-23型封装的片状二极管多用于封装复合型二极管,也用于速开二极管和高压二极管。"A×"表示二极管的型号,如A3 = 1S2835,A5 = 1S2837,A7 = 1SS123。

（2）表面安装晶体管

表面安装晶体管常用的封装形式有SOT-23型、SOT-89型、SOT-143型和SOT-252型四种类型。

①SOT-23型。SOT-23型晶体管具有三条翼形端子,在大气中的功耗为150 mW,在陶瓷基板上的功耗为300 mW。常见的有小功率晶体管和带电阻网络的复合晶体管。

②SOT-89型。SOT-89型晶体管具有三条薄的短端子,分布在晶体管的一端,将晶体管芯片粘贴在较大的钢片上,以增加散热能力。它在大气中的功耗为500 mW,在陶瓷板上的功耗为1 W,这类封装常见于硅功率表面安装晶体管。

③SOT-143型。SOT-143型晶体管具有四条翼形短端子,端子中宽大一点的是集电极,这类封装常见于高频晶体管与双栅场效应晶体管。

④SOT-252型。SOT-252型晶体管的功耗为2～5 W,各功率晶体管都可以采用这种封装形式。

（3）表面安装集成电路

表面安装集成电路常用的有SO型、QFP型、LCCC型和PLCC型等。

①小外形SO(Short Out-line)封装。引线比较少的小规模集成电路大多采用这种小型封装。SO封装又分为SOP、SOL和SOJ三种。芯片宽度小于0.15 m,电极引脚数目少于18脚的,称为SOP(Short Out-line Package)封装,常用于多路模拟电子开关;0.25 m宽的电极引脚数目在20～44以上的,称为SOL封装。但SOJ型封装的引脚两边向内钩回,称为钩形(J形)电极,引脚数目在12～48脚。SO封装的引脚大部分采用翼型电极,引脚间距有1.27 mm、1.0 mm、0.8 mm、0.65 mm和0.5 mm。

②四方扁平 QFP(Quad Flat Package)封装。矩形四边都有电极引脚的 SMD 集成电路称为 QFP 封装,其中 PQFP(Plastic QFP)封装的芯片四角有突出。薄形 TQFP 封装的厚度已经降到 1.0 mm 或 0.5 mm。QFP 封装的芯片一般都是大规模集成电路,在商品化的 QFP 芯片中,电极引脚数目最少的有 20 脚,最多可能达到 300 脚以上,引脚间距最小的是 0.4 mm(最小极限是 0.3 mm),最大的是 1.27 mm。

③无引线 LCCC(Leadless Ceramic Chip Carrier)封装。这是 SMD 集成电路中没有引脚的一种封装,芯片被封装在陶瓷载体上,无引线的电极焊端排列在封装底面上的四边,电极数目为 18 ～ 156 个,间距为 1.27 mm。

④塑封有引线芯片载体 PLCC(Plastic Leaded Chip Carrier)封装。这也是一种集成电路的矩形封装,它的引脚四边向内钩回,呈钩形(J 形)电极,电极引脚数目为 16 ～ 84 个,间距为 1.27 mm。

4.5.4　表面安装材料

1. 铅锡焊膏

用回流焊设备焊接 SMT 电路板要使用铅锡焊膏。焊膏应该有足够的黏性,可以把 SMT 元器件黏附在印制电路板上,以便于回流焊接。焊锡膏由焊粉和糊状助焊剂组成。焊粉的形状、粒度大小和均匀程度对焊锡膏的性能影响很大。焊膏是用合金焊料粉末和触变性助焊剂均匀混合的乳浊液。用丝网印刷、漏板印刷等自动化涂敷,便于实现和回流焊工艺的衔接,能满足各种电路组件对焊接可靠性和高密度性的要求。

2. 表面安装使用的黏合剂

用于粘贴 SMT 元器件的黏合剂称为贴片胶。在双面混装表面安装电路板的焊接面,先将贴片胶涂敷在印制电路板贴放元件位置的底部或边缘,贴放 SMT 元器件,待固化后,翻版插装 THT 元件,最后进行波峰焊接。使用波峰焊接的电路板,由于 SMT 元器件在焊接时位于基板的下面,所以必须使用黏合剂来固定它们。

4.5.5　表面安装设备

1. 丝网印刷机

(1)丝网印刷机的组成

①印刷头单元。印刷头单元包括刮板架和刮刀,刮板架的作用是带动刮刀做往复运动,目前国际精密的丝网印刷机的印刷头都使用电动驱动方式,采用无级调速,使印刷头运动均匀、平稳;刮刀由不锈钢或黄铜制成,具有平的刀片形状,使用的印刷角度为 30° ～ 45°。刮刀的作用是完成印刷油墨从丝网上转移到承印的器件。

②传输印制电路板单元。传输印制电路板单元包括印制电路板的装载、卸载部分,方向从左到右,实际根据具体情况而定。

③工作台单元。工作台单元即 X-Y 位移部,包括印制电路板水平校正和垂直校正,工作台应有 X、Y、Z、θ 三维调节功能。

④清洁单元。在机器的前部装有清洁模板。清洁单元采用干的或蘸有溶剂的擦拭纸自动将模板底部擦拭干净,用真空将吸附在金属丝网模板开口内壁黏附滞留的焊膏吸出。

⑤网板固定单元。网板固定单元用于丝网框的固定、印刷间隙调整、印刷图形的对准及丝

网剥离。

⑥彩色二维检查单元。用锡膏检查照相装置判断焊锡膏的面积、位置偏位及桥连情况。

图4.12为全自动印刷机的实物图。

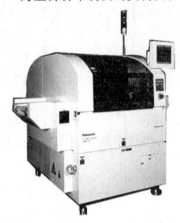

图4.12　全自动印刷机实物图

(2)丝网印刷涂敷焊膏的基本原理

首先将印制电路板固定在工作台支架上,将预制好的印刷图形的漏印金属丝网模板绷紧在框架上并与正下方的印制电路板对准,将焊锡膏放在漏印丝网上,经传动机构传动动力,让刮刀在运动中以一定速度和角度向下挤压焊锡膏和丝网,使丝网底面接触到印制电路板顶面,形成一条压印线,当刮刀走过所腐蚀的整个图形区域长度时,锡膏通过丝网上的开孔(开口网目)印刷到焊盘上。在锡膏已经沉积之后,丝网在刮板之后利用自身的反弹力马上脱开,回到原地。这个间隔或脱开距离是设备设计所定的,为2～4 mm,脱开距离与刮板压力是两个达到良好印刷品质的与设备有关的重要变量。

2. SMT 元器件贴装机

贴片机是用来实现高速、高精度的贴放元器件的设备。贴片机要将表面安装元器件准确地贴放到印制电路板上印好焊锡膏或贴片胶的相应位置上,该过程是整个 SMT 生产中最关键、最复杂的工序。贴片机的生产厂家较多,种类也较多,这里以全自动贴片机为例进行介绍。

(1)自动贴片机的结构

贴装机的基本结构包括机器本体、片状元器件供给系统、印制板传送与定位装置,贴装头及其驱动定位装置、贴装工具(吸嘴)、计算机控制系统等。为适应高密度超大规模集成电路的贴装,比较先进的贴装机还具有光学检测与视觉对中系统,保证芯片能够高精度地准确定位。图4.13是全自动贴片机实物图。

(2)自动贴片机各部分的功能

①机器本体。贴片机的本体是用来安装和支撑贴装机的底座,本机采用高刚性金属机架,配合防震橡胶脚座来支承整机。

②贴装头。贴装头也称为吸放头,它相当于机械手,它的动作由拾取贴放、旋转定位两种模式组成。每个贴装头有几个吸嘴,可以吸放多种大小不同的元器件。贴装头通过程序控制,完成取元器件、元器件的面积、厚度、角度的检测,从而决定由贴装头的哪个吸嘴来吸附与贴装等动作,实现从供料系统取料后移动到印制电路板的指定位置上。贴装头的端部有一个用真

空泵控制的贴装工具(吸嘴)。当换向阀门打开时,吸嘴的负压把 SMT 元器件从供料系统(散装料仓、管装料斗、盘状纸带或托盘包装)中吸上来;当换向阀门关闭时,吸盘把元器件释放到印制电路板上。贴装头通过上述两种模式的组合,完成拾取-放置元器件的动作。

图 4.13　全自动贴片机实物图

③供料系统。供料系统适合于表面组装元器件的供料装置,有编带、管状、托盘和散装等形式,根据元器件的包装形式和贴片机的类型而确定。贴装前,将各种类型的供料装置分别安装到相应的供料器支架上。随着贴装进程,装载着多种不同元器件的散装料仓向水平方向运动,把即将贴装的那种元器件送到料仓门的下方,便于贴装头拾取。纸带包装元器件的盘装编带随编带架垂直旋转,管状和定位料斗在水平面上二维移动,为贴装头提供新的待取元件。

④电路板定位系统。电路板定位系统可以简化为一个固定了印制电路板的 $X-Y$ 二维平面移动的工作台。在计算机控制系统的操纵下,通过高精度线性传感器,使印制电路板随工作台移到贴装位并被精确定位,贴装头把元器件准确地释放到印制电路板的元器件位。

⑤光学定位系统。贴装头拾取元器件后,CCD 摄像机对元器件成像,并转化成数字图像信号,经计算机分析出元器件的几何中心和几何尺寸,与控制程序中的数据比较,计算出吸嘴中心与元器件中心在 X,Y,θ 的误差,及时修正,保证元器件引脚与印制电路板的焊盘重合。

⑥计算机控制系统。计算机控制系统是指挥贴片机进行准确、有序操作的核心,目前大多数贴片机的计算机控制系统采用 Windows 界面。可以通过高级语言软件或硬件开关,在线或离线编制计算机程序并自动进行优化,控制贴片机的自动工作步骤。每个片状元器件的精确位置,都要编程输入计算机。具有视觉检测系统的贴装机,也是通过计算机实现对印制电路板上贴片位置的图形识别。

3. 回流焊(再流焊)炉

回流焊炉是用于全表面组装的焊接设备,若对表面安装组件整体加热,则可分为气相回流焊、热板回流焊、红外回流焊、红外加热风回流焊和全热风回流焊。若对 SMA 局部加热,则可分为激光回流焊、聚焦红外回流焊、光束回流焊和热气流回流焊。

(1)回流焊炉的组成

回流焊炉主要由炉体、上下加热源、PCB 板传送装置、空气循环装置、冷却装置、排风装置、温度控制装置以及计算机控制系统组成。

(2)回流焊炉的工作过程

如图 4.14 所示,印制电路板由传动装置送入炉内,在印制电路板上面有四个温区,下面有两个温区。由 PH1 和 PHL 组成第一预热区域,其作用是活性助焊剂,使焊膏中的助焊剂浸润焊接对象,元器件得到充分预热;PH2 组成第二干燥区域,用于干燥助焊剂,使焊膏中的低沸点溶剂和抗氧化剂挥发,化成烟气排出;REF1、REF2 和 REFL 组成第三焊接区域,使焊盘上的膏状焊料在热空气中再次熔化,浸润焊接面,REFL 用来稳定温度曲线;第四区域为冷却区,使焊料冷却凝固以后,全部焊点同时完成焊接。图 4.15 为典型回流焊炉的实物图。

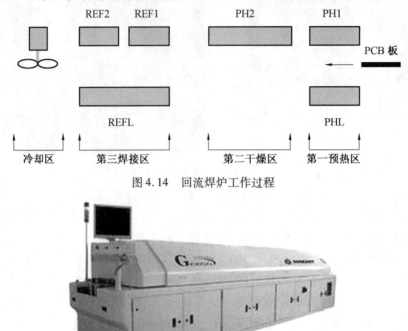

图 4.14　回流焊炉工作过程

图 4.15　典型回流焊炉实物图

4.5.6　表面安装电路板的检修

1. 表面安装电路板的质量检测

（1）裸板目测检查

裸板目测检查,一是焊点检查,看焊点是否光滑、均匀,有没有桥接短路;二是元器件检查,看元器件是否有漏焊,是否准确焊在焊盘上等。有时可以借助放大镜观察细小印制板线是否断裂,小元器件是否脱落。

（2）加载通电检查

①在线测试(ICT)。ICT 是使用专门的针床与已焊接好的电路板上的元器件焊点接触,并用数百毫伏电压和 10 mA 以内电流进行分立隔离测试,从而精确地检测所装元器件的漏装、错装、参数值偏差、焊点连焊、线路板开短路等故障,并将故障是哪个元件或开路位于哪个点准确地显示出来。

②功能测试(FCT)。FCT 是将线路板上的被测试单元作为一个功能体,对其提供输入信号,按照功能体的设计要求检测输出信号。

③自动光学检测(AOI)。AOI 采用了高级的视觉系统、新型的给光方式、高的放大倍数和

复杂的处理法,从而能够以高测试速度获得高缺陷捕捉率。AOI 系统能够检验大部分的元器件,包括矩形元件(0805 或更大)、圆柱形元件、钽电解电容器、线圈、晶体管、排组、FP、SOIC(0.4 mm 间距或更大)、连接器、异型元件等;能够检测出元器件漏贴,钽电容的极性错误,焊脚定位错误或者偏斜,引脚弯曲或者折起,焊料过量或者不足,焊点桥接或者虚焊等。

④自动 X 射线检测(AXI)。当待测电路板进入机器内部后,位于电路板上方有一个 X 射线发射管,其发射的 X 射线穿过电路板后被置于下方的探测器(一般为摄像机)接收,由于焊点中含有可以大量吸收 X 射线的铅,因此与玻璃纤维、铜、硅等其他材料的 X 射线相比,照射在焊点上的 X 射线被大量吸收,因而呈黑点,产生良好图像,使得对焊点的分析变得相当直观。

2. 表面安装电路板的修理

表面安装维修工作台是用于表面安装电路板的维修,或者对品种变化多而批量不大的产品进行生产时,表面安装维修工作台能够发挥很好的作用。维修工作台由一个小型化的贴片机和焊接设备组合而成,大多维修工作台装备了高分辨率的光学检测系统和图像采集系统,操作者可以从监视器的屏幕上看到放大的电路焊盘和元器件电极的图像,使元器件能够高精度地定位贴装。高档的维修工作站甚至有两个以上摄像镜头,能够把从不同角度摄取的画面叠加在屏幕上。操作者可以看着屏幕仔细调整贴装头,让两幅画面完全重合,实现多引脚的SOJ、PLCC、QFP、BGA、CSP 等器件在电路板上准确定位。

表面安装维修工作台都备有与各种元器件规格相配的红外线加热炉、电热工具或热风焊枪,不仅可以用来拆焊那些需要更换的元器件,还能熔化焊料,把新贴装的元器件焊接上去。

4.5.7　技能实训——SMC/SMD 手工焊接

1. 实训目的

①能描述 SMC/SMD 贴装、焊接的类型与方法。

②会熟练使用热风焊枪。

③会熟练进行 SMC/SMD 的手工焊接。

2. 实训器材

①片状电阻(不同功率)五只,片状电容器三只,片状二极管(两脚,三脚)四只,片状晶体管小功率两只,中功率管两只。

②已焊接好的带有三片四边表面安装集成电路板一块,印制电路板一块。

③20 W 尖头内热式电烙铁,20 W 刀型头内热式电烙铁,500 W 热风枪。

④尖头镊子一把,焊锡丝若干,无水乙醇若干,铜网线 10 cm,棉花、松香若干。

3. 实训内容

(1)预热处理

预热处理 20 W 尖头电烙铁,在印制电路板上焊接片状元件,要求排列整齐,元件方向符合贴片工艺。

(2)用热风枪拆焊、焊接四边表面安装集成电路

①确认电路板上集成电路的引脚顺序与方向并记住,热风枪温度调在 300 ~ 3 500 ℃,风量 3 ~ 4 格,垂直并均匀地对着集成电路的四边引脚循环吹气,同时左手用镊子尖顶住集成电路的一角,待焊锡融化时,轻轻用镊子尖挑起集成电路。

②用热风枪吹焊盘,将焊盘上的焊锡吹平,有桥接的焊盘要吹开,用棉花沾少许无水乙醇清洗焊盘。

③用热风枪将拆下的集成电路引脚上的焊锡吹平,引脚不能有桥接,并用镊子轻轻刮平并整理集成电路引脚。

④按拆下时集成电路在电路板的引脚顺序和方向对准焊盘贴上,四边引脚与焊盘应对齐,左手拿镊子轻轻压在集成电路上,右手拿热风枪垂直,均匀地对着集成电路的四边引脚循环吹气,直到集成电路引脚与焊盘可靠焊接。

⑤检查焊接质量。

(3)用刀型头电烙铁拆焊、焊接四边表面安装集成电路

①在集成电路的一边加少许焊锡,用电烙铁的刀头来回在这一边的引脚上移动,将焊锡融化并桥联到各个引脚,使引脚焊盘上的焊锡也一起融化,用刀片轻轻铲开这一边的所有引脚,用相同方法处理其余三边,拆下集成电路。

②用电烙铁处理焊盘和集成电路的残余的焊锡。

③贴上集成电路,先用松香固定集成电路对角,用电烙铁刀头将焊锡融化,并拉动焊锡在集成电路各引脚上滚动,将各个引脚焊接。

(4)用尖型头电烙铁拆焊,焊接四边表面安装集成电路

①铜网线压在集成电路的一边,借助电烙铁在铜网线上加少许松香加热,待焊锡融化后,拉出铜网并带出引脚上的焊锡,用相同方法处理其余三边。

②用电烙铁处理焊盘和集成电路的残余的焊锡。

③贴上集成电路,用烙铁尖头将焊锡融化,并拉动焊锡在集成电路各引脚上滚动,将各个引脚焊接。

(5)使用印刷机、贴片机、固化炉、回流焊炉等重新实现上述 SMC/SMD 的贴装,自拟步骤和操作要点。

4. 实训报告

①总结手工焊接 SMC/SMD 的过程,描述过程中的难点和关键点。

②对手工焊接与机器自动贴装的效果进行比对,分析两种方式的优缺点。

第5章 印制电路板设计与制作

5.1 印制电路板概述

印制电路板又称为印刷电路板、印刷线路板,简称印制板,英文简称 PCB 板(Printed Circuit Board)。PCB 板以绝缘板为基材,切成一定尺寸,其上至少附有一个导电图形,并布有孔(如元件孔、紧固孔、金属化孔等),用来代替以往装置电子元器件的底盘,并实现电子元器件之间的相互连接。PCB 板是重要的电子部件,是电子元器件的支承体,几乎每种电子设备,小到电子手表、计算器,大到计算机、通信电子设备、军用武器系统,只要存在电子元器件,它们之间的电气连接就要使用 PCB 板。在大型电子产品的研制过程中,影响电子产品成功的最基本因素之一是该产品的印制板的设计和制造。印制板的设计和制造质量直接影响到整个电子产品的质量和成本,甚至影响到电子产品的市场竞争力。

在电子技术发展早期,元件都是用导线连接的,而元件的固定是在空间中立体进行的。电路由电源、导线、开关和元器件构成,就像实验室里的电工电子实验电路那样。

随着电子技术的发展,电子产品的功能、结构变得很复杂,元件布局、互连布线都不能像以往那样随便,否则检查起来就会眼花缭乱,因此,人们对元件和线路进行了规划,以一块板子为基础,在板上分配元件的布局,确定元件的接点,使用铆钉、接线柱作为接点,用导线把接点按照电路要求,在板的一面布线,另一面装元件,这就是最原始的电路板。这种类型的电路板在半导体器件之前的真空电子管时代非常盛行。线路的接法有直线连接(接点到接点的连线拉直)和曲线连接。后来,大多数人采用曲线连接,尽量减少使用直线连接。线路都在同一个平面分布,没有太多的遮盖点,检查起来较容易。这时电路板已初步形成了"层"的概念。

单面敷铜板的发明,成为电路板设计与制作新时代的标识。布线设计和制作技术都已发展成熟。先在敷铜板上用模板印刷防腐蚀膜图,然后再腐蚀刻线,这种技术就像在纸上印刷那么简便,"印刷电路板"因此得名。PCB 板的应用大幅度降低了生产成本,从晶体管时代到现在,这种单面印刷电路板一直得到了广泛的应用。随着技术进步,人们又发明了双面板,即在板子两面都敷铜,两面都可腐蚀刻线。

由于电路的复杂性,有时也用到"飞线"。但电路的布线不是把元件按电路原理简单地连接起来就可以,电路工作时电磁感应、电阻效应、电容效应等都会影响电路的性能,甚至会引起严重的质量问题,如自激、信号不完整传输、电磁干扰等问题。"飞线"的方法只能解决少量的信号交错问题,而数量太多是不可取的。而且,硬要把所有线路都排在有限的两个面上,又要降低电磁感应、电阻效应及电容效应,使得布线设计的任务十分艰巨。线太细太密,不但加工困难、干扰大,而且容易烧断和发生断路故障。若保证了线宽和线间距,电路板的面积就可能太大,不利于精密设备的小型化。这些问题的出现促使了印刷电路板设计和制作工艺的发展。

随着电子产品生产技术的发展,人们开始在双面电路板的基础上发展夹层,其实就是在双面板的基础上叠加上一块单面板,这就是多层电路板。起初,夹层多用做大面积的地线、电源线的布线,表层都用于信号布线。后来,要求夹层用于信号布线的情况越来越多,这要求电路板的层数也要增加。但夹层不能无限增加,主要原因是成本和厚度问题。一般的生产厂商都希望以尽可能低的成本获取尽可能高的性能,这与实验室里做的原形机(也称样机)设计不同。因此,电子产品设计者要考虑到性价比这个矛盾的综合体,而最实际的设计方法仍然是以表层做信号布线层为首选。高频电路的元件也不能排得太密,否则元件本身的辐射会直接对其他元件产生干扰。层与层之间的布线应错开成十字走向,以减少布线电容和电感。

5.2　印制电路板的种类

根据材质分类,PCB 板可分为有机材质和无极材质;根据电路层数分类,可分为单面板、双面板和多层板,常见的多层板一般为四层板或六层板,复杂的多层板可达几十层;根据软、硬进行分类,可分为刚性电路板、柔性电路板和软硬结合板;根据用途分类,可分为通信、耗用性电子、军用、计算机、半导体及电测板等。

5.2.1　单面板

单面板(Single-Sided Boards)是指在最基本的 PCB 板上,零件集中在其中一面,导线则集中在另一面上。因为导线只出现在其中一面,所以这种 PCB 板称为单面板,如图 5.1 所示。因为单面板在设计线路上有许多严格的限制(因为只有一面,布线间能交叉且必须绕独自的路径),所以只有早期的电路才使用这类板子。

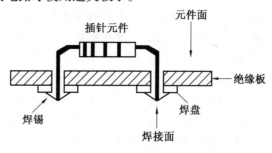

图 5.1　单面印制电路板

5.2.2　双面板

双面板(Double-Sided Boards)的两面都有布线,不过要用上两面的导线,必须要在两面间有适当的电路连接才行,如图 5.2 所示。这种电路间的"桥梁"称为导孔。导孔是在 PCB 板上,充满或涂上金属的小洞,它可以与两面的导线相连接。因为双面板的面积比单面板大了一倍,所以双面板解决了单面板中因为布线交错的难点(可以通过孔导通到另一面),它更适用于比单面板更复杂的电路。

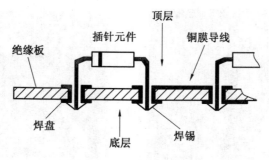

图 5.2　双面印制电路板

5.2.3　多层板

为了增加可以布线的面积,多层板(Multi-Layer Boards)用上了更多单或双面的布线板,如图 5.3 所示。用一块双面作内层,两块单面作外层或两块双面作内层,两块单面作外层的印刷线路板,通过定位系统及绝缘黏结材料交替在一起且导电图形按设计要求进行互连的印刷线路板就称为四层、六层印刷电路板,也称为多层印刷线路板。板子的层数并不代表有几层独立的布线层,在特殊情况下会加入空层来控制板厚,通常层数都是偶数,并且包含最外侧的两层。大部分的主机板都是 4 ~ 8 层的结构,不过技术上理论可以做到近 100 层的 PCB 板。大型的超级计算机大多使用相当多层的主机板,不过因为这类计算机已经可以用许多普通计算机的集群代替,超多层板已经渐渐不被使用了。因为 PCB 板中的各层都紧密地结合,一般不太容易看出实际数目,不过如果仔细观察主机板,还是可以看出来。

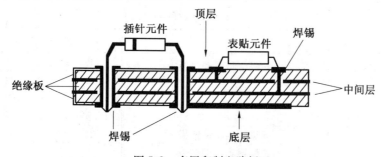

图 5.3　多层印制电路板

5.2.4　刚性电路板和柔性电路板

一般把如图 5.4 所示的 PCB 板称为刚性(Rigid)PCB;图 5.5 所示的黄色连接线称为柔性(Flexible)PCB 板。刚性 PCB 板与柔性 PCB 板直观上的区别是柔性 PCB 板是可以弯曲的。刚性 PCB 板的常见厚度有 0.2 mm、0.4 mm、06 mm、0.8 mm、1.0 mm、1.2 mm、1.6 mm、2.0 mm 等。柔性 PCB 板的常见厚度为 0.2 mm,要焊零件的地方会在其背后加上加厚层,加厚层的厚度为 0.2 mm、0.4 mm 不等。常见的刚性 PCB 板材料包括:酚醛纸质层压板、环氧纸质层压板、聚酯玻璃毡层压板及环氧玻璃布层压板;常见的柔性 PCB 板材料包括聚酯薄膜、聚酰亚胺薄膜及氟化乙丙烯薄膜。

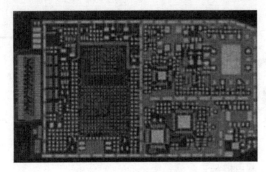

图5.4　刚性电路板

图5.5　柔性电路板

5.3　印制电路板基础

印制电路板的基材及选用,组成电路各要素的物理特性,如过孔、槽、导线尺寸、焊盘、表面涂层等,是电子电路设计人员设计时要考虑的主要因素,是设计高质量的PCB板的基础。

1.PCB板基材及选用

PCB板的设计和制造与基材有着密切的关系。基材是指可以在其上形成导电图形的绝缘材料,这种材料就是各种类型的覆铜箔层压板,简称覆箔板。基材是PCB板的基本结构件,是制作导电图形、支板安装元器件的基材材料。它影响PCB板的基本性能,通常印制板的机械特性、尺寸稳定性且耐热性、电气特性和化学性能等都主要由基材决定。PCB基板材料的基本分类见表5.1。

表5.1　PCB基板材料的基本分类

分　类	材　质	名　称	代　码	特　征
刚性覆铜薄板	纸基板	酚醛树脂覆铜箔板	FR-1	经济性,阻燃
			FR-2	高电性,阻燃(冷冲)
			XXXPC	高电性(冷冲)
			XPC 经济性	经济性(冷冲)
	玻璃布基板	环氧树脂覆铜箔板	FR-3	高电性,阻燃
		聚酯树脂覆铜箔板		
		玻璃布-环氧树脂覆铜箔板	FR-4	
		耐热玻璃布-环氧树脂覆铜箔板	FR-5	G11
		玻璃布-聚酰亚胺树脂覆铜箔板	GPY	
		玻璃布-聚四氟乙烯树脂覆铜箔板		
复合材料基板	环氧树脂类	纸(芯)-玻璃布(面)-环氧树脂覆铜箔板	CEM-1 CEM-2	(CEM-1 阻燃) (CEM-2 非阻燃)
		玻璃毡(芯)-玻璃布(面)-环氧树脂覆铜箔板	CEM3	阻燃
	聚酯树脂类	玻璃毡(芯)-玻璃布(面)-聚酯树脂覆铜箔板		
		玻璃纤维(芯)-玻璃布(面)-聚酯树脂覆铜板		

续表5.1

分　类	材　质	名　称	代　码	特　征
特殊基板	金属类基板	金属芯型		
		金属芯型		
		包覆金属型		
	陶瓷类基板	氧化铝基板		
		氮化铝基板	AIN	
		碳化硅基板	SIC	
		低温烧制基板		
	耐热热塑性基板	聚砜类树脂		
		聚醚酮树脂		
	挠性覆铜箔板	聚酯树脂覆铜箔板		
		聚酰亚胺覆铜箔板		

基材有不同的品种、规格,可用于不同的制造工艺。如制作有金属化孔的极,就不能使用酚醛纸质层压板,必须要使用环氧玻璃布的基材,这两种基材成本相差很大。随着电子设备高频化的发展趋势,尤其是在无线网络、卫星通信日益发展的今天,信息产品正向高速与高频化发展,新一代产品都需要高频基板,目前较多采用的高频电路板基材是氟系介质基板,如聚四氟乙烯(PTFE),俗称为特氟龙,通常应用在 5 GHz 以上。所以印制电路板基材选用的好坏直接影响 PCB 板的制造工艺和成本。了解和熟悉 PCB 板的基材,对更好地进行印制板的设计、制造和生产是非常必要的。除了提供组装所需的架构外,基板还提供电源和电信号所需的引线和散热的功能。

2. 焊盘

焊盘用于将元器件焊接到 PCB 板上,即所有元件通过焊盘实现与 PCB 板电气连接或固定。为了便于维修,应确保与基板之间的牢固黏结,孔周围的焊盘应该尽可能大,并符合焊接要求。因为焊盘的尺寸与引线孔、最小孔环宽度等因素有关,所以设计时应尽量增大焊盘的尺寸,但同时还要考虑布线密度。为了保证焊盘与基板连接的可靠性,引线孔钻在焊盘的中心,孔径应比所焊接元件引线的直径略大一些。元器件引线孔的直径优先采用 0.5 mm、0.8 mm和 1.2 mm 等尺寸。焊盘圆环宽度在 0.5 ~ 1.0 mm 的范围内选用。一般对于双列直插式集成电路的焊盘直径尺寸为 1.5 ~ 1.6 mm,相邻的焊盘之间可穿过 0.3 ~ 0.4 mm 宽的印制导线。一般焊盘的环宽不小于 0.3 mm,焊盘直径不小于 1.3 mm。实际焊盘的大小选用表 5.2 推荐的参数。

表5.2　焊盘直径与引线孔径对照表

焊盘直径/mm	2	2.5	3.0	3.5	4.0
引线孔径/mm	0.5	0.8/1.0	1.2	1.5	2.0

根据不同的要求还要选择不同形状的焊盘。常见的焊盘形状有圆形、方形、椭圆形、岛形和异形等,如图 5.6 所示。

圆形焊盘:外径一般为 2 ~ 3 倍孔径,孔径大于引线 0.2 ~ 0.3 mm。

岛形焊盘:焊盘与焊盘间连线合为一体,犹如水上小岛,故称为岛形焊盘。岛形焊盘常用于元器件的不规则排列中,其有利于元器件密集固定,并可大量减少印制导线的长度和数量,所以多用在高频电路中。

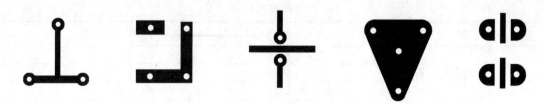

图 5.6   焊盘形状

其他形式的焊盘都是为了使印制导线从相邻焊盘间经过,而将圆形焊盘变形所制。使用时要根据实际情况灵活运用。

3. 过孔

过孔是多层 PCB 板的重要组成部分之一,用于不同层之间信号线的通透连接。从过孔作用上,可以分成各层间的电气连接和用作器件的固定或定位两类。从工艺制程上,过孔一般又分为三类,即盲孔(Blind Via)、埋孔(Buried Via)和通孔(Through Via)。盲孔位于印制线路板的顶层和底层表面,具有一定深度,用于表层线路和下面的内层线路的连接,孔的深度通常不超过一定的比率(孔径)。埋孔是指位于印制线路板内层的连接孔,它不会延伸到线路板的表面。上述两类孔都位于线路板的内层,层压前利用通孔成型工艺完成,在过孔形成过程中可能还会重叠做好几个内层。第三种称为通孔,这种孔穿过整个线路板,可用于实现内部互连或作为元件的安装定位孔。由于通孔在工艺上更易于实现,成本较低,所以绝大部分印制电路板均使用它,而不用另外两种过孔。从设计的角度来看,一个过孔主要由中间的钻孔(Drill Hole)和钻孔周围的焊盘区构成,这两部分的尺寸大小决定了过孔的大小。过孔越小,其自身的寄生电容就越小,适合用于高速电路。但孔尺寸的减小同时带来了成本的增加,又受到钻孔(Drill)和电镀(Plating)等工艺技术的限制。

使用过孔的一般原则如下:

①从成本和信号质量两方面考虑,选择合理尺寸的过孔大小。必要时可以考虑使用不同尺寸的过孔,比如,对于电源或地线的过孔,可以考虑使用较大尺寸,以减小阻抗,而对于信号走线,则可以使用较小的过孔。当然,随着过孔尺寸减小,相应的成本也会增加。

②使用较薄的 PCB 板有利于减小过孔的两种寄生参数。

③PCB 板上的信号走线尽量不换层,也就是说,尽量不要使用不必要的过孔。

④电源和地的管脚要就近打过孔,过孔和管脚之间的引线越短越好。可以考虑并联打多个过孔,以减少等效电感。

⑤在信号换层的过孔附近放置一些接地的过孔,以便为信号提供最近的回路。甚至可以在 PCB 板上放置一些多余的接地过孔。

⑥对于密度较高的高速 PCB,可以考虑使用微型过孔。

4. 导线尺寸

对于专门的设计或导电图形的布局,通常导线宽度应尽可能选择宽一些,至少要宽到足以承受所期望的电流负荷。

印制板上可得到的导线宽度的精度取决于生产因素,如生产底板的精度、生产工艺(印制法、加成或减成工艺的使用、镀覆法、蚀刻质量)和导线厚度的均匀性等。规定的导线宽度,既包括设计宽度和允许的偏差,也包括所规定的最小线宽。缺口、针孔或边缘缺陷所造成的偏差,虽然不包括在这些偏差里,但也会出现。当这些缺陷引起的导线宽度减小不超过有关规范的一定值时,通常可以接受,这个值一般为 20% 或 35%。如果所要求的载流量很高,这些缺陷就必须考虑进去。

相邻导线之间的间距必须足够宽,以满足电器安全的要求,而且为了便于操作和生产,间距应尽量宽些。选择的最小间距应适合所施加的电压。这个电压包括正常工作电压、附加的波动电压、过电压和在正常操作或发生故障时重复或偶尔产生的过电压或峰值电压。所以导线间距应符合所要采用的或规定的安全要求。

5. 金属镀(涂)覆层

金属镀(涂)覆层用以保护金属(铜)表面,保证其可焊性,还可以在一些加工过程中作为蚀刻液的抗蚀层(如在过孔的加工过程中)。表面镀覆层广泛采用的是铜、锡、锡铅和金等材料。金属镀(涂)覆层还可以作为连接器与印制板的接触面,或表面安装器件与印制板的接合层。

应根据印制板的用途选择一种适合导电图形使用的镀覆层。表面镀覆层的类型直接影响生产工艺、生产成本和印制板的性能,如寿命、可焊性、接触性等。

5.4 印制电路板设计

5.4.1 元件的布局

进行印制电路板设计首先需要完全了解所选用元件及各种插座的规格、外形尺寸、引脚距离等属性信息。其次应当从机械结构、散热、电磁干扰、布线的方便性等方面综合考虑元件的安装。先布置与机械尺寸有关的器件,并锁定这些器件,先是大的占位置的器件和电路的核心元件,再是外围的小元件。在 PCB 板上,元器件的排列方式可采用不规则、规则和网格等多种排列方式中的一种,也可同时采用多种。

1. 不规则排列

元器件不规则排列,即元器件轴线方向彼此不一致,排列顺序没有一定的规则,也称为随机排列。采取不规则排列,看起来比较杂乱,但由于元件不受位置与方向的限制,因此布线方便,使线条数量少,减少了分布参数,特别适合于高频电路。

2. 规则排列

元器件规则排列是元件轴线方向排列一致,而且与电路板的四周垂直或平行的排列。这种排列方式的优点是布局美观整齐,便于安装调试及维修,但走线较长而且复杂,较适于低频电路。

3. 网格排列

在许多 CAD 系统中,布线是根据网格系统决定的。网格过密,通路虽然有所增加,但步进太小,图像的数据量过大,这必然对设备的存储空间有更高的要求,同时也对计算机类电子产品的运算速度有极大的影响。而有些通路是无效的,如被元件引脚的焊盘占用的或被安装孔、定位孔所占用的等;网格过疏,通路太少对布通率的影响也极大。所以要有一个疏密合理的网格系统来支持布线。

标准元器件两引脚之间的距离为 0.1 in(2.54 mm),所以网格系统的基础一般就定为 0.1 in(2.54 mm)或小于 0.1 in 的整倍数,如 0.05 in,0.025 in,0.02 in 等。

在 PCB 板设计中,如果布局不合理,就有可能出现各种干扰,以至于合理的方案不能实现,或使整机的性能下降,在干扰严重时甚至造成电路无法工作。因此,PCB 板不管采用哪一种元件的排列方式,元件布局都要遵循以下原则:

①元件排列一般按信号流向,从输入级开始,到输出级终止。每个单元电路相对集中,并以核心器件(三极管、集成电路)为中心,围绕它进行布局。对于可调元件布局时,要考虑到调节方便。

②对称式的电路,如推挽功放、差动放大器、桥式电路等,应注意元件的对称性,尽可能使其分布参数一致。

③有铁芯的电感线圈,应尽量相互垂直放置并远离,以减小相互间的耦合。

④某些元件或导线间有较大电位差的,应加大它们之间的距离。

⑤热敏元件放置要远离发热元件。

⑥发热量较大的元件,应安装散热片,或放置在有利于散热的位置以及靠近机壳处。

⑦元件排列应整齐、均匀,疏密有间,尽量做到横平竖直,不允许将元件斜放或交叉排列。单元电路之间的引线应尽量短,数目应尽量少。

⑧对于体积比较大的元器件(如变压器),要另加支架或紧固件,不能直接焊在印制电路板上。

⑨对于边缘的元件放置应离印制电路板边缘的距离至少为 2 mm。各元件外壳之间的距离应根据它们之间的电压来确定,一般不应小于 0.5 mm。个别密集的地方应加套管。线路板需要固定的,应留有紧固的位置,并应考虑到安装、拆卸方便。

5.4.2 印制板导线的设计

印制导线的布设应尽可能短,在高频回路中更应如此;印制导线的拐弯应呈圆角,而直角或尖角在高频电路和布线密度高的情况下会影响电气性能;当两面板布线时,两面的导线宜相互垂直、斜交或弯曲走线,应避免相互平行,以减小寄生耦合;作为电路的输入及输出用的印制导线应尽量避免相邻平行,以免发生互相干扰,在这些导线之间最好加接地线。

1. 印制导线的宽度

导线宽度应以能满足电气性能要求而又便于生产为宜,它的最小值以承受的电流大小而定,但最小不宜小于 0.2 mm,在高密度、高精度的印制线路中,导线宽度和间距一般可取 0.3 mm;导线宽度在大电流情况下还要考虑其温升,单面板实验表明,当铜箔厚度为 50 μm、导线宽度为 1~1.5 mm、通过电流为 2 A 时,温升很小,因此,一般选用 1~1.5 mm 宽度的导线就可以满足设计要求,而不致引起温升;印制导线的公共地线应尽可能地粗,可能的话,使用大于 2~3 mm 的线条,这点在带有微处理器的电路中尤为重要。因为当地线过细时,由于流过电流的变化,地电位变动,微处理器定时信号的电平不稳,会使噪声容限劣化;在 DIP 封装的 IC 脚间走线,可应用(1 mil = 10^{-3} in)原则,即当两脚间通过两根线时,焊盘直径可设为 50 mil,线宽与线距都为 10 mil,当两脚间只通过 1 根线时,焊盘直径可设为 62 mil,线宽与线距都为 12 mil。

2. 印制导线的间距

相邻导线间距必须能满足电气安全要求,而且为了便于操作和生产,间距也应尽量宽些。最小间距至少要能适合承受的电压。这个电压一般包括工作电压、附加波动电压以及其他原因引起的峰值电压。如果有关技术条件允许导线之间存在某种程度的金属残粒,则其间距就会减小。因此设计者在考虑电压时应把这些因素考虑进去。在布线密度较低时,信号线的间距可适当地加大,对高、低电平悬殊的信号线应尽可能地短且加大间距。

3. 印制导线的屏蔽与接地

印制导线的公共地线,应尽量布置在印制线路板的边缘部分。在印制线路板上应尽可能多地保留铜箔做地线,这样得到的屏蔽效果比一条长地线要好,传输线特性和屏蔽作用将得到改善,另外起到了减小分布电容的作用。印制导线的公共地线最好形成环路或网状,这是因为当在同一块板上有许多集成电路,特别是有耗电多的元件时,由于图形上的限制产生了接地电位差,从而引起噪声容限的降低,当做成回路时,接地电位差会减小。另外,接地和电源的走线尽可能要与数据的流动方向平行,这是抑制噪声的技巧;多层印制线路板可采取其中若干层作为屏蔽层,电源层、地线层均可视为屏蔽层,一般地线层和电源层设计在多层印制线路板的内层,信号线设计在内层和外层。

5.4.3 布线的规则及抗干扰设计

在印制电路板设计中,布线是完成产品设计的重要步骤之一,可以说前面的准备工作都是为它而做的,在整个 PCB 板设计中,以布线的设计过程限定最高、技巧最细、工作量最大。PCB 板布线有单面布线、双面布线及多层布线。布线的方式也有两种,即自动布线及交互式布线。布线的规则如下:

(1)走线方式

尽量走短线,特别是对小信号电路,线越短电阻越小,干扰越小,同时耦合线长度尽量减短。

(2)走线形状

同一层上的信号线改变方向时应该走斜线,且曲率半径大些的好,应避免直角及拐角。

(3)走线宽度和中心距

印制板线条的宽度要求尽量一致,这样有利于阻抗匹配。从印制板制作工艺来讲,宽度可以做到 0.3 mm,0.2 mm 甚至 0.1 mm,中心距也可以做到 0.3 mm,0.2 mm,0.1 mm,但是,随着线条变细,间距变小,在生产过程中质量将更加难以控制,废品率将上升。综合考虑,选用 0.3 mm 线宽和 0.3 mm 线间距的布线原则是比较适宜的,这样既能有效控制质量,又能满足用户要求。

(4)电源线、地线的设计

对于电源线和地线而言,走线面积越大越好,以利于减少干扰,对于高频信号线最好是用地线屏蔽。

(5)多层板走线方向

多层板走线要按电源层、地线层和信号层分开,减少电源、地、信号之间的干扰。多层板走线要求相邻两层印制板的线条应尽量相互垂直,或走斜线、曲线;不能平行走线,以利于减少基板层间耦合和干扰。大面积的电源层和大面积的地线层要相邻,实际上,在电源和地之间形成了一个电容,能够起到滤波的作用。

布线时要尽量避免寄生耦合干扰的引入,即布线时要考虑 PCB 板的抗干扰设计。具体如下:

1. 电源和地线的处理

即使在整个 PCB 板中的布线完成得都很好,但由于电源、地线的考虑不周到而引起的干扰,也会使产品的性能下降,有时甚至影响到产品的成功率。所以对电源、地线的布线要认真对待,把电源、地线所产生的噪声、干扰降到最低限度,以保证产品的质量。

地线与电源线之间是噪声产生的原因,下面介绍降低、抑制噪声的方法。

众所周知的去噪方法是在电源、地线之间加上去耦电容。尽量加宽电源、地线宽度,最好是地线比电源线宽,它们的关系是:地线宽>电源线宽>信号线宽,通常,信号线宽为 0.2 ~ 0.3 mm,最精细宽度可达 0.05 ~ 0.07 mm,电源线为 1.2 ~ 2.5 mm。具体如下:

(1)电源干扰的产生及抑制方法

各种电子设备的直流电源都是由交流电经过变压、整流、滤波、稳压后提供的。这样会产生交流电源的干扰和直流电源电路产生的电场对其他电路造成的干扰。因此,在 PCB 板布线时,就要注意交直流回路不能彼此相连;电源线不能平行大环形走线;电源线与信号线不要靠得太近,并避免平行;另外还要根据印制板电流的大小,尽量加粗电源线宽度,以减小环路电阻。同时,要使电源线的走向和信号传递的方向一致,这样有利于减少噪声的干扰。

(2)地线干扰的产生及抑制方法

在电子设备电路地线的设计中,除了应尽量加粗地线宽度,以减少环路电阻外,合理的接地方式也是控制干扰的重要手段。电子设备的电路中有系统地、机壳地(屏蔽地)、数字地(逻辑地)和模拟地等各种地线结构。如果能将接地和屏蔽正确结合起来,可解决大部分干扰问题。在 PCB 板地线设计中应注意以下几点:

①正确选择接地方式。在信号的工作频率小于 1 MHz 的低频电路中,它的布线和元器件间的电感影响比较小,但是接地电路形成的环流对电路性能影响较大,因而应采用一点接地的方式。在信号的工作频率大于 10 MHz 的高频电路中,地线的共阻抗变得很大,此时应采用就近多点接地,以尽量降低地线共阻抗。在信号的工作频率在 1 ~ 10 MHz 的电路中,如果采用一点接地,其他线长度不应超过波长的 1/20,否则应采用多点接地法。

②数字接地与模拟接地应分开。现有的 PCB 板已不再是单一功能电路(数字或模拟电路),而是由数字电路和模拟电路混合构成的。因此在布线时就需要考虑它们之间互相干扰的问题,特别是地线上的噪声干扰。低频电路的地线应尽量采用单点并联接地,如果实际布线比较难实施时,可以部分串联后再并联接地。高频电路宜采用多点串联接地,地线应短而粗。高频元件周围不用的面积应尽量布设为栅格状大面积地箔,以减少地线中的感抗,从而削弱在地线上产生的高频信号,并对电场干扰起到屏蔽作用。数字电路的频率高,模拟电路的敏感度强,对信号线来说,高频的信号线尽可能远离敏感的模拟电路器件,对地线来说,整个 PCB 板对外界只有一个结点,所以必须在 PCB 板内部处理数、模共地的问题,而在板内部数字地和模拟地实际上是分开的,它们之间互不相连,只是在 PCB 板与外界连接的接口处(如插头等)数字地与模拟地有一点短接,请注意,只有一个连接点。也有在 PCB 板上不共地的,这由系统设计来决定。

③应尽量加粗接地线。若接地线用很细的线条,则接地电位会随电流的变化而变化,致使

电子设备的定时信号电平不稳,抗噪声性能降低。因此应将接地线尽量加粗,如有可能,接地线的宽度应大于 3 mm。

④接地线构成闭环路。设计只由数字电路组成的 PCB 板的地线时,接地线做成闭环路,可以明显地提高抗噪声性能。其原因是 PCB 板上有很多集成电路元器件,尤其是当遇到耗电比较大的元器件时,因受接地线粗细的限制,在地线上会产生较大的电位差,从而引起抗噪声性能的下降,若将接地线构成环路,则会缩小电位差值,提高电子设备的抗噪声性能。

2. 信号线布在电(地)层上

在多层印制板布线时,由于在信号线层没有布完的线剩下已经不多,再多加层数就会造成浪费,也会给生产增加一定的工作量,成本也相应增加了,为解决这个矛盾,可以考虑在电(地)层上进行布线。首先应考虑用电源层,其次才是地层,因为最好是保留地层的完整性。

3. 大面积导体中连接引脚的处理

在大面积的接地(电)中,常用元器件的引脚与其连接,对连接引脚的处理需要进行综合考虑,就电气性能而言,元件引脚的焊盘与铜面满接为好,但对元件的焊接装配就存在一些不良隐患,如焊接需要大功率加热器;容易造成虚焊点。因此要兼顾电气性能与工艺需要,做成十字花焊盘,称之为热隔离盘(Heat Shield),俗称热焊盘(Thermal),这样,可使在焊接时因截面过分散热而产生虚焊点的可能性大大减少。多层板的接电(地)层引脚的处理与之相同。

4. 热干扰的产生及抑制方法

元器件在工作时都有一定程度的发热,尤其是功率较大的器件所发出的热量比较高,会对周边的温度敏感器件产生干扰。若热干扰得不到很好的抑制,那么整个电路的性能就会发生变化。为了对热干扰进行有效的抑制,可采取以下处理措施。

(1)发热元件的放置

发热元件不要贴着 PCB 板,应放置在靠近边缘容易散热的地方,也可以移到机箱外或者单独设计为一个功能单元。另外,发热量大小不同的器件应分开放置。

(2)大功率器件的放置

大功率器件应尽量靠近 PCB 板边缘布置,或尽可能布置在 PCB 板的上方位置。

(3)温度敏感器件的放置

温度敏感器件应放置在温度最低的区域,例如,立式安装的 PCB 板下方位置,禁止将它放置在发热器件的正上方。

(4)元器件的排列与气流

一般电子设备内部都是以空气的自由对流进行散热,所以元器件应以纵式排列;若要求强制散热,元器件可采用横式排列。另外,为了更好地进行散热,可添加一些与电路原理无关的零部件以引导热量对流。

5. 电磁干扰的产生及抑制方法

产生电磁干扰的因素有外界电磁波和 PCB 板布线不合理、元器件安装不恰当等。其中后一种因素我们可以在设计 PCB 板时加以注意,并采取一定的措施,就完全可以避免。所以为了抑制电磁干扰,可采取如下措施。

(1)合理布置导线

因为两条距离很近的平行导线之间的分布参数会等效为相互耦合的电感或电容,只要其中的一条导线由信号流过时,另一条导线内也会产生感应信号,这就是干扰源。为了抑制这种

干扰的产生,我们布置导线时可以采取下述方法抑制这种干扰:

首先,印制导线应避免平行走线,特别是单面板上不同回路的信号线,还有双面板上两面的印制导线也要相互垂直布置,尽量不平行;其次,印制导线应避免成环,防止产生环形天线效应;再次,时钟信号布线应与地线靠近,每两根数据总线之间应夹一根地线或紧挨着地址引线布置等。这些措施可以有效地减少分布参数造成的干扰。如果对于一些密集平行的信号线,实在无法摆脱干扰的情况下,可以采取屏蔽线加以抑制。

(2)合理放置磁性元器件

扬声器、电磁铁等产生的恒定磁场,以及继电器、高频变压器产生的交变磁场,不仅会对它们周围的元器件产生电磁干扰,同时也会对其周围的印制导线产生干扰。基于此,我们可以采取以下一些对策:第一,减少磁力线对印制导线的切割;第二,两磁元件的放置应使其两个磁场方向相互垂直;第三,对干扰源磁性器件进行磁屏蔽,并确保屏蔽罩接地良好。

(3)去耦电容的配置

在直流供电电路中,负载的变换会引起电源噪声并通过电源及配线对电路产生干扰。为抑制这种干扰,PCB 板设计的常规做法之一是在印制板的各个关键部位配置适当的去耦电容。去耦电容的一般配置原则如下:

① 在电源输入端跨接 10 ~ 100 μF 的电解电容器。如有可能,100 μF 以上的电解电容器更换。

② 原则上每个集成电路芯片都应布置一个 680 pF ~ 0.1 μF 的瓷片电容,如遇印制板空隙不够,则可每 4 ~ 10 个芯片布置一个 1 ~ 10 μF 的电解电容。

③ 电容引线应尽量短,尤其是高频旁路的电容不能有引线。

④ 对于那些抗噪能力弱、关断时电源变化大的元器件,如 RAM、ROM 存储器件,应在芯片的电源线和地线之间直接接入去耦电容等。

5.5　计算机辅助设计印制电路

5.5.1　Altium Designer 简介

Altium Designer 基于一个软件集成平台,把为电子产品开发提供完整环境所需的工具全部整合在一个应用软件中。

Altium Designer 包含所有设计任务所需的工具:原理图和 HDL 设计输入、电路仿真、信号完整性分析、PCB 板设计、基于 FPGA 的嵌入式系统设计和开发。另外可对 Altium Designer 工作环境加以定制,以满足各种不同需求。

执行菜单命令"开始"→"所有程序"→"Altium Designer"启动 Altium Designer 时,再启动DXP. EXE 文件。Altium Designer 基于 DXP 平台,支持创建设计时使用的各种编辑器。

应用界面通过自动配置来适应正在处理的文件。例如,打开原理图时,将激活相应的工具栏、菜单和快捷键。此性能意味着用户可以随意在 PCB 板布线、物料清单编制、瞬态电路分析和其他操作之间进行切换,当前菜单、工具栏和快捷键始终保持可用。

另外还可根据自己的偏好对所有工具栏、菜单和快捷键进行配置。

5.5.2　电路原理图设计

利用 Altium Designer 设计电路原理图,是整个电路设计的基础,在这一过程中,要充分利用 Altium Designer 所提供的绘图工具和各种编辑功能。在 Altium Designer 中进行原理图的设计应首先创建一个 PCB 项目工程。本节将以非稳态多谐振荡器为例,介绍如何创建一个 PCB 工程,进而完成电路原理图的设计。

1. 创建一个新的 PCB 工程

在 Altium Designer 里,一个工程包括所有文件之间的关联和设计的相关设置。一个工程文件,例如×××. PrjPCB,是一个 ASCII 文本文件,它包括工程里的文件和输出的相关设置,如打印设置和 CAM 设置。与工程无关的文件称为自由文件。与原理图和目标输出相关联的文件都被加入到工程中,如 PCB、FPGA、嵌入式(VHDL)和库。当工程被编译时,设计校验、仿真同步和比对都将同步进行。任何原始原理图或者 PCB 板的改变都将在编译时更新。

所有类型的工程的创建过程都是一样的。现以 PCB 工程的创建过程为例进行介绍。先创建工程文件,然后创建一个新的原理图并加入到新创建的工程中,最后创建一个新的 PCB,和原理图一样加入到工程中。

先来创建一个 PCB 工程。

①选择"File"→"New"→"Project"→"PCB Project",或在"Files"面板的"New"选项中单击"Blank Project(PCB)"。如果这个选项没有显示在界面上,则从"System"中选择"Files"。也可以在 Altium Designer 软件的"Home Page"的"Pick a Task"部分中选择"Printed Circuit Board Design",并单击"New Blank PCB Project"。

②显示"Projects"面板框显示在屏幕上。新的工程文件 PCB_Project1. PrjPCB 已经列于框中,并且不带任何文件,如图 5.7 所示。

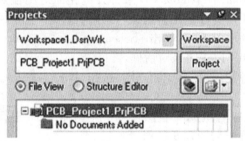

图 5.7　PCB 工程的创建

③重新命名工程文件(用扩展名. PrjPCB)。选择"File"→"Save Project As"。保存于想存储的地方,在 File Name 中输入工程名"Multivibrator. PrjPCB",并单击"Save"保存。下面我们将创建一个原理图文件并添加到空的工程中。这个原理图就是前面例子中的非稳态多谐振荡器。

2. 创建一个新的电路原理图

通过下面的步骤来新建电路原理图。

①选择"File"→"New"→"Schematic",或者在"Files"面板里的"New"选项中单击"Schematic Sheet"。在设计窗口中将出现了一个命名为"Sheet1. SchDoc"的空白电路原理图,并且该电路原理图将自动被添加到工程中。该电路原理图会在工程的"Source Documents"目

录下。

②通过文件"File"→"Save As"可以对新建的电路原理图进行重命名,可以通过保存到用户所需要的硬盘位置,如输入文件名字"Multivibrator. SchDoc",并且点击"保存"。当户打开该空白电路原理图时,用户会发现工程目录改变了。主工具条包括一系列的新建按钮,其中有新建工具条,包括新建条目的菜单工具条和图表层面板。

③添加电路原理图。除了新建电路原理图,用户也可以选择添加原理图到项目工程中。如果添加到工程中的电路原理图以空文档的形式被打开,则可以通过在工程文件名上点击右键并且在工程面板中选择"Add Existing to Project"选项,选择空文档并点击"Open"。更简单的方法是,在"Projects"面板中简单地用鼠标拖曳拉空白文档到工程文档列表中的面板中。该电路原理图在"Source Documents"工程目录下,并且已经连接到该工程。

④设置原理图选项。在绘制电路原理图之前首先要设置合适的文档选项。具体完成步骤如下。

a. 从"Menus"菜单中选择"Design"→"Document Options",文档选项设置对话框就会出现。通过向导设置,现在只需要将图表的尺寸设置为 A4。在"Sheet Options"选项中,找到"Standard Styles"选项。点击到"下一步"将会列出许多图表层格式。

b. 选择"A4"格式,并且点击"OK",关闭对话框并且更新图表层大小尺寸。

c. 重新让文档适合显示的大小,可以选择"View"→"Fit Document"。在"Altium Designer"中,可以通过设置热键的方法让菜单处于激活状态。任何子菜单都有自己的热键用来激活。

例如,前面提到的"View"→"Fit Document",可以通过按下"V"键跟"D"键来实现。许多子菜单,比如"Eidt"→"DeSelect",能直接用一个热键来实现。激活"Eidt"→"DeSelect"→"Allon Current Document",只需按下"X"热键,并且按下"S"热键即可。

⑤电路原理图的总体设置。

a. 选择"Tools"→"Schematic Preferences"来打开电路原理图偏好优先设置对话框。这个对话框允许用户设置适用于所有原理图定的偏好设置,适用于全部原理图。

b. 在对话框左边的树形选项中单击"Schematic"→"Default Primitives",激活并使能"Permanent"选项。单击"OK"以关闭该对话框。

c. 在用户开始设计原理图前,保存此原理图,选择"File"→"Save",快捷键为"F""S"。

3. 设计电路原理图

下面以两个 2N3904 三极管组成的非稳态多谐振荡器为例,进行电路原理图的设计。非稳态多谐振荡器的电路原理图如图 5.8 所示。

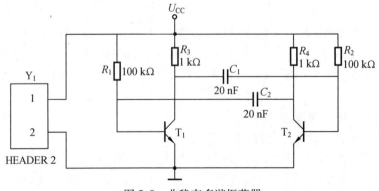

图 5.8　非稳态多谐振荡器

（1）加载元件和库

Altium Designer 为了管理数量巨大的电路标识,电路原理图编辑器提供了强大的库搜索功能。虽然元件都在默认的安装库中,但是还是很有必要知道如何通过库中去搜索元件。例如,在库中查找型号为2N3904 的三极管。按照下面的步骤来加载和添加图5.8 所示电路所需的库。

①点击"Libraries"标签,显示"Libraries"面板,如图5.9 所示。

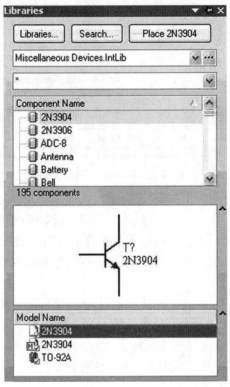

图 5.9　"Libraries"面板

②在"Libraries"面板中点击"Search in"按钮,或者通过选择"Tools"→"Find Component"来打开"Libraries Search"对话框,如图5.10 所示。

③对于这个例子必须确定在"Options"中设置,"Search in"设置为"Components"。对于库搜索存在不同的情况,使用不同的选项。

④必须确保"Scope"设置为"Libraries on Path",并且"Path"包含了正确的连接到库的路径。如果在安装软件时使用了默认的路径,路径将会是"Library"。可以通过点击文件浏览按钮来改变库文件夹的路径。对于这个例子还需得确保"Include Subdirectories"复选项已经勾选。

⑤为了搜索3904 的所有索引,在库搜索对话框的搜索栏输入" * 3904 * "。使用" * "标记来代替不同的生产厂商所使用的不同前缀和后缀。

⑥点击"Search"按钮开始搜索。搜索启动后,搜索结果将在库面板中显示。

⑦点击"Miscellaneous Devices. IntLib"库中的名为"2N3904"的元件并来添加它。这个库拥有所有可以利用于仿真的 BJT 三极管元件标识。

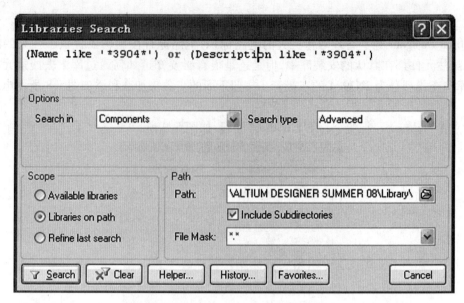

图 5.10 "Libraries Search"对话框

⑧如果选择了一个没有在库里面安装的元件,在使用该元件绘制电路图前,会出现安装库的提示。由于 Miscellaneous Devices 已经默认安装了,所以该元件可以使用。

在库面板最上面的下拉列表中有添加库这个选项。当点击在列表中一个库的名字,在库里面的所有元件将在下面显示。可以通过元器件过滤器快速加载元件。

(2)放置元件

首先在电路图中放置的元件为三极管 T_1 和 T_2。电路图的大概布局将参照图 5.8 所示。

①选择"View"→"Fit Document",让原理图表层全屏显示。

②通过"Libraries"快捷键来显示库面板。

③T_1 和 T_2 为 BJT 三极管,所以从"Libraries"面板顶部的库下拉列表中选择"Miscellaneous Devices. IntLib"库激活当前库来激活这个库。

④使用"filter"快速加载所需要的元件。默认的" * "可以列出所有能在库里找到的元件。设置"filter"为" * 3904 * ",将会列出所有包含文本 3904 的元件。

⑤选择元件 2N3904,然后点击"Place"按钮。或者直接双击该元件的文件名。光标会变成十字准线叉丝状态并且一个三极管紧贴着光标。现在正处于放置状态。如果移动光标,则三极管也将移动。

⑥放置器件在原理图之前,应该先设置其属性。当三极管贴着光标,点击"TAB"键,将打开"Component Properties"属性框。把该属性对话框设置成如图 5.11 所示。

⑦在"Properties"对话框中,在"Designator"栏输入"T_1"。

⑧接下来,必须检查元件封装是否符合 PCB 的要求。在这里使用的集成库对于已经包含了封装的模型以及仿真模型电路。确认调用了封装 TO-92A 封装模型包含在模块中。保持其他选项为默认设置,并点击"OK"按钮关闭对话框。

放置元器件的步骤如下:

①移动光标,放置三极管在中间靠左的位置。点击鼠标或者按下"ENTER"键来完成放置。

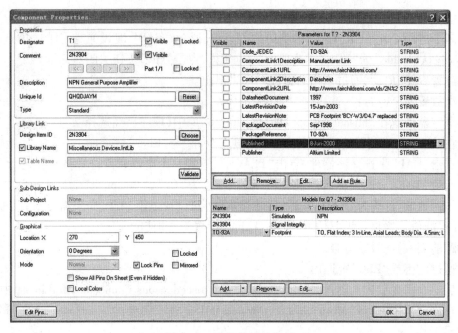

图 5.11 元器件属性设置

②移开光标,在原理图上将出现该三极管,并且仍旧处于放置器件状态,三极管仍然贴着光标。Altium Designer 的功能是允许反重复放置同一器件。所以,现在放置第二个三极管。由于该三极管跟原来的一样,因此在放置器件时不需要再次编辑器件的属性。Altium Designer将自动增加"designator"名字中的数字后缀。而这次放置的三极管的"designator"将为"T_2"。

③当参照示例电路图时,将发现其实 T_2 为 T_1 的镜像。通过按下"X"键来改变放置器件的方向,这将使元件沿水平方向翻转。

④移动光标到 T_1 的右边,为了使得位置更加准确,点击"PAGE UP"键两次来放大画面。这样可以看到栅格线。

⑤点击"ENTER"来放置 T_2。每次放置好一个三极管,又会出现一个准备放置的三极管。

⑥所有三极管都放置完毕后,可以通过点击右键或按下"ESC"键来退出放置状态。光标又回到原来的样子。

其次放置四个电阻:

①在库面板中,激活"Miscellaneous Devices. IntLib"库。

②设置"filter"为"Res1"。

③点击"Res1"来选择该器件,这样一个电阻元件符号将贴着光标。

④按下"TAB"键来编辑属性。在属性对话框中,设置"designator"为"R_1"。

⑤在模型块列表中确定 AXIAL-0.3 已经被包含。

⑥PCB 元件的内容由原理图映射过去,所以这里设置 R_1 的大小为 100 kΩ。

⑦由于不需要仿真,所以设置"Value"参数中的"Visible"选择为"非使能"。

⑧按下空格键使得电阻旋转 90°,位于正确的方向。

⑨把电阻放置在 T_1 的上方,按下"ENTER"键完成放置。不用担心如何连接电阻到三极管,在连线部分将会做说明。

⑩接下来放置一个 100 kΩ 的电阻 R_2 于 T_2 的上方。Designtor 的标号会自动增加。

⑪剩下的两个电阻 R_3 和 R_4 的大小为 1 kΩ，通过"TAB"键设置它们的"Commnet"为"1 kΩ"，确认"Value"的"Visible"选项为"非使能"，点击"OK"按钮关闭对话框。

⑫放置 R_3 和 R_4，并通过点击右键或"ESC"退出。

再次放置两个电容：

①电容器件也在"Miscellaneous Devices.IntLib"库中，该库已经选择了。

②在"Libraries"面板的元器件过滤区内输入"cap"与"filter"。

③点击"CAP"来选择该器件，点击"PLACE"，这样一个电容元件符号将贴着光标。

④通过"TAB"键设置电容属性。设"disigator"为"C_1"，"Comment"为"20 nF"，"Visible"为非使能，"PCB"封装为"RAD-0.3"，点击"OK"。跟设置电阻一样，如果需要仿真，则需要设置"Value"的值。这里不需要仿真，所以"Value"设置为"非使能"。

⑤跟前面一样，放置电容。

⑥通过右键或"ESC"键退出。

最后一个需要放置的器件是 connector，位于"Miscellaneous Connectors.IntLib"库中。

①在库面板中，选择"Miscellaneous Devices.IntLib"库。需要的"connector"为 2 排针，所以"filter"设置为"＊2＊"。

②点击"Header 2"来选择该器件，点击"PLACE"键。通过"TAB"键设置电容属性。设"disigatordesignator"为"Y_1"，"Visible"为"非使能"，"PCB 封装"为"HDR1X2"，点击"OK"。

③在放置前，按下"X"键，使得器件处于垂直方向。然后放置 connector 器件。

④退出放置。

⑤"File"→"Save"来保存原理图。

现在已经放置完所有的元件。元件的摆放如图 5.12 所示，可以看出这样的放置留了很多空间来连线元件管脚。这一点非常重要，因为不可能连接位于管脚正上方的管脚。如果想移动元件，点击并保存，拖动元件到用户想要的位置。

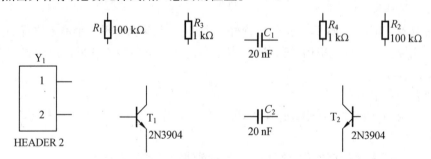

图 5.12　所有元器件的摆放位置图

（3）电路连线

连线是处理电路中不同元件的连接。按照图 5.8 来连接电路原理图，完成下面的步骤。

①为了使电路图层美观，可以使用"PAGE UP"来放大，或"PAGE DOWN"来缩小。保持"CTRL"按下，使用鼠标的滑轮可以放大或缩小图层。

②首先连接电阻 R_1 到三极管 T_1。在菜单中选择"Place"→"Wire"或者在连线工具条中点击"Wire"进入绘线模式。光标会变成"crosshair"十字准线模式。

③把光标移动到 R_1 的最下面,当位置正确时,一个红色的连接标记会出现在光标的位置。这说明光标正处于元件电气连接点的位置。

④单击或者按下"ENTER"键来确定第一个连线点。移动光标,会出现一个从连接点到光标位置,随着光标延伸的线。

⑤在 R_1 的下方 T_1 的电气连接点的位置放置第二个连接点,完成第一根连线。

⑥把光标移动到 T_1 的最下面,当位置正确时,一个红色的连接标记会出现在光标的位置。单击或者按下"ENTER"键来连接 T_1 的基点。

⑦光标又重新回到了十字准线"cross hair"状态,这说明可以继续画第二根线了。可以通过点击右键或者按下"ESC"键来完全退出绘线状态,不过现在还不要退出。

⑧现在连接 C_1 到 T_1 和 R_1。把光标放在 C_1 左边的连接点上,单击或者按下"ENTER"键,开始绘制一个新的连线。水平移动光标到 R_1 与 T_1 所处直线的位置,电气连接点将会出现,单击或按下"ENTER"键来连接该点。这样两根线便自动地连接在一起了。

⑨按照图5.8绘制电路剩下的部分。

⑩当完成所有连线的绘制时,单击右键或按下"ESC"键来退出画线模式。光标回到原来的状态。如果想移动元件跟连接它的连线,当移动元件时按下并保持按下"CTRL"键,或者选择"Move"→"Drag"。

(4)网络和网络标记

每个元件的管脚连接的点都形成一个网络。例如,一个网络包括了 T_1 的基点,R_1 的一个脚和 C_1 的一个脚。为了能够简单地区分设计中比较重要的网络,可以设置网络标记。

接下来放置两个电源网络标记:

①选择"Place"→"Net Label",一个带点的框将贴着光标。

②在放置前,通过"TAB"键打开"Net Label Dialog"。

③在"Net"栏输入"12 V",点击"OK"关闭。

④在电路图中,把网络标记放置在连线的上面,当网络标记跟连线接触时,光标会变成红色十字准线"red cross"。如果是一个灰白十字准线的"cross",则说明放置的是管脚。

⑤当完成第一个网络标记的绘制,仍处于网络标记模式,在放置第二个网络标记前,可以按下"TAB"键,编辑第二个网络。

⑥在"Net"栏输入"GND",点击"OK"关闭,然后放置标记。

⑦在电路图中,把网络标记放置在连线的上面,当网络标记跟连线接触时,光标会变成"red cross"红色十字准线。单击右键或按下"ESC"键退出绘制网络标记模式。

⑧选择"File"→"Save",保存电路图,同时保存项目。

至此,用户使用 Altium Designer 软件完成了电路原理图的绘制。

4. 设置工程选项

在把原理图变成 PCB 电路之前,必须设置项目工程的选项。工程选项包括检查参数错误报告、关联矩阵、类生成器、比较器设置、ECO 生成器、输出路径和网表、多通道命名格式、默认打印设置、扫描路径以及任何用户想制订的工程元素。当编译工程时,Altium Designer 将会用到这些设置。

当编译一个工程时,将用到电气完整性规则来校正设计。当没有错误时,重编译的原理图设计将被装载进目标文件。例如,通过生成 ECOS 来产生 PCB 文件。工程允许比对源文件和

目标文件之间存在的差异,并同步更新两个文件。

所有与工程相关的操作,都可在"Project"对话框的"Options"("Project"→"Project Options")里设置,如错误检查、文件对比、ECO generation 等。具体请参看图5.13。

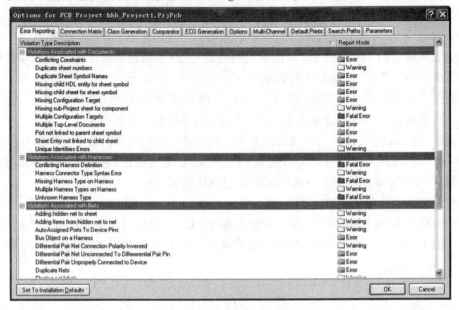

图 5.13　工程选项的设置

工程输出,例如装配输出和报告可以在"File"菜单选项中设置。用户也可以在"Job Options"文件("File"→"New"→"Output Job File")中设置"Job"选项。更多关于工程输出的设置如下所示:

选择"Project"→"Project Options",对话框中可以设置任意一个与工程相关的选项。

5. 检查原理图的电气属性

在 Altium Designer 中原理图图表不仅仅是简单的图,它包括电路的电气连接信息。用户可以运用这些连接信息来校正自己的设计。当编译工程时,Altium Designer 将根据所有对话框中用户所设置的规则来检查错误。

(1)设置"Error Reporting"

"Error Reporting"用于设置设计草图检查。Report Mode 设置当前选项提示的错误级别。级别分为 No Report、Warning、Error、Fatal Error,点击下拉框选择即可,如图5.13所示。

(2)设置"Connection Matrix"

"Connection Matrix"界面显示了运行错误报告时需要设置的电气连接,如各个引脚之间的连接,可以设置为四种允许类型。图5.14所示的矩阵给出了一个原理图中不同类型连接点的图形的描绘,并显示它们之间的连接是否设置为允许。

图5.14 中所示的矩阵图表,先找出"Output Pin",在"Output Pin"那行中找到"Open Collector Pin"列,行列相交的小方块呈橘黄色,这说明在编译工程时,Output Pin 与 Open Collector Pin 相连接会是产生错误的条件。

用户可以根据自己的要求设置任意一个类型的错误等级,从 no report 到 fatal error 均可。右键可以通过菜单选项控制整个矩阵。点击两种连接类型的交点位置,例如,Output Sheet

Entry 和 Open Collector Pin 的交点位置,点击直到改变错误等级。

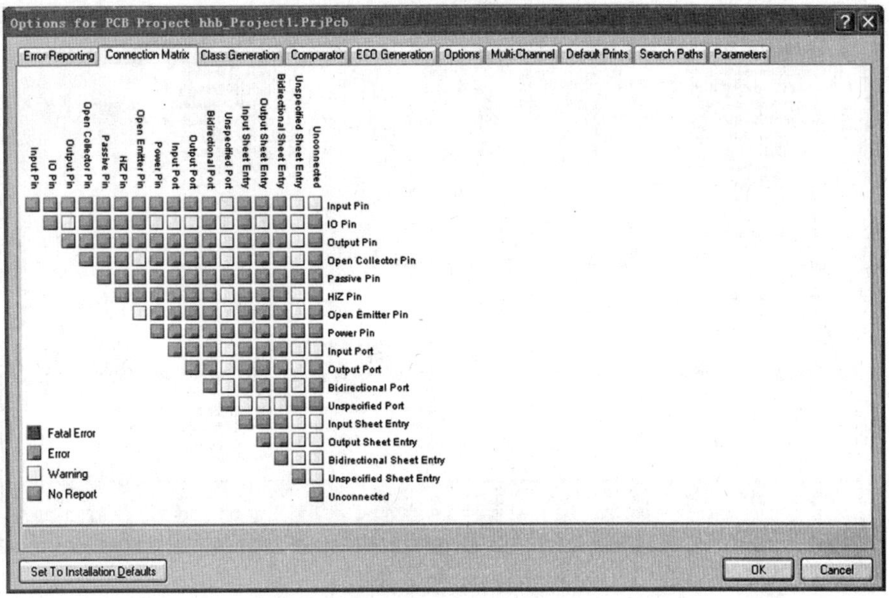

图 5.14　设置"Connection Matrix"

（3）设置"Comparator"

"Comparator"界面用于设置工程编译时,文件之间的差异是被报告还是被忽略。选择的时候请注意,不要选择临近的选项,如不要将"Extra Component Classes"选择成"Extra Component"。

点击"Comparator"界面,在"Asscoiated with Component"部分找到"Changed Room Definitions""Extra Room Definitions"和"Extra Component Classes"选项。

将上述选项的方式通过下拉菜单设置为"Ignore Differences",如图 5.15 所示。现在用户便可以开始编译工程并检查所有错误了。

（4）编译工程

编译工程可以检查设计文件中的设计草图和电气规则的错误,并提供给用户一个排除错误的环境。我们已经在 Project 对话框中设置了"Error Checking"和"ConnectionMatrix"选项。要编译多频振荡器工程,只需选择"Project"→"Compile PCB Project"。

当工程被编译后,任何错误都将显示在"Messages"上,点击"Messages"来查看错误（"View"→"Workspace Panels"→"System"→"Messages"）。工程已经编译完后的文件,在"Navigator"面板中将和可浏览的平衡层次（Flattened Hierarchy）、元器件、网络表和连接模型一起出现在"Navigator"中,将列出所有对象的连接关系。

如果电路设计完全正确,Messages 中不会显示任何错误。如果报告中显示有错误,则需要检查电路并纠正,确保所有的连线都是正确的。现在故意在电路中引入一个错误,再编译一次工程。在设计窗口的顶部点击激活 Multivibrator. SchDoc。选中 R_1 和 T_1 的 B 极之间的连线,点击"DELETE"键删除此线。

再一次编译工程（"Project"→"Compile PCB Project"）来检查错误。

"Messages"中显示警告信息,提示用户电路中存在未连接的引脚。如果"Messages"窗口

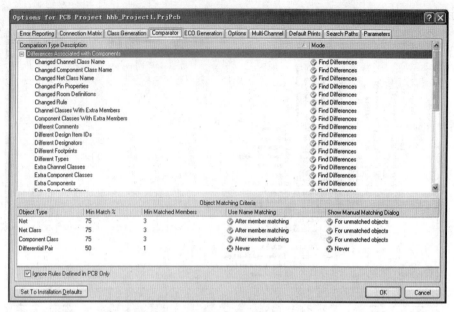

图 5.15　设置 Comparator

没有弹出,选择"View"→"Workspace Panels"→"System"→"Messages"。双击"Messages"中的错误或者警告,编译错误窗口会显示错误的详细信息。从这个窗口,用户可以点击错误直接跳转到原理图相应的位置去检查或者改正错误。

至此,完成了电路原理图电气属性的检查工作。

5.5.3　印制电路板设计

在将原理图设计转变为 PCB 设计之前,需要创建一个新的 PCB 板和至少一个板外形轮廓(Board Outline)。在 Altium Designer 中创建一个新 PCB 板的最简单的方法就是运用 PCB 板向导,它可让用户根据行业标准选择自己创建的自定义板的大小。在任何阶段,都可以使用后退按钮检查或修改该向导之前的页面。

1. 用 PCB 向导创建一个新的 PCB 板

①创建一个新的 PCB 板,点击"PCB Board Wizard",在"Files"底部的"New from Template"选项内点击"PCB Board Wizard"部分。如果在屏幕上没有显示此选项,按一下向上箭头图标关闭一些上层上面的选项。

②打开"PCB Board Wizard"向导界面,单击"下一步"继续。

③设置测量单位 Imperial,例如 1 000 mil=1 inch。

④向导的第三页可选择需要的板轮廓。本页将确定我们自己的电路板尺寸。从板轮廓列表中选择"Custom",并点击"下一步"。

⑤在下一页,输入自定义板的选项。对于例子给出的电路,2 in×2 in 的板便足够了。在"Width"和"Height"中选择"Rectangular"和"type 2000"。取消选择"TitleBlock&Scale""Legend String"和"Dimension Lines"。单击"Next"继续。

⑥此页用于选择板的层数。例子中的电路需要两层信号层而并不需要电源层。单击"Next"继续。

⑦选择"Thruhole Vias Only"设置设计中的孔类型,并点击"Next"。

⑧下一页用于设置元件/布线选项。选择"Through-hole Components"选项并设置 One Track 与临近焊盘之间可以通过的线的数量,单击"Next"。

⑨下一页用于设置一些设计规则,如线的宽度和孔的大小。离开选项则设置为默认值。单击下"Next"。

⑩单击"Finish"。PCB Board Wizard 已经设置完所有创建新板所需的信息。PCB 编辑器现在将显示一个新的 PCB 文件,名为"PCB1.pcbdoc"。

⑪PCB 文件显示出一个预设大小的白色图纸和一个空板(黑色为底,带栅格),如图 5.16 所示。如果需要关闭,则选择"Design"→"Board Options",并在板设置对话框中取消选择 "Display Sheet"。用户可以用"Altium Designer"的其他 PCB 模板来添加边界、栅格参考和标题。

如需了解更多有关 Board Shapes、Sheets 和 Templates,请翻阅参阅 *Preparing the Board for Design Transfer* 手册。

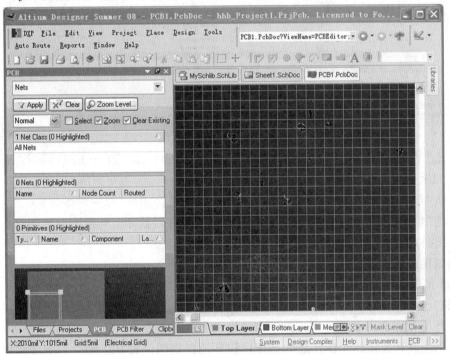

图 5.16　PCB 文件

⑫现在图纸已关闭,如需显示板的形状,选择"View"→"Fit Board"(快捷键为"V""F")。

⑬PCB 文件自动添加(连接)工程并被列在 Projects 中源文件里工程名的下方。通过选择 "File"→"Save As"重新命名新的 PCB 文件(带 .PcbDoc 扩展名)。浏览到用户想存储 PCB 的位置,在"File Name"里键入文件名"multivibrator.pcbdoc",并点击"Save"。

2. 在工程中添加一个新的 PCB

如果要将 PCB 文件作为自由文件添加到一个已经打开的工程中,则需在"Projects"中右键单击 PCB 工程文件,并选择"Add Existing to Project"。选择新的 PCB 文件名并点击"打开"。现在 PCB 文件已经被列在"Project"下的"Source Documents"中,并与其他工程文件相连接。

用户也可直接将自由文件拖拉到工程文件下。最后保存工程文件。

3. 导入设计

在将原理图的信息导入到新的 PCB 之前,请确保所有与原理图和 PCB 相关的库是可用的。因为只有默认安装的集成库被用到,所以封装已经被包括在内。如果工程已经编译并且原理图没有任何错误,则可以使用"Update PCB"命令来产生 ECOS(Engineering Change Orders,工程变更命令),它将把原理图的信息导入到目标 PCB 文件。

4. 更新 PCB

将原理图的信息转移到目标 PCB 文件:

①打开原理图文件"multivibrator. schdoc"。

②选择"Design"→"Update PCB Document(multivibrator. pcbdoc)"。该工程被编译并且在工程变更命令对话框显示出来,如图5.17 所示。

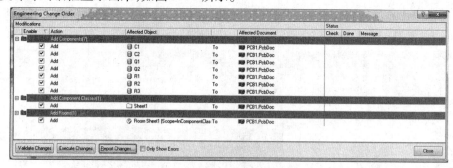

图 5.17   信息导入

③点击"Validate Changes"。如果所有的更改被验证,状态列表(Status List)中将会出现绿色标记。如果更改未进行验证,则关闭对话框,并检查 Messages 框更正所有错误。

④点击"Execute Changes",将更改发送给 PCB。完成后,Done 那一列将被标记。

⑤单击"Close",目标 PCB 文件打开,并且已经放置好元器件。如果用户无法看到自己电路上的元器件,需使用快捷键"V""D"("View""Document")。

5. 印制电路板的设计

(1)PCB 工作环境的设置

根据自己的习惯对 PCB 板工作的环境参数进行相关设置,如栅格、层以及设计规则。PCB 编辑工作环境允许 PCB 板设计在二维及三维模式下表现出来。

①栅格。在开始摆放元器件之前必须确保所用栅格的设置是正确的。所有放置在 PCB 工作环境下对齐的线组成的栅格称为 Snap Grid 捕获栅格。此栅格需要被设置以配合用户打算使用的电路技术。

本书中的电路使用具有最小的针脚间距 100 mil 的国际标准元器件。我们设定 Snap Grid 为最小间距的公因数,如 50 mil 或 25 mil,以便使所有的元器件针脚可以放置在一个栅格点上。此外,板的线宽和安全间距分别是 12 mil 和 13 mil(为 PCB Board Wizard 所用的默认值),最小平行线中心距离为 25 mil。因此,最合适"Snap Grid"的设置是"25 mil"。栅格的设置如图5.18 所示。

设置"Snap Grid"需完成以下步骤:选择"Design"→"Board Options"(快捷键分别为"D""O"),打开板"Options"对话框。利用下拉列表或输入数字设置"Snap Grid"和"Component

Grid"的值为"25 mil"。注意:此对话框也可以用来界定"Electrical Grid"。这一栅格作用于用户放置电气对象时;它凌驾于与 Snap Grid 和 Snap 电气的对象在 Component Gird 一起使用。单击"OK"完成对话框的设置。

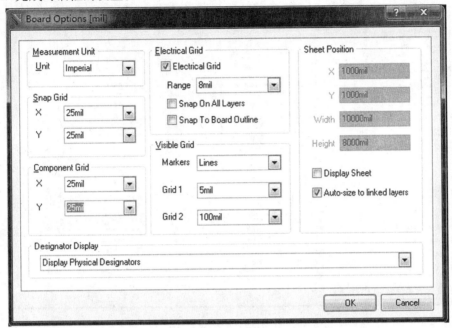

图 5.18　栅格的设置

②其他非电气层的视图设置。View Configurations 包括许多关于 PCB 工作区二维及三维环境的显示选项和适用于 PCB 和 PCB 库编辑的设置。保存任何 PCB 文件时,最后使用的视图设置也会被随之保存。这使得它可被 Altium Designer 的另一个使用其关联视图设置的实例所启调用。视图设置(View Configurations)也可以被保存在本地并用于任何时候的任何 PCB 文件。用户打开任何没有相关的视图设置(View Configurations)的 PCB 文件,它都将使用系统默认的配置。选择"Design"→"Board Layers & Colors"(快捷键为"L")从主菜单中打开"View Configurations"对话框。此对话框可让用户定义、编辑、加载和保存的视图设置。它的设定是用以控制哪些层显示、如何显示共同对象,如覆铜、焊盘、线、字符串等、显示网络名和参考标记、透明层模式和单层模式显示、三维表面透明度和颜色及三维 PCB 整体显示。用户可以使用"View Configurations"对话框查看或直接从 PCB 的标准工具栏的下拉列表中选择它们。图5.19 为视图设置对话框。如果用户看 PCB 工作区的底部,用户会看到一系列层的标签,用户执行的大部分编辑动作都在某一层。

PCB 编译器中有三种层:Electrical Layers,包括 32 个信号层和 16 个内电层,可以在"Layer Stack Manager"对话框中添加或移除,选择"Design"→"Layer Stack Manager"来显示它;Mechanical Layers,有 16 个决定板的形状、尺寸的普通机械层(General Purpose Mechanical Layers),包括制作的细节或任何其他机械设计的细节要求,这些层可以有选择性地包括在打印输出和 Gerber 的输出中,用户可以在"View Configurations"对话框中添加、删除和命名机械层;Special Layers,包括顶部和底部的丝网印刷层、阻焊接层和粘贴层的蒙版层锡膏层、钻孔层、Keep-Out 层(用来界定电气界限的)、多综合层(用于多层焊盘和过孔)、连接层、DRC 错误层、栅格层和过孔洞层。

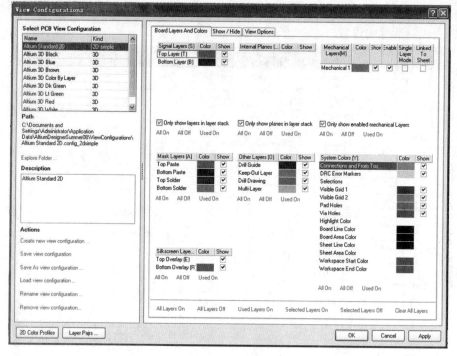

图 5.19　视图设置

③ Layer Stack Manager(层堆栈管理)。例子的 PCB 是一个简单的设计,可以用单层板或者双层板进行布线。如果设计较为复杂,用户可以通过 Layer Stack Manager 对话框来添加更多的层。选择"Design"→"Layer Stack Manager"(快捷键为"D""K"),显示层堆栈管理对话框。新的层将会添加到当前选定层的下方。层电气属性,如铜的厚度和介电性能,将被用于信号完整性分析。单击"OK"以关闭该对话框。

(2)PCB 设计规则

PCB 编辑器是一个以规则为主导的环境,这意味着在用户改变设计的过程中,如画线、移动元器件或者自动布线,Altium Designer 都会监测每个动作,并检查设计是否仍然完全符合设计规则。如果不符合,则会立即警告,强调出现错误。在设计之前先设置设计规则可以让用户集中精力设计,因为一旦出现错误,软件就会提示。

设计规则总共有 10 类,进一步划分为设计规则的类型。设计规则包括电气、布线、工艺、放置和信号完整性的要求。

现在来设置新的设计规则,指明电源线必须的宽度。具体步骤如下:

①激活 PCB 文件,选择菜单中的"Design"→"Rules"。

②如图 5.20 所示,PCB 规则和约束限制编辑器对话框就会出现。每个规则类显示在对话框左边 Design Rules 文件夹的下面。双击"Routing"扩展,看到相关的布线规则。然后双击"Width",显示宽度规则。

③点击选择每条规则。当用户点击每条规则时,右边的对话框的上方将显示该规则的范围(用户想要的这条规则的目标),下方将显示规则的限制。这些规则不仅是预设值,还包括新的 PCB 文件创建时在 PCB Board Wizard(PCB 板向导)中设置的信息。

图 5.20 设计规则

④点击"Width"规则,如图 5.21 所示。显示其范围和约束限制。本规则适用于整个板。

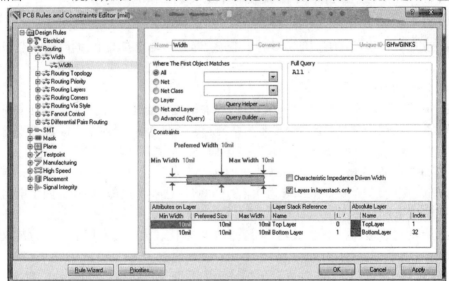

图 5.21 设置 Width 规则

Altium Designer 的设计规则系统的一个强大的功能是同种类型可以定义多种规则,每个目标有不同的对象。每个规则目标的确切设置是由被规则的范围决定的。规则系统使用一个预定义层次,来确定规则适应对象。

(3)放置元件

元器件的放置过程如下:

①按下快捷键"V""D"来进行放大板及元器件。

②摆放排针 Y1,将光标移到"Connector"的轮廓的中间,点击并按住鼠标左键。光标将变

更为一个十字准线交叉瞄准线并跳转到附件的参考点。同时继续按住鼠标按钮,移动鼠标拖动的元器件。

③向着板的左手边放置封装(确保整个元器件保持在板的边界内)。

④当确定了元器件的位置后,释放鼠标按键让它落进当前区域。

⑤以图 5.22 为范例,重新摆放其余元器件。当用户拖动元器件时,可用空格键进行必要的旋转(每次向逆时针方向转 90°)。注意:当用户在摆放每一个元器件时,都要重新优化飞线。

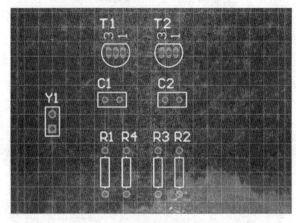

图 5.22 元器件放置在板上

元器件文字可以通过相类似的方式重新摆放,即点击并拖拉文字,同时按下空格键进行旋转。

Altium Designer 也是强大的互动摆放的工具。

按住"SHIFT"键,分别单击四个电阻器进行选择,或者点击并拖拉选择框包围四个电阻器。选择框会显示在每个选定且颜色设置为系统所选颜色的元器件周围。要改变这种颜色的设置,选择"Design"→"Board Layers & Colors"(快捷键为"L")。

点击右键并选择"Align"→"Align"(快捷键为"A""A")。在"Align Objects"对话框中,在"Horizontal"选项下点击"Space Equally",并在"Vertical"选项下点击"Top"。四个电阻即可垂直对齐,并有相同的间隔。

在放置好的封装里,电容的封装相对于我们的要求比较大。让我们把它的封装改成更小一些。

首先浏览一个新的封装,按一下"Libraries"面板,并从"Libraries"列表中选择"Miscellaneous Devices. IntLib"。我们需要有一个较小径向类型的封装,所以在"Filter"区域内输入"rad"。按一下库名称的旁边的"…"按钮,并在当前"Library"中选择"Footprints"选项来显示封装。点击封装的名称即可显示其相关联的封装。

在"Component"对话框中双击该电容器和改变封装为"RAD-0.1"。用户可以键入新的封装名称,或者按下"…"按钮,从"Browse Libraries"对话框中选择一个封装。单击"OK",新的封装会在板上显示。按照要求重新定位该标识符。现在用户的板应看起来如图 5.23 所示。

在所有元器件都摆放好后,就需要进行布线的工作了。

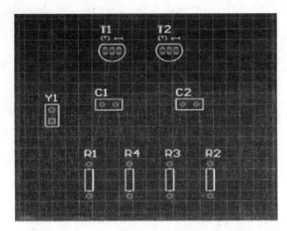

图 5.23　元器件使用新的封装放置在板上

（4）布线

布线是在板上通过走线和过孔以连接组件的过程。Altium Designer 通过提供先进的交互式布线工具以及 Situs 拓扑自动布线器来简化这项工作，只需轻触一个按钮就能对整个板或其中的部分进行最优化走线。而自动布线提供了一种简单而有力的布板方式。用户可以根据不同的情况，选择不同的布线方式。

① 手动布线。交互式布线工具可以以一个更直观的方式，提供最大限度的布线效率和灵活性，包括放置导线时的光标导航、接点的单击走线、推挤或绕开障碍、自动跟踪已存在连接等，这些操作都是基于可用的设计规则进行的。

我们现在在"Ratsnest"连接线的引导下在板子底层放置导线。

在 PCB 板上的线是由一系列的直线段组成的。每一次改变方向即是一条新线段的开始。此外，在默认情况下，Altium Designer 会限制走线为纵向、横向或 45°的方向，让设计更专业。这种限制可以进行设定，以满足用户的需要，也可以使用默认值。

用快捷键"L"以显示"View Configurations"对话框，其中可以使能及显示"Bottom Layer"。在"Signal Layers"区域中选择在"Bottom Layer"旁边的"Show"选项。单击"OK"，底层标签就显示在设计窗口的底部了。

在菜单中选择"Place"→"Interactive Routing"（快捷键为"P""T"）或者点击"Interactive Routing"按键。光标将变为十字准线十字，显示用户是在线放置模式中。图 5.24 为手动布线检查文档工作区底部的层标签。"Top Layer"标签当前应该是激活的。通过按下"＊"键，在不退出走线模式的情况下切换到底层。此键在可用信号层中循环。"Bottom Layer"标签会被激活。

将光标定位在排针 Y1 较低的焊盘。点击或按下"ENTER"键，以确定线的第一点起点。

将游标移向电阻 R_1 底下的焊盘。注意：线段是如何跟随光标路径来在检查模式中显示的（图 5.24）。检查的模式表明它们还没被放置。如果用户沿光标路径拉回，未连接线路也会随之缩回。在这里，用户有两种走线的选择：

a. 选中"Auto Route"菜单，单击"All"选项，即可完成布线（此技术可以直接使用在焊盘或连接线上）。起始和终止焊盘必须在相同的层内布线才有效，同时还要求板上的任何障碍不会妨碍 Auto-Complete 的工作。对较大的板，Auto-Complete 路径可能并不总是有效的，这是因为走线路径是一段接一段地绘制的，而从起始焊盘到终止焊盘的完整绘制有可能根本无法完成。

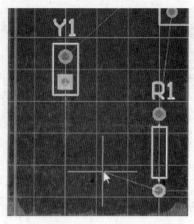

图 5.24　手动布线检查文档工作区底部的层标签

b. 使用鼠标点击来连线,用户可以直接对目标 R_1 的引脚接线。这种方法为走线提供了控制,并且能最小化用户操作的数量。

未被放置的线用虚线表示,被放置的线用实线表示。

使用上述任何一种方法,在板上的其他元器件之间布线。

保存设计【快捷键:F,S 或者 Ctrl + S】。

◆关于布线的几点提示:

•点击或按下"ENTER"键,用来放置线到当前光标的位置。检查模式代表未被布置的线,已布置的线将以当前层的颜色显示为实体。

•在任何时候使用"CTRL+单击"来执行自动完成连线。起始和终止引脚必须在同一层上,并且没有不能解决的冲突与障碍。

•利用"Shift+R"来遍历 Push、Walkaround、Hug and Push 以及 Ignore 模式。

•使用"Shift+SPACEBAR"选择各种线的角度模式。角度模式包括:任意角度 45°,弧度 45°、90°,弧度 90°,按空格键切换角度。

•在任何时间按"END"键来刷新屏幕。

•在任何时间使用"V""F"重新调整屏幕以适应所有的对象。

•在任何时候按"PAGE UP"和"PAGE DOWN"键,以光标位置为核心缩放视图。使用鼠标滚轮向左边和右边平移。按住"CTRL"键,用鼠标滚轮来进行放大和缩小。

•按"BACKSPACE"键取消放置上一条线。

•当用户完成布线并希望开始一个新的布线时,右键单击或按下"ESC"键。

•防止不小心连接了不应该连接在一起的引脚。Altium Designer 不断地监察板的连通性,并防止用户在连接方面的失误。

•要删除线,单击选择它。它的编辑操作就会出现(其余的线将突出)。按下"DELETE"键清除所选的线段。

•重布线是非常简便的——当用户布置完一条线并右击完成时,多余的线段会被自动清除。

•完成 PCB 上的所有连线后,右键单击或者按下"ESC"键以退出防止放置模式。

②　自动布线。Altium Designer 软件的自动布线功能给我们带来了极大的方便。首先,选择取消布线,"Tools"→"Un-Route"→"All"(快捷键为"U""A")。

选择"Auto Route"→"All",弹出"Situs Routing Strategies"对话框。按一下"Route All", "Messages"显示自动布线的过程。"Situs autorouter"提供的结果可以与一名经验丰富的设计师相比,如图 5.25 所示,因为它直接在 PCB 的编辑窗口下布线,而不用考虑输入和输出布线文件。

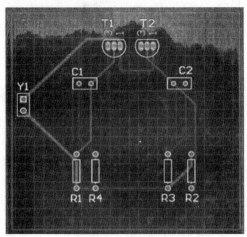

图 5.25　自动布线效果

选择"File"→"Save"(快捷键为"F""S")来储存用户设计的 PCB。

注意:线的放置由 Autorouter 通过两种颜色来呈现:红色,表明该线在顶端的信号层;蓝色,表明该线在底部的信号层。要用于自动布线的层在 PCB Board Wizard 中的 Routing Layers 设计规则中指定。此外,注意电源线和地线要设置得宽一些。

如果用户在设计中的布线与图 5.25 所示的不完全一样,也是正确的,因为元器件摆放位置不完全相同,布线也会不完全相同。

因为最初在 PCB Board Wizard 中确定的 PCB 板是双面印刷电路板,用户可以使用顶层和底层进行手工布线。为此,从菜单中选择"Tools"→"Un-Route"→All(快捷键为"U""A")来取消布线。和以前一样开始布线,在放置线时使用" * "键来切换层。Altium Designer 软件在切换层时会自动地插入必要的过孔。

注意:由自动布线器完成的布线将显示两种颜色,红色表示顶部信号层布线,蓝色表示底层信号层布线。可用于自动布线的信号层定义是符合 PCB Board Wizard 中的布线层设计规则约束。还要注意两个电源网络布线更宽的间隔符合两种线宽规则约束。不必担心,如果在你的布线设计不完全如图 5.25 所示的一样,器件摆放的位置将不会完全一样,也可能是不同的布线样式。

(5)PCB 设计数据校验

Altium Designer 支持多级设计规则约束功能。用户可以对同一个对象类设置多个规则,每条规则还可以限定约束对象的范围。规则优先级定义服从规则的先后次序。

为了校正电路板使之符合设计规则的要求,用户可以利用设计规则检查功能(DRC)。

选择"Design"→"Board Layers & Colors"(快捷按键为"L"),并确认复选项"Show"及

"System Colors"区的"DRC"错误标记选项已被选取,这样 DRC 错误标记将被显示。

选择"Tools"→"Design Rule Check"(快捷按键为"T""D"),打开"Design Rule Checker"对话窗口,如图 5.26 所示,勾选"online"和"batch DRC"选项。

图 5.26 设计规则检测设置

规则检测,Online 和 Batch 均可以手工配置。

鼠标点击窗口左边的"Report Options"图标,保留缺省状态下"Report Options"区域的所有选项,并执行"Run Design Rule Check"命令按钮,随之将出现设计规则检测报告,并将同时弹出一个消息窗口。

点击违例条款"Silkscreen over Component Pads",用户将跳转到相应违例报告区域。

点击违例条款"Silkscreen over Component Pads"的任一条记录,用户将跳转到 PCB,并放大显示出现违例的设计区域。注意:放大的倍数取决于在 System-Navigation 环境配置内的设置。

显示每项违例的细节,本例的丝印与焊盘的间隔少于 10 mil,如图 5.27 所示。显示每项违例的细节。注意:用户可以通过"View Configurations"窗口内的"DRC Detail Markers"配置违例的图形显示颜色。

需要找出所有实际违反丝印与焊盘间安全间距规则约束的对象,可以选择菜单"Reports"→"Measure Primitives"命令。注意:用户可以通过快捷键"CTRL+G"修改电气栅格的值,如 5 mil。我们可以通过修改引脚解决这个错误,增加间距或者改变设计规则,减小间距。改变设计规则还可以这样操作,选择"Design"→"PCB Rules"来改变规则内容。在制造分类中,打开元件焊盘规则类型丝印选项,点击已经存在的规则。编辑丝印,露出焊盘安全距离数值,将数值"10 mil"改为"9 mil"。

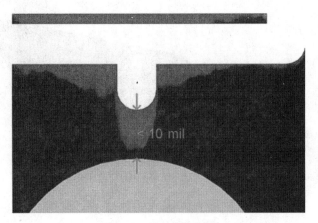

图 5.27　丝印焊盘间距

这些焊盘接近于已经定义的安全距离规则 13 mil。

运用习惯上与检查晶体管上焊盘间的安全间距相同的技术,检查阻焊数据与焊盘之间的间隙。

切换到 PCB 文件,用户会看到晶体管绿色高亮的焊盘,如图 5.28 所示,表明违反了设计规则。

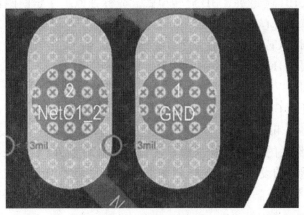

图 5.28　焊盘违规指示

最后显示的是一份 DRC 报告,指出了所有被判定了的违反规则的设计。用户完成了 PCB 版图的设计,然后可以开始产生输出数据文档。不过,在产生输出制造数据之前,还可以利用 Altium Designer 的三维视图功能查看自己设计的 PCB 板。

(6)PCB 的 3D 模式

PCB 板的 3D 模式是 Altium Designer 软件提供的全新的功能,可以让用户从任何角度观察设计的 PCB。图 5.29 所示要在 PCB 编辑器中切换到 3D,只需选择"View"→"Switch To 3D"(快捷键为"3")或者从列表中的 PCB 标准工具栏中选择一个 3D 视图配置。

Altium Designer 软件的 3D 环境的要求支持是 Direct X 及相关技术,并使用一个兼容块独立的显卡。对于如何测试用户的系统,以及让 Altium Designer 可以使用 Direct X,打开"Preferences"对话框中的"PCB Editor-Display"("Tools"→"Preferences")。

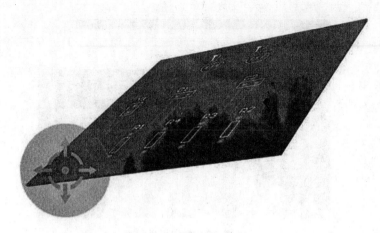

图 5.29 3D 旋转展示图

具体操作如下：

①缩放。按 Ctrl+鼠标右拖，或者 Ctrl+鼠标滚轮，或者"PAGE UP / PAGE DOWN"键。

②平移。鼠标滚轮向上/向下，SHIFT+鼠标滚轮向左/右或向右拖动鼠标来向任何方向移动。

③旋转。按住"SHIFT"键进入 3D 旋转模式。光标处以一个定向圆盘的方式来表示。该模型的旋转运动是基于圆心的，使用以下方式控制：

用鼠标右拖曳圆盘 Center Dot，任意方向旋转视图。

用鼠标右拖曳圆盘 Horizontal Arrow，关于 Y 轴旋转视图。

用鼠标右拖曳圆盘 Vertical Arrow，关于 X 轴旋转视图。

用鼠标右拖曳圆盘 Circle Segment，在 Y-plane 中旋转视图。

可以使用"View Configurations"对话框（快捷键为"L"）来设定 3D 工作区的显示选项。可以选择各种表面、工作区的颜色以及垂直尺度，这样可以得心应手地来检查 PCB 板的内部。一些表面有一种不透明的设置——越大，透明度的值越大，越少表示的光通过表面的光强度越小，使物体背面后面不明显。用户也可以选择显示 3D 物体本身或者以 2D 层的颜色来着色该 3D 对象。

可以将 3D STEP 格式模型导入到元器件的封装和 PCB 设计中并创建自己的 3D 物体。也可以以 STEP 和 DWG/DXF 格式来输出 PCB 文件，以便运用到用于其他程序中。3D Vviewer 可以导入 VRML 1.0/IGES/STEP 格式的 3D 物件，也可以导出 IGES 和 STEP 格式的 3D 物件。

注意：任何时候在 3D 模式下，可以以各种分辨率创建实时"快照（Snapshots）"，使用 CTRL+C 复制，这样就可以将图像（Bitmap 格式）存储在 Windows 剪贴板中，用于其他应用程序。

（7）为元器件封装创建和导入 3D 实体

到目前为止，我们已经到了最终 PCB 数据的核查和输出阶段。Altium Designer 软件的 3D 环境提供了一个逼真的优良的供视图查看及检查 PCB 组装的环境条件，是一个逼真的环境。

元器件封装本身存储有 3D 模型，用于在 3D 环境下渲染该元件。此外，精确的元器件间隙检查，甚至是装配整个 PCB 和外部的自由浮动的 3D 机械物体外壳都是可能的。这将用到机械 CAD 软件包，这些 Altium Designer 软件均可以提供。

如需要为元器件创建 3D 实体的详细资讯,请查找 *Creating Library Components* 教程中的 3D 元器件详细部分。如需用 MCAD 软件进行 3D 实体一体化设计的更多信息,请查找 *Integrating MCAD Objects and PCB Designs* 教程。

在 *Integrating MCAD Objects and PCB Designs* 教程中,我们设计的板已经通过器件的 3D 模型完成了(图 5.30)。教程将用机械外壳来装起整块板(图 5.31)。板和元器件可以在 Altium Designer 软件安装中的 Examples/Tutorials/multivibrator_step 文件夹中找到。

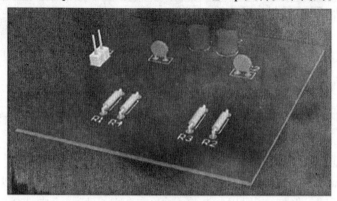

图 5.30 3D 效果图

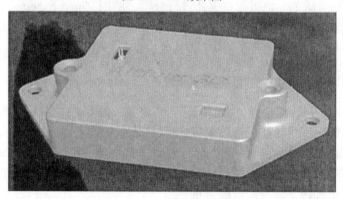

图 5.31 装配效果图

(8)输出文件

完成了 PCB 板的设计和布线,用户想要产生输出文件,用来审查、制造和组装 PCB 板。这些文件通常用于提供给板级制造商。PCB 设计过程的最后阶段,为了更好地满足生产,下面将介绍如何产生 Gerber 文件、数控钻孔文件和 BOM 文件。

每一个 Gerber 文件与板的一个层关联,如器件层、顶部信号层、底部的信号层、焊料掩蔽层等。

可取的做法是,在提供用于制造的输出文件之前,先咨询电路板制造商,以确认他们的要求。

①PCB 创建输出文件过程如下。选择“File”→“Fabrication Outputs”→“Gerber Files”,该设置对话框显示。单击“Layers Tab”,然后按“Plot Layers”按钮,并选择“Used On”,单击“OK”,以接受其他默认设置。该 Gerber 档案产生后即被 CAM 编辑器打开显示。该 Gerber 文件存储在“Project Outputs”文件夹,这是自动产生的文件夹。每个文件都有反映其层次的扩展

名称,如 multivibrator. gto 为 Gerber Top Overlay。这些都会被添加到"Projects"面板的"Generated CAM Document"文件夹中。类似地,选择"File"→"Fabrication Outputs"→"NC Drill Files"命令,打开"NC Drill Setup"对话框,创建没有连接的通孔数据。

②创建器件清单。为教程中的 PCB 创建一个器件清单(BOM),如图 5.32 所示。选择"Reports"→"Bill of Materials",显示"Bill of Materials for PCB Document"对话框。

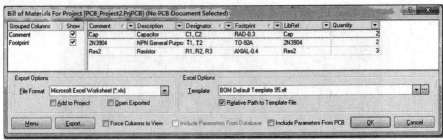

图 5.32 器件清单

使用此对话框,以建立自己的 BOM。在用户想要输出到报告的每一栏中都启用"Show"选项。从"All Columns"清单选择并拖动栏标题到"Grouped Columns"清单,以便在 BOM 中按该数据类型来分组元件。例如,若要以封装来分组,在"All Columns"中选择"Footprint",并拖曳到"Grouped Columns"清单。该报告将据此进行分类。使用"Open Exported"选项,选择的 CSV 为文件格式,然后点击导出按钮创建,并在用户的 CSV 查看器(如 Microsoft Excel)中立即打开 BOM 的文件。还有许多可供选择的 BOM 和其他报告的类型。

5.5.4 Altium Designer 的仿真特性

Altium Designer 的混合电路信号仿真工具,在电路原理图设计阶段实现对数模混合信号的功能设计仿真,配合简单易用的参数配置窗口,完成基于时序、离散度、信噪比等多种数据的分析。可以在原理图中提供完善的混合信号电路仿真功能,除了对 Pspice 标准的支持外,还支持对 Pspice 的模型和电路的仿真。Altium Designer 中的电路仿真是真正的混合模式仿真器,可以用于对模拟和数字器件的电路分析。

1. 电路仿真的基本步骤

①装载与电路仿真相关的元件库。

②在电路上放置仿真元器件(该元件必须带有仿真模型)。

③绘制仿真电路图,其方法与绘制原理图一致。

④在仿真电路图中添加仿真电源和激励源。

⑤设置仿真节点及电路的初始状态。

⑥对仿真电路原理图进行 ERC 检查,以纠正错误。

⑦设置仿真分析的参数。

⑧运行电路仿真得到仿真结果。

⑨修改仿真参数或更换元器件,重复⑤~⑧的步骤,直至获得满意结果。

2. 电路仿真的实例应用

下面以集成运算放大电路为例,简单介绍如何在 Altium Designer 的仿真环境中进行模拟电路的仿真设置及波形分析。

①建立一个新的项目,并在此项目下添加一个新的原理图文件,保存为"Analog Amplifier. PRJPCB"和"Analog Amplifier. schdoc"。

②在此原理图中添加需要的元件库。

③按照图 5.33 绘制原理图。

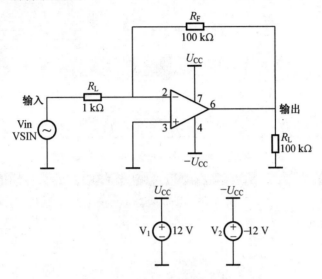

图 5.33　集成运算放大电路原理图

④设置元件的参数。前面已经介绍,在此不再叙述。

⑤执行"Design"→"Simulate"→"Mixed Sim"命令,得到如图 5.34 所示的"Analyses Setup"对话框,并在其中设置仿真方式。

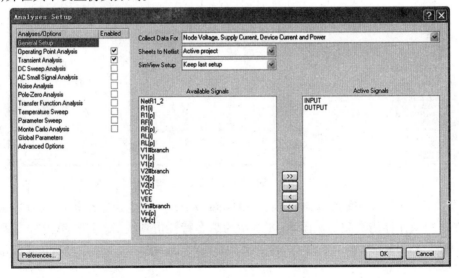

图 5.34　"Analyses Setup"对话框

在本次仿真设置中,对"Operating Point Analysis""Transient/Fourier Analysis""DC Sweep Analysis"和"AC Small Signal Analysis"的参数进行设置,其中"Transient/Fourier Analysis""DC Sweep Analysis"和"AC Small Signal Analysis"的设置如图 5.35、5.36 和 5.37 所示。

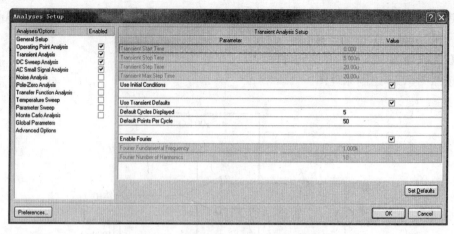

图 5.35 "Transient/Fourier Analysis"参数设置

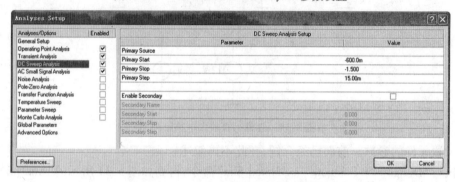

图 5.36 "DC Sweep Analysis"参数设置

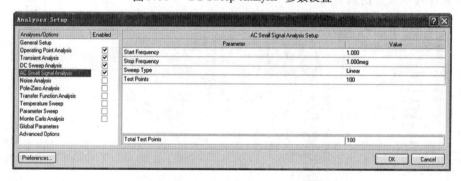

图 5.37 "AC Small Signal Analysis"参数设置

⑥仿真后,就可以观察仿真的波形了。Altium Designer 会生成一个扩展名为".sdf"的文件,该文件用来保存仿真波形。图 5.38 所示为瞬态特性仿真波形。依次单击"AC Analysis""DC Sweep""Operating Point"标签,可得到交流小信号、直流扫描、工作点分析仿真波形。

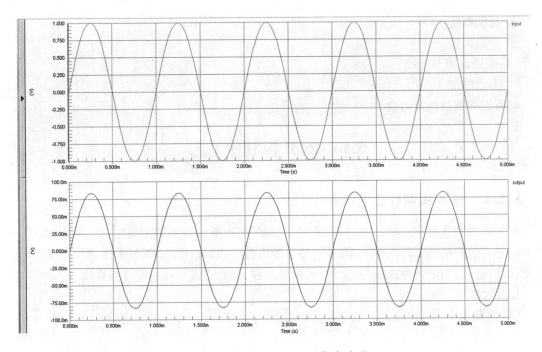

图 5.38　Transient Analysis 仿真波形

5.5.5　印制电路板设计实训

1. 实训目的

①熟悉 PCB 设计的主要步骤。

②掌握电路原理图的设计方法。

③掌握网络表产生的方法。

④掌握 PCB 设计的方法和步骤。

2. 实训设备与器材准备

①计算机一台。

②CAD 软件 Altium Designer 一套。

3. 实训步骤

按非稳态多谐振荡器的设计方法进行实际操作。要求完成以下任务:

(1)非稳态多谐振荡器电路原理图的绘制

① 设置图纸的大小。

② 添加元件库且放置元件。

③ 电气电路的连线。

(2)生成网络表

① 设置元件的封装形式。

② 生成网络表。网络表是连接原理图和 PCB 板的重要环节。

(3)非稳态多谐振荡器电路的 PCB 板设计

① PCB 板尺寸的设计。

② 导入网络表。

③ 自动布线。

④ 手工调整。

（4）规则设置与布线

（5）输出文件

4. 写出实训总结及体会

5.6　PCB 板制作工艺

5.6.1　PCB 板制作工艺流程

PCB 板的制造工艺发展日新月异，不同类型的 PCB 板有着不同的要求，因而需要采取不同的工艺。但其基本工艺流程大体相同，都要经历设计图形输出、印制板选择、图形转印、化学蚀刻腐蚀、过孔、铜箔处理及助焊、阻焊、测试等过程，最后完成零件的安装与焊接。

1. 胶片制版

（1）绘制底图

大多数的底图由设计者绘制，而 PCB 板生产厂家为了保证印制板加工的质量，要对这些底图进行检查、修改，不符合要求的，需要重新绘制。

（2）照相制版

用绘制好的制板底图照相制版，版面尺寸应与 PCB 板尺寸一致。PCB 照相制版过程与普通照相大体相同，可分为软片剪裁、曝光、显影、定影、水洗、干燥及修版。执行照相前应检查核对底图的正确性，特别是长时间放置的底图。

曝光前，应调好焦距，使双面板的相版应保持正反面照相的两次焦距一致；相版干燥后需要修版。

2. 图形转移

把相版上的 PCB 印制电路图形转移到覆铜板上，称为 PCB 图形转移。PCB 图形转移的方法很多，常用的有丝网漏印法和光化学法等。

（1）丝网漏印法

丝网漏印与油印机类似，就是在丝网上附一层漆膜或胶膜，然后按技术要求将印制电路图制成镂空图形。执行丝网漏印是一种古老的印制工艺，操作简单，成本低，可以通过手动、半自动或自动丝印机实现。手动丝网漏印的步骤为：

① 将覆铜板在底板上定位，印制材料放到固定丝网的框内。

② 用橡皮板刮压印料，使丝网与覆铜板直接接触，则在覆铜板上就形成组成的图形。

③ 然后烘干、修版。

（2）光学方法

① 直接感光法。其工艺过程为：覆铜板表面处理→涂感光胶→曝光→显影→固膜→修版。修版是蚀刻前必须要做的工作，可以把毛刺、断线、砂眼等进行修补。

② 光敏干膜法。工艺过程与直接感光法相同，只是不使用感光胶，而是用一种薄膜作为感光材料。这种薄膜由聚酯薄膜、感光胶膜和聚乙烯薄膜三层材料组成，感光胶膜夹在中间，使用时揭掉外层的保护膜，使用贴膜机把感光胶膜贴在覆铜板上。

3. 化学蚀刻

化学蚀刻是利用化学方法除去板上不需要的铜箔,留下组成图形的焊盘、印制导线及符号等。常用的蚀刻溶液有酸性氯化铜、碱性氯化铜、三氯化铁等。

4. 过孔与铜箔处理

(1)金属化孔

金属化孔就是把铜沉积在贯通两面导线或焊盘的孔壁上,使原来非金属的孔壁金属化,也称为沉铜。在双面和多层 PCB 板中,这是一道必不可少的工序。实际生产中要经过钻孔→去油→粗化→浸清洗液→孔壁活化→化学沉铜→电镀→加厚等一系列工艺过程才能完成。

金属化孔的质量对双面 PCB 板是至关重要的,因此必须对其进行检查,要求金属层均匀、完整,与铜箔连接可靠。在表面安装高密度板中,这种金属化孔采用盲孔方法(沉铜充满整个孔)来减小过孔所占面积,提高密度。

(2)金属涂覆

为了提高 PCB 板印制电路的导电性、可焊性、耐磨性、装饰性及延长 PCB 板的使用寿命,提高电气可靠性,往往在 PCB 板的铜箔上进行金属涂覆。常用的涂覆层材料有金、银和铅锡合金等。

5. 助焊与阻焊处理

PCB 板经表面金属涂覆后,根据不同需要可进行助焊或阻焊处理。涂助焊剂可提高可焊性;而在高密度铅锡合金板上,为使板面得到保护,确保焊接的准确性,可在板面上加阻焊剂,使焊盘裸露,其他部位均在阻焊层下。阻焊涂料分为热固化型和光固化型两种,色泽为深绿或浅绿色。

6. 测试

测试 PCB 板是否有短路或是断路的状况,可以使用光学或电子方式测试。光学方式采用扫描以找出各层的缺陷,电子测试则通常用飞针探测仪(Flying-Probe)来检查所有连接。电子测试在寻找短路或断路比较准确,不过光学测试可以更容易侦测到导体间不正确空隙的问题。

7. 零件安装与焊接

最后一步是安装与焊接各零件。无论是 THT 还是 SMT 零件,都利用机器设备来安装放置在 PCB 板上。

综上所述,要想设计出符合要求的印制板图,电子产品设计人员需要深入了解现代印刷电路板的一般工艺流程。

(1)单面印刷电路板的工艺流程

单面覆铜板→下料→刷洗、干燥→钻孔或冲孔→网印线路抗蚀刻图形或使用干膜→固化检查修板→蚀刻铜→去抗蚀印料、干燥→钻网印及冲压定位孔→刷洗、干燥→网印阻焊图形(常用绿油)、UV 固化→网印字符标记图形、UV 固化→预热、冲孔及外形→电气开、短路测试→刷洗、干燥→预涂助焊防氧化剂(干燥)或喷锡热风整平→检验包装→成品出厂。

(2)双面印刷电路板的工艺流程

双面覆铜板→下料→钻基准孔→数控钻导通孔→检验、去毛刺刷洗→化学镀(导通孔金属化)→检验刷洗→网印负性电路图形、固化(干膜或湿膜、曝光、显影)→检验、修板→线路图形电镀→电镀锡(抗蚀镍/金)→去印料(感光膜)→蚀刻铜→清洁刷洗→网印阻焊图形常用热固化绿油(贴感光干膜或湿膜、曝光、显影、热固化,常用感光热固化绿油)→清洗、干燥→网印

标记字符图形、固化→外形加工→清洗、干燥→电气通断检测→检验包装→成品出厂。

（3）贯通孔金属化法制造多层板工艺流程

内层覆铜板双面开料→刷洗→钻定位孔→贴光致抗蚀干膜或涂覆光致抗蚀剂→曝光→显影→蚀刻与去膜→内层粗化、去氧化→内层检查→（外层单面覆铜板线路制作、B阶黏结片、板材黏结片检查、钻定位孔）→层压→数控制钻孔→孔检查→孔前处理与化学镀铜→全板镀薄铜→镀层检查→贴光致耐电镀干膜或涂覆光致耐电镀剂→面层底板曝光→显影、修板→线路图形电镀→电镀锡铅合金或镍/金镀→去膜与蚀刻→检查→网印阻焊图形或光致阻焊图形→印制字符图形→数控洗外形→清洗、干燥→电气通断检测→成品检查→包装出厂。

5.6.2　PCB 制作印制电路板的手工制作

现代的电子产品都需要使用印制电路板。对于稍微复杂的印制电路板，必须由专业工厂采用机械化和自动化制作。但对于在实验室里进行简单的实习、实训或者参加电子设计大赛的学生来说，就显得不切合实际。因此就需要教会学生用简易的方法手工制作印制电路板。

根据所采用图形转移方法的不同，手工制板可分为漆图法、刀刻法、感光法及热转印法等。

1. 漆图法

（1）下料

① 把覆铜板锯成合适的大小和形状。

② 用锉刀将锯好的覆铜板四周边缘毛刺去掉。

③ 用细砂纸或少量去污粉去掉覆铜板表面的氧化物和灰尘等脏物。

④ 用清水洗净后，将板晾干或擦干。

（2）拓图

① 将复写纸覆盖在覆铜板上。

② 把设计好的印制板布线图放在复写纸上，有图的一面朝上。

③ 用胶布把电路图、复写纸和覆铜板粘牢。

④ 用硬质笔和刻度尺根据布线图进行复写，印制导线用单线，焊盘用圆点表示。

⑤ 仔细检查后再揭开复写纸。

（3）钻孔

① 根据元器件引脚大小和焊盘的大小选择合适的钻头。

② 利用微型电钻（或钻床）通电进行钻孔时，速度不宜过快，以免将铜箔钻出毛刺。

③ 如果是制作双面板，先用合适的钻头，将覆铜板和印制板布线图的定位孔钻透，以利于描反面连线时定位。

④ 如果是制作单面板，可以在腐蚀完后再进行钻孔。

（4）描板

① 准备好调和漆、涂改液或指甲油和直尺。

② 按复写图样描在电路板上，描图时应先描焊盘，再描印制导线。

③ 将描好的覆铜板晾干。

（5）腐蚀

① 用 $FeCl_3$ 粉末和 $40\sim50$ ℃的温水以 $1:2$ 的比例配制成三氯化铁溶液。

② 将检查修整好的覆铜板浸入腐蚀液中。

③ 完全腐蚀好后,用镊子取出覆铜板,再用清水进行冲洗。

(6)去膜

用热水浸泡的方法或用酒精(或丙酮)直接擦去漆膜,再用清水进行冲洗。

2. 刀刻法

刀刻法适用于简单的 PCB 板制作,具体方法如下:

先用整块的胶带把铜箔板全部贴上;然后用刀将铜箔划透,用镊子或钳子撕去不需要部分的铜箔。也可以用微型砂轮直接在铜箔上磨削出所需的图形。这种方法的特点是不用腐蚀,元件布局紧凑,分布参数小,花费时间少,也很容易制作;缺点是不太美观。刀刻法适合用于保留铜箔面积较大的电路图形,特别适于高频电路,效果很好。

3. 感光法

①通过打印机把绘制好的电路图形打印到胶片上,如果是打印双面板,设置顶层打印时需要镜像。

②把胶片覆盖在具有感光膜的覆铜板上,放进曝光箱里进行曝光,时间大约为 1 min,双面板两面需要分别进行曝光。

③曝光完毕,取出覆铜板放进显影液里显影,大约 30 s 后感光层被腐蚀掉并有墨绿色的雾状漂浮物。显影后,可以清晰地看见线路部分圆滑饱满,非线路部分是金黄色铜箔。

④把覆铜板放进清水里进行冲洗,擦干。

⑤把覆铜板放进三氯化铁溶液里进行腐蚀。等非线路部分腐蚀完后,用镊子把覆铜板放进清水里再次进行冲洗。

⑥对覆铜板进行钻孔或沉铜。

4. 热转印法

①用电子线路 CAD 软件绘制好印制电路板图。

②用激光打印机把电路图打印在热转印纸上。

③用细砂纸将覆铜板打磨干净,将热转印纸覆盖在覆铜板上,送入制板机(温度控制在 180~200 ℃)进行转印,使熔化的墨粉完全吸附在覆铜板上;也可以用电熨斗来回熨烫几次,同样能达到转印的效果。

④覆铜板冷却后揭去热转印纸,放到三氯化铁腐蚀液中进行腐蚀。腐蚀后进行清洗和钻孔,整个过程完成。

5.6.3　PCB 手工制作实训

1. 实验目的

①熟悉 PCB 手工制作常用方法与步骤。

②学会快速制板设备的使用方法。

③掌握 PCB 的打印技巧。

④掌握热转印法制作 PCB 的步骤。

2. 实验设备与器材准备

①快速制板机一台。

②快速腐蚀机一台。

③热转印纸若干。

④覆铜板一张。

⑤三氯化铁若干。

⑥激光打印机一台。

⑦计算机一台。

⑧微型电钻一台。

3. 实验步骤

①PCB 图的打印方法。

②覆铜板的下料与处理。

③PCB 图的转帖处理。

④PCB 图的转印。

⑤转印 PCB 图的处理。

⑥$FeCl_3$溶液的配制。

⑦PCB 板的腐蚀。

⑧PCB 板的打孔。

4. 实训报告

第6章　装配与调试工艺

6.1　电子设备组装工艺

6.1.1　电子设备组装的内容和方法

1. 组装内容和组装级别

电子设备的组装是将各种电子元器件、机电元件及结构件,按照设计要求,装接在规定的位置上,组成具有一定功能的完整的电子产品的过程。组装内容主要有:单元的划分及元器件的布局;各种元件;部件、结构件的安装;整机联装等。在组装过程中,根据组装单位的大小、尺寸、复杂程度和特点的不同,将电子设备的组装分成不同的等级,称之为电子设备的组装级。

组装级别分为:

(1)第一级组装

一般称为元件级,是最低的组装级别,其特点是结构不可分割。第一级组装通常指通用电路元件、分立元件及其按需要构成的组件、集成电路组件等。

(2)第二级组装

第二级组装一般称为插件级,用于组装和互连第一级元器件。例如,装有元器件的印制电路板或插件等。

(3)第三级组装

第三级组装一般称为底板级或插箱级,用于安装和互连第二级组装的插件或印制电路板部件。

(4)第四级组装

第四级组装一般称为箱、柜级或系统级,主要逼过电缆及连接器互连第二、三级组装,并以电源馈线构成独立的有一定功能的仪器或设备。若对于系统级,功能设备不在同一地点,则须用传输线或其他方式连接。

组装级别示意图如图6.1所示。

整机装配的一般原则是:先轻后重,先小后大,先铆后装,先装后焊,先里后外,先下后上,先平后高,易碎易损坏后装,上道工序不得影响下道工序。

这里需要说明的是:①在不同的等级上进行组装时,构件的含义会改变。例如,组装印制电路板时,电阻器、电容器、晶体管等元器件是组装构件;而组装设备的底板时,印制电路板则为组装构件。②对于某个具体的电子设备,不一定各组装级都具备,而是要根据具体情况来考虑应用到哪一级。

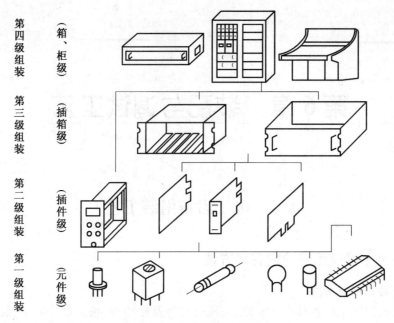

第四级组装 （箱、柜级）

第三级组装 （插箱级）

第二级组装 （插件级）

第一级组装 （元件级）

图6.1　组装级别示意图

2. 组装的特点及方法

电子设备的组装,在电气上是以印制电路板为支承主体的电子元器件的电路连接,在结构上是以组成产品的金属硬件和模型壳体,通过紧固零件或其他方法,由内到外按一定的顺序安装。电子产品属于技术密集型产品,组装电子产品的主要特点如下:

①组装工作由多种基本技术构成,如元器件的筛选与引线成形技术、线材加工处理技术、焊接技术、安装技术、质量检验技术等。

②装配操作质量,在很多情况下都难以进行定量分析,如焊接质量的好坏,通常以目测判断,刻度盘、旋钮等的装配质量多以手感鉴定等。因此,掌握正确的安装操作方法是十分必要的,切勿养成随心所欲的操作习惯。

③进行装配工作的人员必须进行训练和挑选,经考核合格后持证上岗,否则,由于知识缺乏和技术水平不高,就可能生产出次品,而一旦混进次品,就不可能百分之百地被检查出来,产品质量就没有保证。

3. 组装的分类

组装工序在生产过程中要占去大量时间。装配时对于给定的生产条件须研究几种可能的方案并选取其中最佳方案。目前,电子设备的组装从原理上可分为如下几种。

(1)部件功能法

将电子设备的一部分放在一个完整的结构部件内。该部件能完成变换或形成信号的局部任务(某种功能),从而得到在功能上和结构上都已完整的部件,便于生产和维护。按照用一个部件或一个组件来完成设备的一组既定功能的规模,称这种方法为部件功能法或组件功能法。不同的功能部件(接收机、发射机、存储器、译码器、显示器)有不同的结构外形、体积、安装尺寸和连接尺寸,很难作出统一的规定。这种方法将降低整个设备的组装密度。此方法广泛用在采用电真空器件的设备上,也适用于以分立元件为主的产品或终端功能部件上。

（2）组件功能法

组件功能法指制造出一些在外形尺寸和安装尺寸上都统一的部件，这时部件的功能完整性退居到次要地位。这种方法广泛用于统一电气安装工作中，并可大大提高安装密度。根据实际需要，组件功能法又可分为平面组件法和分层组件法，大多用于组装以集成器件为主的设备。规范化所带来的副作用是允许在功能和结构上有某些余量（因为元件的尺寸减小了）。

（3）功能组件法

功能组件法是兼顾功能法和组件法的特点，制造出既保证功能完整性，又有规范化的结构尺寸的组件。微型电路的发展导致组装密度进一步增大，并可能有更大的结构余量和功能余量。因此，对微型电路进行结构设计时，要同时遵从功能原理和组件原理的原则。

6.1.2　组装工艺技术的发展

组装工艺技术的发展与电子元器件、材料的发展密切相关，每当出现一种新型电子元器件并得到应用时，就必然促进组装工艺技术有新的进展，其发展过程大致可分为五个阶段，见表6.1。

表 6.1　组装工艺发展进程

	元器件	布　线	焊接材料	连接工艺	测　试
第一阶段	电子管、大型元器件	电线、电缆手工布线	锡铅焊料、松香焊剂	电烙铁手工焊接，手工连接	通用仪器仪表人工测试
第二阶段	半导体、晶体管、小型和大型元件	单双面印制电路板布线	锡铅焊料、活性松香焊剂	手工插装，半自动插装，手工焊接，浸焊	通用仪器仪表人工测试
第三阶段	中、小规模集成电路，半导体、晶体管，小型元件	双面和多层印制电路板布线	锡铅焊料、膏状焊料、活性焊剂	自动插装、波峰焊和再流焊	数字式仪表，在线测试仪自动测试
第四阶段	大规模集成电路，表面安装元件	高密度印制电路板，挠性印制电路板布线	膏状焊料	机械手插装和自动贴装，再流焊	智能式仪表，在线测试和计算机辅助测试
第五阶段	超大规模集成电路，复合表面安装元件	高密度印制电路板布线，元器件和基板一体化	膏状焊料	再流焊、微电子焊接	计算机辅助测试

6.1.3　整机装配工艺过程

整机装配的工序因设备的种类、规模不同，其构成也有所不同，但基本工序并没有什么变化。据此就可以制订出制造电子设备最有效的工序。一般整机组装的工艺过程如图6.2所示。由于产品的复杂程度、设备场地条件、生产数量、技术力量及工人操作技术水平等情况的不同，生产的组织形式和工序也要根据实际情况有所变化。例如，样机生产可按图6.2所示的主要工序直接进行。若大批量生产，印制板装配、机座装配及线束加工等几个工序可并列进

行,后几道工序则可直列进行,重要的是要根据生产人数和装配人员的技术水平来编制最有利于现场指导的工序。

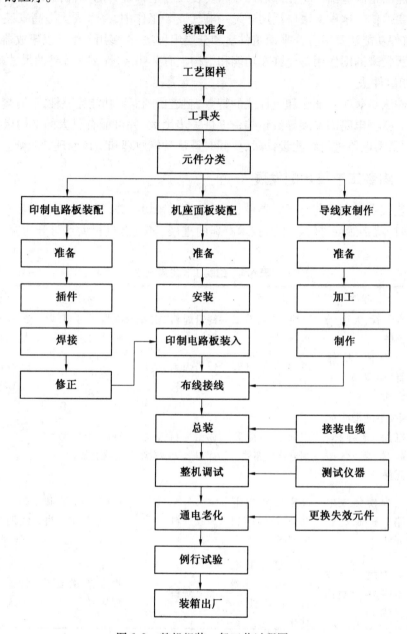

图6.2　整机组装一般工艺过程图

6.2　印制电路板的插装工艺

6.2.1　印制电路板装配工艺

通常我们把没有装载元件的印制电路板称为印制基板。印制基板的两面分别称为元件面和焊接面。元件面安装元件,元件的引脚通过基板的通孔,在焊接面的焊盘处通过焊接把线路连接起来。

　　电子元器件种类繁多,外形不同,引脚也多种多样,所以印制板的组装方法也就有差异,必须根据产品结构的特点、装配密度以及产品的使用方法和要求来决定。元器件装配到基板之前,一般都要进行加工处理,然后进行插装。良好的成形及插装工艺,不但能使机器性能稳定、防震、减少损坏等,而且还能得到机内整齐美观的效果。

1. 元器件引线成形

　　元器件装配到印制电路板之前,一般都要进行加工处理,然后进行插装,良好的成形及插装工艺,不但能使机器具有性能稳定、防震、减少损坏等优点,而且能得到机内元器件布局整齐、美观的效果。

　　(1)预加工处理

　　元器件引线在成形前必须进行加工处理。这是由于元器件引线的可焊性虽然在制造时就有这方面的技术要求,但因生产工艺的限制,加上包装、储存和运输等中间环节时间较长,在引线表面产生氧化膜,使引线的可焊性严重下降。引线的再处理主要包括引线的校直、表面清洁及上锡三个步骤,要求引线处理后,不允许有伤痕,镀锡层均匀,表面光滑,无毛刺和残留物。

　　(2)引线成形的基本要求

　　引线成形工艺就是根据焊点之间的距离,做成需要的形状。其目的是使它能迅速而准确地插入孔内。基本要求如下:

　　①元件引线开始弯曲处,离元件端面的最小距离应不小于 2 mm。

　　②弯曲半径不应小于引线直径的两倍。

　　③怕热元件要求引线增长,成形时应绕环。

　　④元件标称值应处于在便于查看的位置。

　　⑤成形后不允许有机械损伤。

　　引线成形的基本要求如图 6.3 所示,$A \geq 2$ mm;$R \leq 2d$。图 6.3(a)中,h 为 0 ~ 2 mm,图 6.3 (b)中,$h \geq 2$ mm;$C = np$(p 为印制电路板坐标网格尺寸,n 为正整数)。

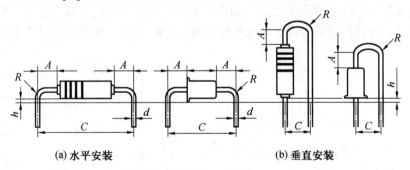

(a)水平安装　　　　　　　　　　　(b)垂直安装

图 6.3　引线成形的基本要求

　　(3)成形方法

　　为保证引线成形的质量和一致性,应使用专用工具和成形模具。成形工序因生产方式不同而不同。在自动化程度高的工厂,成形工序是在流水线上自动完成的。在没有专用工具或加工少量元器件时,可采用手工成形,使用平口钳、尖嘴钳、镊子等一般工具。有些元器件的引出脚需要修剪成形。由长到短按顺序对孔插入,如图 6.4 所示。

2.元器件的安装

元器件的安装方法有手工安装和机械安装,前者简单易行,但效率低,误装率高。而后者安装速度快,误装率低,但设备成本高,引线成形要求严格。

(1)元器件的安装形式

元器件按照形式一般有以下几种:

①贴板安装。贴板安装方法如图6.5所示,它适用于防震要求高的产品。元器件贴紧印制基板面,安装间隙小于1 mm。当元器件为金属外壳,安装面又有印制导线时,应加绝缘衬垫或套绝缘套管。

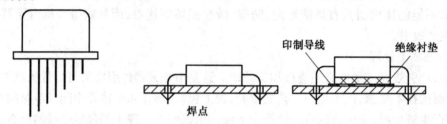

图6.4 多引脚修剪成形   图6.5 贴板安装

②悬空安装。安装方法如图6.6所示,它适用于发热元件的安装。元器件距印制基板面有一定高度,安装距离一般在3~8 mm范围内,以利于对流散热。

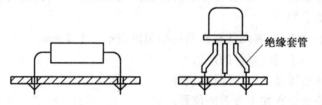

图6.6 悬空安装

③垂直安装。垂直安装方法如图6.7所示,它适用于安装密度较高的场合。元器件垂直于印制基板面,但对质量大引线细的元器件不宜采用这种方法。

④埋头安装(倒装)。埋头安装方法如图6.8所示。这种方式可提高元器件的防震能力,降低安装高度。元器件的壳体埋于印制基板的嵌入孔内,因此又称为嵌入式安装。

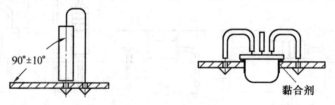

图6.7垂直安装   图6.8 埋头安装

⑤有高度限制时的安装。有高度限制时的安装方法如图6.9所示。元器件安装高度的限制,一般在图纸上是标明的,通常处理的方法是垂直插入后,再朝水平方向弯曲。对大型元器件要特殊处理,以保证有足够的机械强度,经得起振动和冲击。

⑥支架固定安装。支架固定安装方法如图6.10所示。这种方法适用于质量较大的元件,如小型继电器、变压器、阻流圈等,一般用金属支架在印制基板上将元件固定。

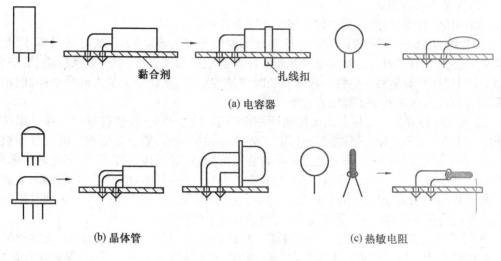

(a) 电容器

(b) 晶体管

(c) 热敏电阻

图 6.9　有高度限制的安装

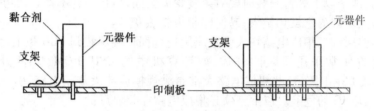

图 6.10　支架固定安装

（2）元器件的安装原则

①元器件装配的顺序。先低后高，先小后大，先轻后重，先不怕热后怕热。

②元器件装配的方向。电子元器件的标记和色码部位应朝上，以便于辨认；水平装配元器件的数值读法应保证从左到右，竖直装配元器件的数值读法则应保证从下到上。

③元器件的间距。在印制电路板上的元器件之间的距离不能小于 1 mm；引线间距要大于 2 mm，必要时，要给引线套上绝缘套管。对水平装配的元器件，应使元器件贴在印制电路板上，元器件离印制电路板的距离要保持在 0.5 mm 左右；对竖直装配的元器件，元器件离印制电路板的距离应在 3～5 mm。元器件的装配位置要求上下、水平、垂直和对称，要做到美观、整齐，同一类元器件高低应一致。

④元器件的引线处理。元器件插好后，其引线的外形处理有弯头的、切断成形等方法，要根据要求处理好，所有弯脚的弯折方向都应与铜箔走线方向相同，如图 6.11（a）所示。图 6.11（b）、（c）则应根据实际情况处理。

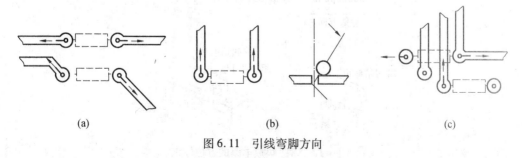

(a)　　　　　　　　　　　(b)　　　　　　　　　　　(c)

图 6.11　引线弯脚方向

（3）典型零部件安装

印制电路板上典型的元器件的安装包括以下几种：

① 瓷件、胶木件、塑料件的安装。这类零部件的特点是强度低，安装时易损坏，因此要选择合适衬垫并注意紧固力。安装瓷件和胶木件时要在接触位置加软垫，如橡胶垫、纸垫、软铝垫，决不可使用弹簧垫圈。塑料件较软安装时容易变形，应在螺钉上加大外径垫圈，使用自攻螺钉时螺钉旋入深度不小于螺钉直径的 2 倍。

② 面板零件安装。面板上调节控制所用电位器、波段开关、按插件等通常都是螺纹安装结构。安装时，一要选用合适的防松垫圈，二要注意保护面板，防止紧固螺钉时划伤面板。安装二极管时，除注意极性外，还要注意外壳封装，特别是玻璃壳体易碎，引线弯曲时易爆裂，在安装时可将引线先绕 1~2 圈再装，对于大电流二极管，有的则将引线体当做散热器，故必须根据二极管规格中的要求决定引线的长度，也不宜把引线套上绝缘套管。为了区别晶体管的电极和电解电容的正负端，一般是在安装时，加带有颜色的套管区别。

③ 功率器件组装。功率器件工作时要发热，依靠散热器将热量散发出去，安装质量对传热效率关系重大。以下三点是安装要点：器件和散热器接触面要清洁平整，保证接触良好；接触面上加硅脂；两个以上螺钉安装时要对角线轮流紧固，防止贴合不良。大功率晶体管一般不宜装在印制板上。因为它发热量大，易使印制板受热变形。

④集成电路插装。集成电路在大多数应用场合都直接焊装到 PCB 板上，但不少产品为调整、升级、维修方便常采用插装的方式，如计算机中的 CPU、ROM、RAM 及工控产品中的 EPROM、CPU 及 I/O 电路，这些集成电路大都是大规模或超大规模电路，引线较多，插装时稍有不慎，就有损坏 IC 的危险。以下三项是集成电路插装要点：

a. 防静电。大规模 IC 大都采用 CMOS 工艺，属电荷敏感器件，而人体所带静电有时可高达千伏。标准工作环境应用防静电系统。一般情况下也尽可能使用工具夹持 IC，而且通过触摸大件金属体（如水管、机箱等）方式释放静电。

b. 对方位。无论何种 IC 插入时都有方位问题，通常 IC 插座及 IC 片子本身都有明确的定位标识，但有些封装定位标识不明显，须查阅说明书，常见集成电路的方位标识如图 6.12 所示。

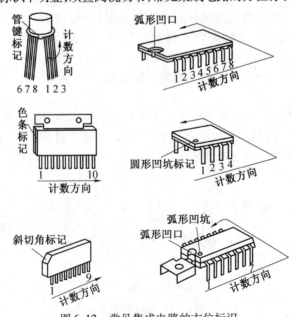

图 6.12　常见集成电路的方位标识

c.均衡施力。对准方位后要仔细让每一引线都与插座一一对应,之后均匀施力将 IC 插入。此外还要注意:对 DIP 封装 IC,一般新器件引线间距都大于插座间距,可用平口钳或手持在金属平面上仔细校正;对 PCA 型 IC,现在有零插拔力插座,通过插座上夹紧机构容易使引线加紧和松开。

6.2.2 印制电路板组装工艺流程

1. 手工方式

①在产品的样机试制阶段或小批量试生产时,印制电路板装配主要靠手工操作,即操作者把散装的元器件逐个装接到印制电路板上。操作顺序是:待装元件→引线整形→插件→调整位置→剪切引线→固定位置→焊接→检验。按这种操作方式,每个操作者要从头装到结束,效率低,而且容易出差错。

②对于设计稳定、大批量生产的产品,印制电路板装配工作量大,宜采用流水线装配,这种方式可大大提高生产效率,减小差错,提高产品合格率。目前大多数电子产品(如电视机、收录机等)的生产大都采用印制电路板插件流水线的方式。

a.流水线装配的原理。流水线操作是把一次复杂的工作分成若干道简单的工序,每个操作者在规定的时间内完成指定的工作量(一般限定每人约六个元器件插装的工作量)。在划分工序时注意每道工序所用的时间要相等,这个时间就称为流水线的节拍。装配的印制电路板在流水线上一般都是用传送带移动。

b.传送带运动方式。传送带运动方式通常有两种:一种是间歇运动(即定时运动),另一种是连续匀速运动,每个操作者必须严格按照规定的节拍进行。完成一种印制电路板的操作和工序的划分,要根据其复杂程度、日产量或班产量以及操作者人数等因素确定。

c.流水线装配流程。一般工艺流程是每拍元件(约六个):插入→全部元器件插入→一次性切割引线→一次性锡焊→检查。

2. 自动装配工艺流程

手工装配虽然可以不受各种限制,灵活方便,广泛应用于各道工序或各种场合,但其速度慢、易出差错、效率低,不适应现代化大批量生产的需要。尤其是对于设计稳定,产量大和装配工作量大而元器件又无需选配的产品,宜采用自动装配方式。自动装配一般使用自动或半自动插件机和自动定位机等设备。先进的自动装配机每小时可装一万多个元器件,效率高,节省劳力,产品合格率也大大提高。

自动装配和手工装配的过程基本相同。通常都是从印制基板上逐一添装元器件,构成一个完整的印制电路板。所不同的是,自动装配要求限定元器件的供料形式,整个插装过程由自动装配机完成。

（1）自动插装工艺流程

自动插装工艺流程框图如图 6.13 所示。经过处理的元器件装在专用的传输带上,间断地向前移动,保证每一次有一个元器件进到自动装配机的装插头的夹具里,插装机自动完成切断引线、引线成形、移至基板、插入、弯角等动作,并发出插装完毕的信号,使所有装配回到原来位置,准备装配第二个元件。印制基板靠传送带自动送到另一个装配工序,装配其他元器件。当元器件全部插装完毕即自动进入波峰焊接的传送带。

印制电路板的自动传送、插装、焊接、检测等工序,都用电子计算机进行程序控制。首先根

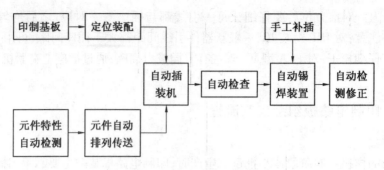

图 6.13 自动控制插装工艺流程

据印制电路板的尺寸、孔距,元器件的尺寸和在板上的相对位置等,确定可插装元器件和选定装配的最好途径,编写程序,然后再把这些程序送入编程机的存储器中,由计算机自动控制完成上述工艺流程。

（2）自动装配对元器件的工艺要求

自动插装是在自动装配机上完成的,对元器件装配的一系列工艺措施都必须适合于自动装配的一些特殊要求,并不是所有的元器件都可以进行自动装配,在这里最重要的是采用标准元器件和尺寸。

对于被装配的元器件,要求它们的形状和尺寸尽量简单一致,方向易于识别,有互换性等。另外,还有一个元器件的取向问题。即元器件在印制电路板什么方向取向,对于手工装配没有限制,也没有根本差别。但在自动装配中,则要求沿着 X 轴或 Y 轴取向,最佳设计要指定所有元器件只在一个轴上取向（至多排列在两个方向）。若想要机器达到最大的有效插装速度,就要有一个最好的元器件排列方式。元器件引线的孔距和相邻元器件引线孔之间的距离也都应标准化,并尽量相同。

6.3 导线与电缆加工

6.3.1 绝缘导线加工工艺

绝缘导线的加工过程可分为剪裁、剥头、捻头（指多股芯线）、浸锡和清洁等。正确的导线线头加工,可提高安装工作的效率,并改善产品焊接质量。

（1）剪线

绝缘导线在加工时,应先剪长导线,后剪短导线,这样可不浪费线材。手工剪切绝缘导线时要先拉直再剪,细裸铜导线可用人工拉直再剪。剪线要按工艺文件的导线加工表所规定的要求进行,长度要符合公差要求,而且不允许损坏绝缘层。如无特殊公差要求,则可按表 6.2 所示选择长度公差。

表 6.2 导线长度公差

长度/mm	50	50 ~ 100	100 ~ 200	200 ~ 500	500 ~ 1 000	1 000 以上
公差/mm	3	5	+5 ~ +10	+10 ~ +15	+15 ~ +20	30

（2）剥头

剥头是把绝缘线两端各去掉一段绝缘层,而露出芯线的过程。端头绝缘层的剥离方法有两种:一种是刃截法,另一种是热截法。刃截法简单但容易损伤导线。热截法的优点是剥头好,不会损伤导线。使用剥头钳(图6.14)时要对准所需要的剥头距离,选择与芯线粗细相配的钳口。蜡克线、塑胶线可用电剥头器剥头。剥头长度应符合工艺文件(导线加工表)的要求。无特殊要求时,如果芯线截面积小于1,则剥头长度应在8～10 mm 范围内;如果芯线截面积在 1.1～2.5 mm^2 则剥头长度应在 10～14 mm,如图6.15(a)所示。

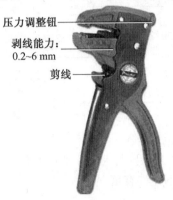

压力调整钮

剥线能力:
0.2~6 mm

剪线

图 6.14 剥线钳实物图

(3)捻头

多股芯线经过剥头以后,芯线可能松散,须进行捻头处理。如不进行捻头处理,则线头散乱,线头直径变得比原导线粗,并带有毛刺,易造成焊盘或导线间短接,并有可能不能穿过焊孔或接触不良。捻线时用力不宜过猛,以免细线捻断。捻线角度一般为30°～45°,如图6.15(b)所示。捻线可采用捻头机或用手工捻头。

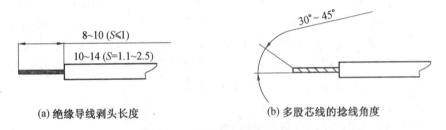

8~10 (S≤1)

10~14 (S=1.1~2.5)

30°～45°

(a) 绝缘导线剥头长度

(b) 多股芯线的捻线角度

图 6.15 导线剥头与捻头

(4)浸锡

将捻好的导线端头浸锡的目的在于防止氧化,以提高焊接质量。浸锡有锡锅浸锡和电烙铁上锡两种方法。

(5)清洁

浸(搪)好锡的导线端头有时会留有焊料或焊剂的残渣,应及时清除,否则会给焊接带来不良后果。清洗液可选用酒精。不允许用机械方法刮擦,以免损伤芯线。当然,对于要求不高的产品可以不进行清洗。

6.3.2 屏蔽线加工工艺

为了防止因导线电场或磁场的干扰而影响电路正常工作,可在导线外加上金属屏蔽层,这样就构成了屏蔽导线。屏蔽导线端头外露长度直接影响到屏蔽效果,因此对屏蔽导线加工必

须按工艺文件执行。

1. 屏蔽导线端头去屏蔽层长度

屏蔽导线的屏蔽层到绝缘层端头的距离应根据导线工作电压而定,一般可按表6.3选用。

表6.3 屏蔽导线端头去屏蔽层长度

工作电压值 U/V	去除长度 L/m	图例:
600 以下	10 ~ 20	
600 ~ 3 000	20 ~ 30	
3 000 ~ 10 000	30 ~ 50	

2. 屏蔽导线端头处理方法

(1)导线的剪裁和外绝缘层的剥离

用剥线钳或斜口钳(图6.16)剪下规定尺寸的屏蔽线。导线长度只允许5% ~10%的正误差,不允许有负误差。

(2)剥去端部外绝缘护套

热剥法指在需要剥去外护套的地方,用热控剥皮器烫一圈,深度直达铜编织层,再顺着断裂圈到端口烫一条槽,深度也要达到铜编织层。再用尖嘴钳或医用镊子夹持外护套,撕下外绝缘护套。

图6.16 斜口钳实物图

(3)铜编织套的加工

对绝缘层有棉织蜡克层或塑胶层的屏蔽线,先剪去适当长度的屏蔽层,在屏蔽层下面缠黄蜡绸布2~3层(或用适当直径的玻璃纤维套管),再用直径为0.5~0.8 mm的镀银铜线密绕在屏蔽层端头,宽度为2~6 mm,然后用电烙铁将绕好的铜线焊在一起,焊接时间要快,以免烫伤绝缘层。空绕一圈,并留出一定的长度作接地线。最后套上收缩套管。如需屏蔽层不接地的情况,可先将编织套推成球状后用剪刀剪去,仔细修剪干净即可。若是要求较高的场合,则在剪去编织套后,将剩余的编织线翻过来,再套上收缩性套管。

(4)绑扎护套端头

对于多根芯线的电缆线(或屏蔽电缆线)的端口必须绑扎。

(5)芯线加工

屏蔽导线的芯线加工过程基本与绝缘导线的加工方法一样。但要注意的是,屏蔽线的芯线大多采用很细的铜丝做成,切忌用刀截法剥头,而应采用热截法。捻头时不要用力过猛。

(6)浸锡

浸锡操作过程同绝缘导线浸锡相同。在浸锡时,要用尖嘴钳夹持离端头5 ~10 mm的地方,防止焊锡渗透距离过长而形成硬结。

屏蔽导线端头处理过程如图6.17所示。

3. 屏蔽层中间抽头方法

屏蔽层中间抽头过程如图6.18所示。先用划针在屏蔽层的适当位置拨开一小槽,用镊子(或穿针)抽出绝缘线,把屏蔽层拧紧,并在屏蔽层端部浸锡。注意:浸锡时应用尖嘴钳夹持,不让锡渗冷却而形成硬结。

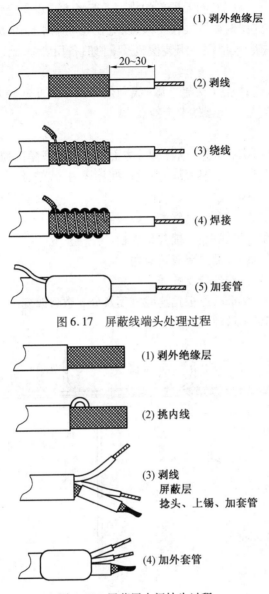

图 6.17　屏蔽线端头处理过程

图 6.18　屏蔽层中间抽头过程

6.3.3　导线的走线及安装

生产电子产品时,为得到有一定强度和焊接质量的焊接点,在焊接前都要进行可靠的连接。由于各类产品的结构形式与使用要求的不同,焊接前各种连接点的结构及外形又有很大的差异,所以被焊接在这些接点上的元器件安装方法是不相同的。

1.走线

(1)走线原则

走线原则:以最短距离连线;直角连线;平面连线;导线的根部不能受力,并且要顺着接线端子的方向走线;焊接后再改变走线方向会使导线从根部折弯,造成导线断线。这些原则有相互矛盾的地方,在坚持原则的情况下,可根据具体情况灵活掌握。另外,对于走线来说,并不是光靠连线就可以解决的,必须把它同元器件的排列一起考虑。以最短距离连线,是解决交流声和噪声的重要手段,但在连线时则需要松一些,以免在拉动端子时导线的细弱处受力被扯断。此外,导线要留有充分的余量,以便在组装检验及维修时备用。

(2)走线要领

走线要领:沿接地线走;电源(交流电源)线和信号线不要平行;接地点集中在一起;不要形成环路;离开发热体;不能在元器件上走线。

2.扎线

所谓扎线,就是把导线捆扎起来,这样做一方面可以将连线整齐地归纳在一起,少占空间,另一方面也有利于稳定质量。扎线用品一般包括捆扎线、扎线带、线卡等。

扎线要领:

①要求线端留有一定的长度,应从线端开始线。

②不能将力量集中在一根线上;不能扎得太松。

③走线的外观应排列整齐,而且要有棱有角。

④要求防止连线错误时,按各分支扎线。

⑤扎线的间距标准为 50 mm,可根据连线密度及分支数量改变。

扎线示意图如图 6.19 所示。

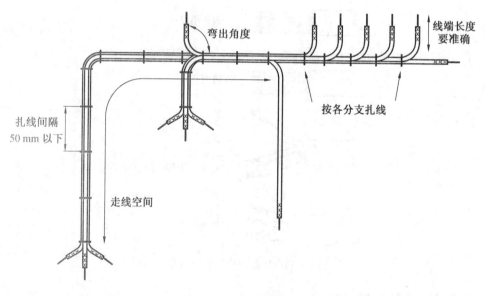

图 6.19　扎线示意图

3.导线的安装

(1)导线同接线端子的连接

①绕焊。把经过上锡的导线端头在接线端子上缠上一圈,用钳子拉紧缠牢后进行焊接,如图 6.20(a)、(b)所示。注意:导线一定要紧贴端子,一般 $L = 1 \sim 3$ mm 为宜。该连接可靠性好。

②钩焊。把经过上锡的导线端头弯成钩形,钩在接线端子上并用钳子夹紧后施焊,如图 6.20(c)所示。端头处理与绕焊相同,这种方法强度低于绕焊,但操作简便。

③搭焊。把经过上锡的导线端头搭在接线端子上施焊,如图 6.20(d)所示。这种连接最

方便,但强度、可靠性最差,仅用于临时连接或不便于缠与钩的地方及某些接插件上。

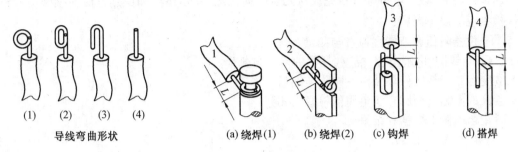

| (1) | (2) | (3) | (4) | | (a) 绕焊(1) | (b) 绕焊(2) | (c) 钩焊 | (d) 搭焊 |

导线弯曲形状

图6.20　导线同端子连接

(2)导线与导线的连接

导线与导线之间的连接以缠绕为主,如图6.21所示。

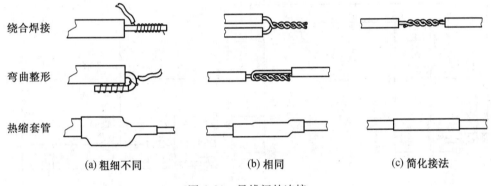

绕合焊接

弯曲整形

热缩套管

(a) 粗细不同　　　　　　(b) 相同　　　　　　(c) 简化接法

图6.21　导线间的连接

6.3.4　技能实训——电调谐FM收音机电路组装

1.实训目的

①能应用PCB焊接技能与技巧。

②熟练加工和安装元器件。

③掌握组装电调谐FM收音机的PCB板。

2.实训器材

①电烙铁一把,烙铁架一个;

②剪刀一把;

③万用表一台;

④焊锡若干;

⑤镊子一个;

⑥电调谐FM收音机组装所需元器件及PCB板一套。

3.实训内容

(1)元器件的分类

电调谐FM收音机共有六类元器件,分别为电阻类、电容器类、电感器类、二极管类、晶体管类和扬声器。

（2）元器件检测

通过万用表、数字电桥等设备完成对元器件的检测，具体检测和识别方法请参阅第3章。元件检测包括以下内容：

①电位器阻值调节特性检查与测量。

②LED、线圈、电解电容、插座、开关的检查与测量。

③变容二极管的好坏及极性检查与测量。

④集成电路各引脚直流电阻的检查与测量。

⑤记录检测的数据和结果。

（3）熟悉PCB元器件的位置

根据电路原理图和PCB元件的分布图，熟悉各元件在印制电路板上的安装位置。

电调谐微型FM收音机原理图如图6.22所示。该电路图由输入回路、本振调谐电路、中频放大电路、限幅与鉴频电路、耳机放大电路等部分组成。

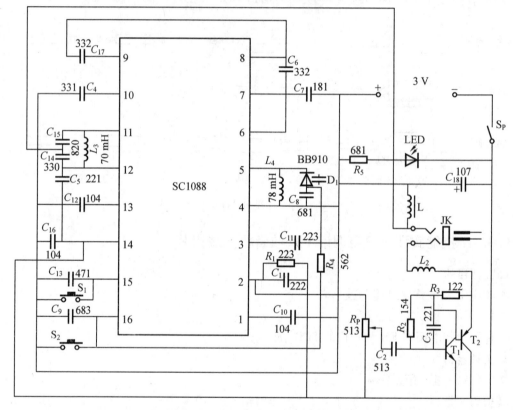

图6.22　电调谐微型FM收音机原理图

电路的核心是单片收音机集成电路SC1088。它采用特殊的低中频（70 kHz）技术，外围电路省去了中频变压器和陶瓷滤波器，使电路简单可靠，调试方便。电路中1脚的C_{10}为静噪电容，3脚的C_{11}为AF（音频）环路滤波电容，6脚的C_6为中频反馈电容，7脚的C_7为低通电容，8脚与9脚之间的电容C_{17}为中频耦合电容，10脚的C_4为限幅器的低通电容，13脚的C_{12}为中限幅器失调电压电容，C_{13}为滤波电容。

（4）元器件整形与焊接

按照元器件的安装原则先低后高、先小后大、先轻后重的插装顺序进行插装，插装时注意以下几点要求：

①瓷介电容器的整形、安装与焊接。所有瓷介电容器均采用立式安装，高度距离印制电路板为 2 mm；由于无极性，所以标称值应处于便于识读的位置上；在插装时由于外形都一样，所以参数值应选取正确。

②晶体管的整形、安装与焊接。所有晶体管均采用立式安装，其高度距离印制电路板 2 mm；注意极性，在插装时，要求与印制电路板上所标极性进行一一对应；焊接时要注意引脚间出现桥连的现象。

③电阻器、二极管的整形、安装与焊接。所有电阻器和二极管均采用立式安装，高度距离印制电路板 2 mm；插装时，要清楚各个电阻的参数值，且只读方向应从上至下，二极管应注意极性；焊接二极管时要迅速，以免损坏二极管的玻璃封装。

④电解电容器的整形、安装与焊接。电解电容器应采用立式紧贴安装，在安装时要注意其极性。

⑤振荡线圈与中周的整形、安装与焊接。安装前应先将引脚上的氧化物刮除；振荡线圈与中周在外形上近似，安装时注意区分；所有线圈均采用贴紧安装，且焊接要迅速，以免损坏线圈。

⑥注意 SC1088 集成块的方位标识正确插装。

⑦焊接时按照标准焊接方法进行操作，焊接电源连接线 J_3、J_4，注意正负连线的颜色。

（5）成品 PCB 整体检查

①首先应检查 PCB 成品板上焊接点是否有漏焊、假焊、虚焊、桥连等现象。

②然后检查 PCB 成品板上的元器件是否有漏装，有极性的元器件是否有错装引脚，尤其对二极管、晶体管、电解电容等器件要仔细核查。

4. 实训报告

①元器件识别和检测情况。自拟表格，列出元器件清单，记录对各元器件的检测情况。

②总结组装过程中的技术要领和心得。

6.4　连接和整机总装工艺

6.4.1　连接工艺

电气连接是实现电子产品电通路的纽带。电气连接的基本要求是牢固可靠、不损伤元器件、零部件或材料、避免碰坏元器件或零部件涂覆层，不破坏元器件的绝缘性能，连接的位置要正确。目前，主要的连接方式包括印制导线连接、导线和电缆连接以及其他电导体连接等。

印制板焊盘上的元器件大多采用印制导线进行连接。然而印制板的支承力和面积有限，对体积过大、质量过重以及有特殊要求的元器件，则不能采用这种方式。对于印制板焊盘以外连接需求包括元器件与元器件、元器件与印制板、印制板与印制板之间的电气连接，均采用导线与电缆的连接方式。在印制板上的飞线和有特殊要求的信号线等，也采用导线或电缆进行连接。导线、电缆的连接种类很多，通常包括焊接、压接、绕接、胶接、螺纹连接等。

焊接装配方法主要应用于元器件和印制板之间的连接、导线和印制板之间的连接以及印制板与印制板之间的连接。其优点是：电性能良好、机械强度较高、结构紧凑；缺点是可拆性较差。第4章对焊接技术进行了详细的介绍,这里不作赘述。下面主要介绍压接、绕接、胶接和螺纹连接的工艺过程。

1. 压接

　　压接分为冷压接与热压接两种,目前冷压接使用较多。压接是借助较高的挤压力和金属位移,使连接器触脚或端子与导线实现连接。压接使用的工具是压接钳,如图6.23所示。将导线端头放入压接触脚或端头焊片中用力压紧即获得可靠的连接。压接触脚和焊片是专门用来连接导线的器件,有多种规格可供选择(图6.24),相应的也有多种专用的压接钳。压接的操作过程如图6.25所示。

　　压接技术的特点是:操作简便,适应各种环境场合,成本

图6.23　压接钳图

(a)环圈式　　(b)扁铲式　　(c)折边　　　　(d)对接式　　(e)挂钩式　　(f)对接式
　　　　　　　　　　　　 扁铲式　　　　　(裸露的)　　(绝缘的)　　(绝缘的)

图6.24　压接端子

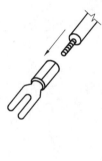  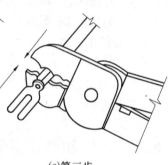 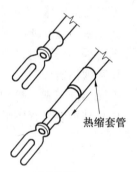

(a)第一步　　　　(b)第二步　　　　(c)第三步　　　　(d)第四步

图6.25　压接的操作过程

低,无任何公害和污染;缺点是压接点的接触电阻较大,因操作者施力不同,质量不够稳定,因此很多连接点不能用压接方法。

2. 绕接

　　绕接是将单股芯线用绕接枪(图6.26)高速绕到带棱角(菱形、方形或矩形)的接线柱上的电气连接方法。由于绕接枪的转速很高(约3 000 r/min),对导线的拉力强,使导线左接线柱的棱角上产生强压力和摩擦,并能破坏其几何形状,出现表面高温而使两金属表面原子相互扩散产生化合物结晶。绕接示意图如图6.27所示。

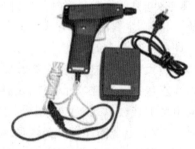

图6.26　电动型绕接枪

(a) 接线柱截面形状　　　　(b) 接线柱与支撑板　　　　(c) 绕接点形状

图 6.27　绕接

绕接用的导线一般采用单股硬匣绝缘线,芯线直径为 0.25 ~ 1.3 mm。为保证连接性能良好,接线柱最好镀金或镀银,绕接的匝数应不少于 5 圈(一般为 5 ~ 8 圈)。

绕接与锡焊相比有明显的特点。

(1)绕接的优点

①可靠性高,失效率接近七百万分之一,无虚焊、假焊。

②接触电阻小,只有 1 mΩ,仅为锡焊的 1/10。

③抗震能力比锡焊大 40 倍。

④无污染,无腐蚀,无热损伤,成本低,操作简单,易于熟练掌握。

(2)绕接的缺点

绕接要求导线必须是单芯线,剥头较长,还要求接线柱具有特殊形状,另外,绕接需要专用的设备,因此绕接在实际应用中具有一定的局限性。目前,绕接主要应用在大型的高可靠性电子产品的机内互连中。

3. 胶接

用胶黏剂将零部件黏在一起的安装方法称为胶接。胶接属于不可拆卸连接。其优点是工艺简单,不需专用的工艺设备,生产效率高、成本低。它能取代机械紧固方法,从而减轻质量。在电子设备的装联中,胶接广泛用于小型元器件的固定和不便于螺纹装配、铆接装配的零件的装配,以及防止螺纹松动和有气密性要求的场合。胶接质量的好坏主要取决于工艺操作规程和胶黏剂的性能好坏。

(1)胶接的一般工艺过程

①表面处理。先进行表面粗糙处理,使胶接件有一个适当的粗糙表面,以增加实际的胶接面积。用机械的方法进行表面处理,即喷砂或钢(铜)丝刷擦和砂纸打磨等。然后用汽油或酒精擦试,以除去油脂、水分、杂物,确保胶黏剂能润湿胶接件表面,增强胶接效果。

②胶黏剂的调配。严格按照配方调配胶黏剂。使用的工具和容器要洗干净;取用不同原料的工具应严格分开,剩余的胶液不可倒回原瓶,以免污染;搅拌要缓慢、均匀,从里向外按一个方向旋转搅拌,以避免产生气泡;当胶液具有低毒性和易燃性时,配制工作间应通风,严禁烟火。

③涂胶。应在胶接件表面处理结束后立即进行,以免表面落尘、玷污。采用刷涂、喷涂、滚涂方法。要求形成一层厚度均匀、无气泡,并布满胶接表面的薄膜。

④固化。温度、压力和保持时间是固化的三个重要因素,都会直接影响胶接的质量。在固化过程中应注意:涂胶后的胶接件,必须用夹具夹住,以保证胶层紧密贴合;为了保证整个胶接面上的胶层厚度均匀,外加压力要分布均匀;需要加温固化的胶接件,升温不可过快,否则胶黏

剂内多余的溶剂来不及逸出,会使胶层内含有大量的气泡,降低胶接强度;在固化过程中不允许移动胶接件;加热固化后的胶接件要缓慢降温,不允许在高温下直接取出。急剧降温会引起胶接件变形而使胶接面被破坏。

⑤清理。固化前就及时将接缝处多余的胶液清除干净。可用蘸有无水乙醇的布块擦拭。固化后多余的胶液可用刀片、锉刀、砂轮等机械方法清理,注意不要划伤胶接件表面。

⑥胶缝检查。经胶接的胶接件,胶接处应无裂纹、气泡、漏涂、胶皮、脱胶和多余胶等现象。

（2）几种常用的胶黏剂

①聚氯乙烯胶,是用四氢呋喃作溶剂,加聚氯乙烯材料配制而成,有毒、易燃,用于塑料与金属、塑料与木材、塑料与塑料的胶接。聚氯乙烯胶在电子设备的生产中,主要用于将塑料绝缘导线黏接成线扎和黏接产品包装铝内的泡沫塑料。其胶接工艺的特点是固化快,不需加压加热。

②环氧树脂胶,是以环氧树脂为主,加入填充剂配制而成的胶黏剂。

③222 互厌氧性密封胶,是以甲基丙烯酯为主的胶黏剂,是低强度胶,用于需拆卸早部件的锁紧和密封。它具有定位固连速度快,渗透性好,有一定的胶接力和密封性,拆除后不影响胶接件原有性能等特点。

除了以上几种胶黏剂外,还有其他许多各种性能的胶黏剂,如导电胶、导磁胶、导热胶、热熔胶、压敏胶等。

4. 螺纹连接

在电子设备的装配中,广泛采用可拆卸式螺纹连接。这种连接是用螺钉、螺栓、螺母等固件,把各种零件或元器件连接起来,连接可靠、装拆方便,可方便地调整零部件的相对位置。螺纹的种类较多,常用的是牙形角为 60° 的公制螺纹。公制螺纹又分为粗牙螺纹和细牙螺纹。一般螺钉按头部形状可分为圆柱头、六角头、盘头、沉头螺钉等,按头部起子槽的形状可分为一字、十字槽螺钉等,如图 6.28 所示。圆柱头和沉头螺钉主要用于面板的装配;自攻锁紧螺钉用于塑料制品零件的固定,装配孔不攻丝,可直接拧入,常用于经常拆卸的面板、盖板等;螺母有六角、蝶形、圆形、盖形等;垫圈有平垫圈、弹簧垫圈、螺母用止动垫圈等。

（1）螺钉连接

安装时应按工艺顺序进行,并符合图纸的规定。

①安装部位全是金属件。应使用平垫圈,其目的是保护安装表面不被螺钉或螺母擦伤,增加螺母的接触面积,减小连接件表面的压强。紧固成组螺钉时,必须按照一定的顺序,交叉、对称地逐个拧紧。若把某一个螺钉拧得很紧,就容易造成被紧固件倾斜或扭曲,再拧紧其他螺钉时,会使强度不高的零件碎裂。螺钉拧紧的程度和顺序对装配精度和产品寿命有很大关系,切不可忽视。为了防止紧固件松动或脱落,应采取相应的措施。图 6.29（a）是利用双螺母互锁起到止动作用,一般在机箱接线柱上用得较多;图 6.29（b）是用弹簧垫圈制止螺钉松动,常用于紧固部件为金属的元器件;图 6.29（c）是靠橡皮垫圈起到防止松动的作用;图 6.29（d）是用开口销钉止动,多用于有特殊要求的器件的大螺母上。

②胶木件和塑料件的安装。胶木件脆而易碎,安装时应在接触位置上加软垫(如橡皮垫、软木垫、铝垫、石棉垫等),以便其承受压力均匀。切不可使用弹簧垫圈。塑料件一般较软、易变形,可采用大外径钢垫圈,以减小单位面积的压力。

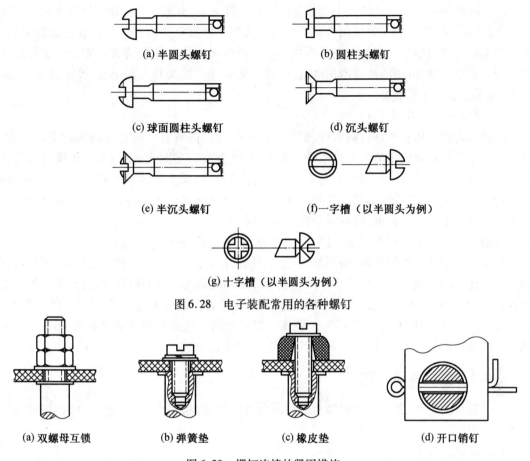

(a) 半圆头螺钉　　　　　　(b) 圆柱头螺钉

(c) 球面圆柱头螺钉　　　　(d) 沉头螺钉

(e) 半沉头螺钉　　　　(f) 一字槽（以半圆头为例）

(g) 十字槽（以半圆头为例）

图 6.28　电子装配常用的各种螺钉

(a) 双螺母互锁　　(b) 弹簧垫　　(c) 橡皮垫　　(d) 开口销钉

图 6.29　螺钉连接的紧固措施

③大功率晶体管散热片的安装。大功率晶体管都应安装散热片。散热片有些出厂时即装好了,有些则要在装配时将散热片装在管子上,如图 6.30 所示。安装时,散热片与晶体管应接触良好,表面要清洁。如果在两者之间加云母片,并在云母片两面涂些硅脂,使接触面密合,可提高散热效率。

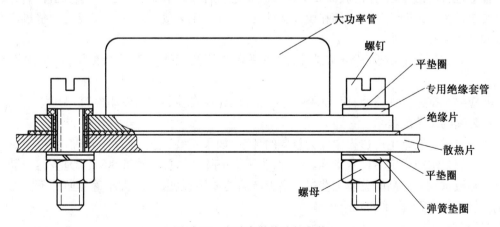

大功率管

螺钉

平垫圈

专用绝缘套管

绝缘片

散热片

平垫圈

弹簧垫圈

螺母

图 6.30　大功率散热片的安装

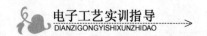

④屏蔽件的安装。电子产品中有些器件需要加屏蔽罩,有些单元电路需用屏蔽盒,有些部件需要加隔离板,有些导线要采用金属屏蔽线。采用这些屏蔽措施是为了防止电磁能量的传播或将电磁能量限制在一定的空间范围之内。在用铆接与螺钉装配的方式安装屏蔽件时,安装位置一定要清洁,可用酒精或汽油清洗净,漆层要刮净。如果其接触不良,产生缝隙分布电容,就起不到良好屏蔽效果。

(2)铆钉和销钉连接

①铆钉连接。用各种铆钉将零件、部件连接在一起的过程称为铆接。铆装属于不可拆卸的安装。电子产品装配用的铆钉是铜或铝制作的,其类型有半圆头铆钉、平锥头铆钉、沉头铆钉和空心铆钉等。铆件成形后不应有歪、偏、裂、不光滑、圆弧度不够等现象,更不允许出现被铆件松动的情况。在电子产品中,铆钉连接应用十分广泛,如固定冲制焊片的冲胀铆、小型电子管固定夹与壁板的翻边铆、薄壁零件间的成形铆等。

②销钉连接。销钉连接安装方便,拆卸容易,在电子产品装配中应用也较多。通常,按其作用分为紧固销和定位销两种,按其结构形式有圆柱销、圆锥销及开口销。圆柱销是靠过盈配合固定在孔中的。装配时先将两个零件压紧在一起同时钻孔,再将合适的销钉涂少许润滑油,压入孔内,操作时用力要垂直、均匀、不能过猛,以免将销钉头镦粗或变形。圆锥销通常采用1/40 的锥度将两个零件、部件连接为一整体。如果能用手将圆锥销塞进孔深的 80% ~ 85%,则说明配合正常,剩下长度用力压入,即完成锥销连接。

6.4.2 整机总装工艺

电子整机的总装,就是将组成整机的各部分装配件,经检验合格后,连接合成完整的电子设备的过程。

1. 总装的一般顺序

电子整机总装的一般顺序:先轻后重,先铆后装,先里后外,上道工序不能影响下道工序。要严格遵守总装的一般顺序,防止前后顺序颠倒,且要注意前后工序的衔接。

2. 整机总装的基本要求

①在总装之前对所有装配件、紧固件等必须按技术要求进行配套和检查。经检查合格的装配件应进行清洁处理,保证表面无灰尘、油污、金属屑等。未经检验合格的装配件不得安装。

②要认真阅读安装工艺文件和设计文件,严格遵守工艺规程。总装完成后的整机应符合图纸和工艺文件的要求。

③在总装过程中不要损伤元器件,避免碰坏机箱及元器件上的涂覆层,以免损害绝缘性能。

④应熟练掌握操作技能,保证质量,严格执行三检(自检、互检、专职检验)制度。

3. 总装的工艺流程

电子整机总装是生产过程中极为重要的环节,如果安装工艺、工序不正确,就可能达不到产品的功能要求或预定的技术指标。因此,为了保证整机的总装质量,必须合理安排总装的工艺过程和流水线。产品的总装工艺过程会因产品的复杂程度、产量大小等方面的不同而有所区别。但总体来看,有下列几个环节。

(1)准备

装配前对所有装配件、紧固件等从数量的配套和质量的合格两个方面进行检查和准备,同时做好整机装配及调试的准备工作。

（2）装联

装联包括各部件的安装、焊接等内容。前面介绍的各种连接工艺，都应在装联环节中加以合理的实施应用。

（3）调试

整机调试包括调整和测试两部分工作，即对整机内可调部分（如可调元器件及机械传动部分）进行调整，并对整机的电气性能进行测试。各类电子整机在总装完成后，一般在最后都要经过调试，才能达到规定的技术指标要求。

（4）检验

整机检验应遵照产品标准（或技术条件）规定的内容进行。通常有下列三类试验，即生产过程中生产车间的交收试验、新产品的定型试验及定型产品的定期试验（又称为例行试验）。例行试验的目的主要是考核产品质量和性能是否稳定正常。

（5）包装

包装是电子整机产品总装过程中保护和美化产品及促进销售的环节。电子整机产品的包装通常着重于方便运输和储存两个方面。

（6）入库或出厂

合格的电子整机产品经过合格的包装就可以入库储存或直接出厂运往需求部门，从而完成整个总装过程。

电子整机的总装是生产过程中极为重要的环节，如果安装工艺、工序不正确，就可能达不到产品的功能要求或预定的技术指标。通常电子整机的总装采用流水线生产方式来保证产品质量。

4. 整机总装质量的检查

整机总装完成后，按质量检验的内容要进行检验，检验工作要始终坚持自检、互检和专职检验的制度。

（1）外观检查

①装配好的整机表面无损伤，涂层无划痕、脱落，金属结构件无开焊、开裂，元器件安装牢固，导线无损伤。

②元器件和端子套管的代号符合产品设计文件的规定；整机的活动部分要活动自如。

③机内无多余物（如焊料渣、零件、金属丝等）。

（2）装联正确性检查

装联正确性检查又称为电路检查，目的是检查电气连接是否符合电路原理图和接线图的要求，导电性能是否良好。通常用万用表的 $R \times 100\ \Omega$ 欧姆挡对各检查点进行检查。批量生产时，可根据预先编制的电路检查程序表，对照电路图进行检查。

（3）绝缘性能检查

①绝缘电阻检测。绝缘电阻检测指电路导电部分与外壳之间的电阻值。绝缘电阻一般用兆欧表检测，其值一般不小于 2 $M\Omega$。

②绝缘强度检测。绝缘强度检测指电路的导电部分与外壳间能经受的外加电压。检测一般使用 0.5 kVA、50 Hz 交流击穿装置。当设备工作电压小于 250 V 时，应经受住 500 V（有效值）的耐压试验；设备最高工作电压大于 250 V 时，应经受住 2 倍于最高电压的耐压试验。也

可将试验电压提高 25% ,保持时间降为 1 s,不应出现飞弧和击穿现象。

（4）出厂试验和型式试验

①出厂试验。出厂试验是产品在完成装配、调试后,在出厂前按国家标准逐个试验。一般都是检验一些最重要的性能指标,并且这种试验都是既对产品无破坏性,又能比较迅速完成的项目。不同的产品有不同的国家标准。

②型式试验。型式试验对产品的考核是全面的,包括产品的性能指标、对环境条件的适应度、工作的稳定性等。国家对各种不同的产品都有严格的标准。试验项目有高低温、高湿度循环使用和存放试验、振动试验、跌落试验、运输试验等。由于型式试验对产品有一定的破坏性,一般都是应用在新产品试制定型阶段,或在设计、工艺、关键材料更改时,或客户认为有必要时进行抽样试验。

5. 整机包装

对电子产品整机包装的要求包括以下几方面:

（1）对电子产品本身的要求

对电子产品本身的要求主要指电子产品自主够通过环境测试,并满足该产品的国家标准。

（2）对整机防护的要求

①电子产品整机经过合适的包装应能承受合理的堆压和撞击。

②对电子产品整机要合理压缩包装体积。

③电子产品整机的包装要有防尘功能。

④电子产品整机的包装要有防湿功能。

⑤电子产品整机的包装要具备缓冲功能。

（3）电子产品整机的装箱要求

①电子产品整机在装箱时,应先清除包装箱内的异物和尘土。

②装入包装箱内的电子产品整机不得倒置。

③装入箱内的电子产品整机,其附件和衬垫以及使用说明书、装箱明细表、装箱单等内装物必须齐全。

④装入箱内的电子产品整机、附件和衬垫不得在箱内任意移动。

6.5　调试工艺

由于无线电电路设计的近似性,元器件的离散性和装配工艺的局限性,装配完的整机一般都要进行不同程度的调试,所以在电子产品的生产过程中,调试是一个非常重要的环节。调试工艺水平在很大程度上决定了整机的质量。

6.5.1　调试工艺过程

电子产品调试包括三个工作阶段内容:研制阶段调试、调试工艺方案设计和生产阶段调试。

研制阶段调试除了对电路设计方案进行试验和调整外,还对后阶段的调试工艺方案设计和生产阶段调试提供确切的标准数据。根据研制阶段调试步骤、方法及过程,找出重点和难点,才能设计出合理、科学、高质、高效的调试工艺方案,有利于后阶段的生产调试。

1. 研制阶段调试

研制阶段调试的步骤与生产阶段调试的步骤大致相同,但是研制阶段调试由于参考数据很少,电路不成熟,需要调整元件较多,给调试带来一定困难。在调试过程中还要确定哪些元件需要更改参数,哪些元件需要用可调元件来代替,并且要确定调试的具体内容、步骤、方法、测试点及使用的仪器。这些都是在研制阶段需要做的工作。

2. 调试工艺方案设计

调试工艺方案是指一整套适用于调试某产品的具体内容与项目(如工作特性、测试点、电路参数等)、步骤与方法、测试条件与测试仪表。有关注意事项、安全操作规程与调试工艺方案的优劣直接影响到后阶段生产调试的效率和产品的质量,所以制订调试工艺方案时调试内容要具体、切实、可行,测试条件必须具体、清楚,测试仪器选择要合理,测试数据尽量表格化(以便从数据中寻找规律)。调试工艺方案一般有五个内容:

(1)确定调试项目及每个项目的调试步骤、要求

按照电子产品的类型制订出整个调试的步骤,报出调试过程中对调试环境、辅助调试工具、电子产品本身的要求。

(2)合理地安排调试工艺流程

调试工艺流程的安排原则是先外后内,先调试结构部分,后调试电气部分;先调试独立项目,后调试有相互影响的项目;先调试基本指标,后调试对质量影响较大的指标。整个调试过程是循序渐进的。例如,电视机各个部件,包括高频头,中放,行,场扫描,视放,伴音,电源等电路都调试好后,才进行整机调试。

(3)合理地安排调试工序之间的衔接

在工厂流水作业式生产中对调试工序之间的衔接要求很高,否则整条生产线会出现混乱,甚至瘫痪。为了避免重复或调乱可调元件,要求调试人员除了完成本工序调试任务外,不得调整与本工序无关的部分,调试完后还要做好标记,并且还要协调好各个调试工序的进度。在本工序调试的项目中,若遇到有故障的底板且在短时间内较难排除时,应做好故障记录,再转到维修线上修理,防止影响调试生产线的正常运行。

(4)选择调试手段

要建造一个优良的调试环境,尽量减小如电磁场、噪声、湿度、温度等环境因素的影响;根据每个调试工序的内容和特性要求配置好一套有合适精度的仪器;熟悉仪器仪表的正确使用方法,根据调试内容选择出一个合适、快捷的调试操作方法。

(5)编制调试工艺文件

调试工艺文件主要包括调试工艺卡、操作规程和质量分析表。

3. 生产阶段调试

生产阶段调试的质量和效率取决于操作人员对调试工艺的掌握程度和调试工艺过程是否制订的合理。调试人员技能要求:

①懂得被调试产品整机电路的工作原理,了解其性能指标的要求和测试的条件。

②熟悉各种仪表的性能指标及其使用环境要求,并能熟练地操作使用。调试人员必须进修过有关仪表、仪器的原理及其使用的课程。

③懂得电路多个项目的测量和调试方法,并能学会数据处理。

④懂得总结调试过程中常见的故障,并能设法排除。

⑤严格遵守安全操作规程。

4. 生产调试工艺过程

（1）通电前的检查工作

在通电前应先检查底板插件是否正确,是否有虚焊和短路,各仪器连接及工作状态是否正确。只有通过这样的检查才能有效地减小元件损坏,提高调试效率。首次调试还要检查各仪器能否正常工作,验证其精确度。

（2）测量电源工作情况

若调试单元是外加电源,则先测量其供电电压是否适合。若由自身底板供电的,则应先断开负载,检测其在空载和接入假定负载时的电压是否正常。若电压正常,则再接通原电路。

（3）通电观察

对电路通电,但暂不加入信号,也不要急于调试。首先观察有无异常现象,如冒烟、异味、元件发烫等。若有异常现象,则应立即关断电路的电源,再次检查底板。

（4）单元电路测试与调整

测试是在安装后对电路的参数及工作状态进行测量。调整是指在测试的基础上对电路的参数进行修正,使之满足设计要求。分块调试一般有两种方法:

①若整机电路由分开的多块功能电路板组成,可以先对各功能电路分别调试完后再组装在一起调试。

②对于单块电路板,先不要接各功能电路的连接线,待各功能电路调试完后再接上。分块调试比较理想的调试程序是按信号的流向进行,这样可以把前面调试过的输出信号作为后一级的输入信号,为最后联机调试创造条件。分块调试包括静态调试和动态调试。静态调试一般指没有外加信号的条件下测试电路各点的电位,测出的数据与设计数据相比较,若超出规定的范围,则应分析其原因,并作适当调整;动态调试一般指在加入信号(或自身产生信号)后,测量晶体管、集成电路等的动态工作电压,以及有关的波形、频率、相位、电路放大倍数,并通过调整相应的可调元件,使其多项指标符合设计要求。若经过动、静态调试后仍不能达到原设计要求,则应深入分析其测量数据,并要作出修正。

（5）整机性能测试与调整

由于使用了分块调试方法,有较多调试内容已在分块调试中完成,整机调试只需测试整机性能技术指标是否与设计指标相符,若不符合再作出适当调整。

（6）对产品进行老化和环境试验

在特定的环境下,对产品进行反复试验,检验产品对特殊环境的适应能力,这是产品评估的一项重要指标。

6.5.2 静态测试与调整

晶体管、集成电路等有源性器件都必须在一定的静态工作点上工作,才能表现出更好的动态特性,所以在动态调试与整机调试之前必须要对各功能电路的静态工作点进行测量与调整,使其符合原设计要求,这样才可以大大降低动态调试与整机调试时的故障率,提高调试效率。

1. 静态测试的内容

（1）供电电源静态电压测试

电源电压是各级电路静态工作点是否正常的前提,电源电压偏高或偏低都不能测量出准确的静态工作点。电源电压若可能有较大起伏(如彩电的开关电源),最好先不要接入电路,测量其空载和接入假定负载时的电压,待电源电压输出正常后再接入电路。

(2)测试单元电路静态工作总电流

通过测量分块电路静态工作电流,可以及早地知道单元电路的工作状态。若电流偏大,则说明电路有短路或漏电;若电流偏小,则电路供电有可能出现开路。只有及早地测量该电流,才能减小元件损坏,此时的电流只能作参考。单元电路各静态工作点调试完后,还要再测量一次。

(3)晶体管静态电压、电流测试

首先要测量晶体管三个极对地电压,即 U_B、U_C、U_E,或测量 U_{BE}、U_{CE} 电压,判断晶体管是否在规定的状态(放大、饱和、截止)内工作。例如,测出 $U_C = 0$ V、$U_B = 0.68$ V、$U_E = 0$ V,则说明晶体管处于饱和导通状态。观察该状态是否与设计相同,若不相同,则要细心分析这些数据,并对基极偏置进行适当的调整。其次测量晶体管集电极静态电流,测量方法有两种:

①直接测量法。把集电极焊接铜皮断开,然后串入万用表,用电流挡测量其电流。

②间接测量法。通过测量晶体管集电极电阻或发射极电阻的电压,然后根据欧姆定律 $I = U/R$,计算出集电极静态电流。

(4)集成电路静态工作点的测试

①集成电路各引脚静态对地电压的测量。集成电路内的晶体管、电阻、电容都封装在一起,无法进行调整。在一般情况下,集成电路各脚对地电压基本上反映了内部工作状态是否正常。在排除外围元件损坏(或插错元件、短路)的情况下,只要将所测得电压与正常电压进行比较,即可作出正确判断。

②集成电路静态工作电流的测量。有时集成电路虽然正常工作,但发热严重,说明其功耗偏大,是静态工作电流不正常的表现,所以要测量其静态工作电流。测量时可断开集成电路供电引脚铜皮,串入万用表,使用电流挡来测量。若是双电源供电(正负电源),则必须分别测量。

(5)数字电路静态逻辑电平的测量

在一般情况下,数字电路只有两种电平,以 TTL 与非门电路为例,0.8 V 以下为低电平,1.8 V 以上为高电平。电压为 0.8 ~ 1.8 V 的电路状态是不稳定的,所以该电压范围是不允许的。不同数字电路高低电平界限都有所不同,但相差不远。

在测量数字电路的静态逻辑电平时,先在输入端加入高电平或低电平,然后再测量各输出端的电压是高电平还是低电平,并做好记录。测量完毕后分析其状态电平,判断是否符合该数字电路的逻辑关系。若不符合,则要对电路引线作一次详细检查,或者更换该集成电路。

2. 电路调整方法

进行测试时,可能需要对某些元件的参数加以调整,一般有两种方法。

(1)选择法

通过替换元件来选择合适的电路参数(性能或技术指标)。在电路原理图中,在这种元件的参数旁边通常标注有"＊"号,表示需要在调整中才能准确地选定。因为反复替换元件很不方便,一般总是先接入可调元件,待调整确定了合适的元件参数后,再换上与选定参数值相同的固定元件。

（2）调节可调元件法

在电路中已经装有调整元件,如电位器、微调电容或微调电感等。其优点是调节方便,而且电路工作一段时间以后,如果状态发生变化,也可以随时调整,但可调元件的可靠性差,体积也比固定元件大。

上述两种方法适用于静态调整和动态调整。

静态测试与调整时内容较多,适用于产品研制阶段或初学者试制电路使用。在生产阶段调试,为了提高生产效率,往往是只作简单针对性的调试,主要以调节可调性元件为主。对于不合格电路,也只作简单检查,如观察有没有短路或断线等。若发现故障,则应立即在底板上标明故障现象,再转向维修生产线上进行维修,这样才不会耽误调试生产线的运行。

6.5.3　动态测试与调整

动态测试与调整是保证电路各项参数、性能、指标的重要步骤。其测试与调整的项目内容包括动态工作电压、波形的形状及其幅值和频率、动态输出功率、相位关系、频带、放大倍数、动态范围等。对于数字电路来说,只要器件选择合适,直流工作点正常,逻辑关系就不会有太大问题,一般测试电平的转换和工作速度即可。

1. 电路动态工作电压

测试内容包括晶体管 B、C、E 极和集成电路各引脚对地的动态工作电压。动态电压与静态电压同样是判断电路是否正常工作的重要依据,例如有些振荡电路,当电路起振时测量 U_{BE} 直流电压,万用表指针会出现反偏现象,利用这一点可以判断振荡电路是否起振。

2. 测量电路重要波形的幅度和频率

无论是在调试还是在排除故障的过程中,波形的测试与调整都是一个相当重要的技术。各种整机电路中都可能有波形产生或波形处理变换的电路。为了判断电路各种过程是否正常,是否符合技术要求,常需要观测各被测电路的输入、输出波形,并加以分析。对不符合技术要求的,则要通过调整电路元器件的参数,使之达到预定的技术要求。在脉冲电路的波形变换中,这种测试更为重要。

大多数情况下观察的是电压波形,有时为了观察电流波形,则可通过测量其限流电阻的电压,再转成电流的方法来测量。用示波器观测波形时,上限频率应高于测试波形的频率。对于脉冲波形,示波器的上升时间还必须满足要求。观测波形时可能会出现以下几种不正常的情况:

（1）测量点没有波形

这种情况应重点检查电源、静态工作点、测试电路的连线等。

（2）波形失真

波形失真或波形不符合设计要求时,必须根据波形特点采取相应的处理方法。对波形的线性、幅度要求较高的电路,一般都设置有专用电位器或一些补偿性元件来调整。对电视机行、场锯齿彼的调整,一般不需要观察波形,而是根据屏幕上棋盘方格信号来调整。通过调整相应电位器(如行、场线性电位器,幅度电位器)使每个方格大小相等且均匀分布整个画面即可。

（3）波形幅度过大或过小

这种情况主要与电路增益控制元件有关,测量有关增益控制元件即可排除故障。

（4）电压波形频率不准确

这种情况与振荡电路的选频元件有关，一般都设有可调电感（如空心电感线圈、中周等）或可调电容来改变其频率，只要作适当调整就能得到准确频率。

（5）波形时有时无，不稳定

这种情况可能是由元件或引线接触不良而引起的。如果是振荡电路，则又可能因电路处于临界状态，对此必须通过调整其静态工作点或一些反馈元件才能排除故障。

（6）有杂波混入

首先要排除外来信号的干扰，即要做好各项的屏蔽措施。若仍未能排除，则可能是电路自激引起的。因此只能通过加大消振电容的方法来排除故障，如加大电路的输入、输出端对地电容，晶体管 B、C 间的电容，集成电路消振电容（相位补偿电容）等。

3. 频率特性的测试与调整

频率特性是电子电路中的一项重要技术指标。电视机接收图像质量的好坏主要取决于高频调谐器及中放通道频率特性。所谓频率特性是指一个电路对于不同的频率、相同幅度的输入信号（通常是电压）在输出端产生的响应。测试电路频率特性的方法一般有两种，即信号源与电压表测量法和扫频仪测量法。

（1）用信号源与电压表测量法

在电路输入端加入按一定频率间隔的等幅正弦波，并且每加入一个正弦波就测量一次输出电压。功率放大器常用这种方法测量其频率特性。

（2）扫频仪测量法

把扫频仪输入端和输出端分别与被测电路的输出端和输入端连接，在扫频仪的显示屏上就可以看出电路对各点频率时响应幅度曲线。采用扫频仪测试频率特性，具有测试简便、迅速、直观、易于调整等特点，常用于各种中频特性调试、带通调试等。如收音机的 AM 465 kHz 和 FM 107 MHz 中频特性常使用扫频仪（或中频特性测试仪）来调试。

动态调试的内容还有很多，如电路放大倍数、瞬态响应、相位特性等，而且不同电路要求动态调试项目也不相同。

6.5.4　整机性能测试与调整

整机调试是把所有经过动静态调试的各个部件组装在一起进行的有关测试。它的主要目的是使电子产品完全达到原设计的技术指标和要求。由于较多调试内容已经在分块调试中完成了，整机调试只需检测整机技术指标是否达到原设计要求即可，若不能达到，则再作适当调整。整机调试流程一般有以下几个步骤：

（1）整机外观检查

整机外观检查主要检查整机外观部件是否齐全，外部调节部件和活动部件是否灵活。

（2）整机内部结构检查

整机内部结构检查主要检查整机内部连线的分布是否合理、整齐，内部传动部件是否灵活、可靠，各单元电路板或其他部件与机座是否紧固，以及它们之间的连接线、接插件有没有漏插、错插、插紧等。

（3）对单元电器性能指标进行复检调试

该步骤主要是针对各单元电路连接后产生的相互影响而设置的。其主要目的是复检各单

元电路性能指标是否有改变,若有改变,则须调整有关元器件。

(4)整机技术指标测试

对已调整好的整机必须进行严格的技术测定,来判断它是否达到原设计的技术要求,如收音机的整机功耗、灵敏度、频率覆盖等技术指标的测定。不同类型的整机有各自的技术指标,并规定了相应的测试方法。

(5)整机老化和环境试验

通常,电子产品在装配、调试完后还要对小部分整机进行老化测试和环境试验,这样可以提早发现电子产品中一些潜伏的故障,特别是可以发现带有共性的故障,从而对同类型产品能够及早通过修改电路进行补救,有利于提高电子产品的耐用性和可靠性。一般的老化测试是对小部分电子产品进行长时间通电运行,并测量其无故障工作时间。分析总结这些电器的故障特点,找出它们的共性问题加以解决。环境试验一般根据电子产品的工作环境而确定具体的试验内容,并按照国家规定的方法进行试验。环境试验一般只对小部分产品进行,常见环境试验内容和方法如下:

①对供电电源适应能力试验。如使用交流 220 V 供电的电子产品,一般要求输入交流电压在(220±22)V 和频率在(50±4)Hz 之内,电子产品仍能正常工作。

②温度试验。把电子产品放入温度试验箱内,进行额定使用的上、下限工作温度的试验。

③振动和冲击试验。把电子产品紧固在专门的振动台和冲击台上进行单一频率振动的试验、可变频率振动试验和冲击试验。用木锤敲击电子产品也是冲击试验的一种。

6.5.5　技能实训——电调谐 FM 收音机的总装与调试

1. 实训目的

①要求能够熟练测量电路的各电流、电压等参数。

②掌握 FM 收音机的调试方法,能够分析故障产生的原因。

2. 实训器材

电烙铁一把,烙铁架一个,剪刀一把,万用表一台,焊锡若干,镊子一个,电调谐 FM 收音机组装所需元器件及 PCB 板一套。

3. 实训内容

本实训内容接续 6.3.4 节。电调谐 FM 收收音机电路组装技能实训,在组装完成的条件下实现 FM 收音机的总装与调试。

(1)测量总电流

检查无误后将电源线焊到电池上。在电位器开关断开的状态下装入电池,插入耳机。用万用表 200 mA 数字表跨接在开关两端测电流。正常电流应为 7 ~ 30 mA(与电源电压有关),并且 LED 正常点亮。在此提供样机测试数据以供参考:

①工作电压(V):1.8、2、2.5、3、3.2。

②工作电流(mA):8、11、17、24、28。

如果电流为 0 A 或超过 35 mA,则应检查电路。

(2)搜索电台广播

如果电路正常,可按 S₁ 按钮搜索电台广播。只要元器件质量完好,安装正确,焊接可靠,不用调任何部分即可收到电台广播。如果收不到广播,则应仔细检查电路,特别要检查有无错

150

装、虚焊、漏焊等现象。

（3）接受频段

我国调频广播的频率范围为 87～108 MHz,调试时可找一个当地频率最低的 FM 电台,适当改变 L_4 的匝间距,按 Reset(S_2)键后第一次按 Scan(S_1)键可收到这个电台。由于 SC1088 集成度高,如果元器件一致性较好,一般收到低端电台后均可覆盖 FM 频段,故可不调高端而仅作检查,可以用一个 FM 收音机的成品做对照进行检查。

（4）灵敏度

本机灵敏度由电路及元器件决定,一般不用调整,调好覆盖后即可正常收听。

（5）总装

蜡封线圈。调试完成后,将适量泡沫塑料填入线圈 L_3、L_4（注意不要改变线圈形状及匝距）,滴入适量高频石蜡使线圈固定,以提高接收频率的稳定性。但不要采用一般蜡烛油固定,以免加大损耗,降低接收灵敏度。最后固定线路板及外壳,拧紧螺丝。

4. 实训报告

总结整机组装与调试过程中出现的问题和故障解决方法。

第7章　典型电子工艺实训项目

7.1　超外差式 AM 收音机装调实训

实训目标

①本项目通过对一台调幅收音机的装配、焊接和调试,使学生了解电子产品整机的装配过程,掌握电子元器件的识别方法和质量检验标准,了解整机的装配工艺,培养学生的实践技能。

②能够按照工艺要求进行产品的装配和焊接,实际完成一台超外差式 AM 收音机的组装,能够按照技术指标对产品进行调试。

实训器材

①超外差式收音机散件一套(超外差式收音机元件清单见表7.1);

表7.1　超外差式收音机元件清单

序号	代号与名称		规格	数量	序号	代号与名称	规格	数量
1		R_1	91 kΩ(或 82 kΩ)	1	27	Tr_1	天线线圈	1
2		R_2	2.7 kΩ	1	28	Tr_2	本振线圈(黑)	1
3		R_3	150 kΩ(或 11 kΩ)	1	29	Tr_3	中周(白)	1
4	电阻	R_4	30 kΩ	1	30	Tr_4	中周(绿)	1
5		R_5	91 kΩ	1	31	Tr_5	输入变压器	1
6		R_6	100 kΩ	1	32	Tr_6	输出变压器	1
7		R_7	620 kΩ	1	33	带开关电位器	4.7 kΩ	1
8		R_8	510 kΩ	1	34	耳机插座 JK	φ2.5 mm	1
9		C_1	双联电容	1	35	磁棒	55 mm×13 mm×5 mm	1
10		C_2	瓷介 223(0.022 μF)	1	36	磁棒架		1
11		C_3	瓷介 103(0.01 μF)	1	37	频率盘	φ37 mm	1
12		C_4	电解 4.7~10 μF	1	38	拎带	黑色(环)	1
13		C_5	瓷介 103(0.01 μF)	1	39	透镜(刻度盘)		1
14	电容	C_6	瓷介 333(0.033 μF)	1	40	电位器盘	φ20 mm	1
15		C_7	电解 47~100 μF	1	41	导线		6 根
16		C_8	电解 4.7~10 μF	1	42	正、负极片		各 2 片
17		C_9	瓷介 223(0.022 μF)	1	43	负极片弹簧		2
18		C_{10}	瓷介 223(0.022 μF)	1	44	固定电位器盘	M1.6×4	1
19		C_{11}	涤纶 103(0.01 μF)	1	45	固定双联	M2.5×4	2

续表7.1

序号	代号与名称		规格	数量	序号	代号与名称	规格	数量
20		T_1	3DG201(β 值最小)	1	46	固定频率盘	M2.5×5	1
21		T_2	3DG201	1	47	固定电路板	M2×5	1
22	晶体管	T_3	3DG201	1	48	印制电路板		1
23		T_4	3DG201(β 值最大)	1	49	金属网罩		1
24		T_5	9013	1	50	前壳		1
25		T_6	9013	1	51	后盖		1
26	二极管	D_1	IN4148	1	52	扬声器	8 Ω	1

②收音机装配说明书及使用说明书；

③电烙铁一个,螺丝刀、镊子、剪刀等；

④再流焊机一台；

⑤万用表一台；

⑥小器皿、焊锡、松香等若干。

实训原理

1. 收音机的工作过程

标准超外差式调幅收音机一般是指六管中波段收音机。它采用全硅管线路,具有机内磁性天线,收音效果良好,并设有外接耳机插口。超外差收音机的工作过程如图7.1所示。

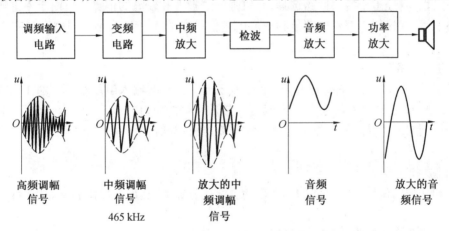

图7.1　超外差收音机的工作过程

超外差收音机先将高频信号通过变频变成中频信号,此信号的频率高于音频信号频率,其频率固定为465 kHz。由于465 kHz取自于本地振荡信号频率与外部高频信号频率之差,故称为超外差。

说明:本实训以超外差式收音机为例介绍其装调。超外差式收音机的技术指标如下:

频率范围:535 ~ 1605 kHz。

输出功率:50 mW(不失真),150 mW(最大)。

扬声器:ϕ57 mm、8 Ω。

电源:3 V(两节五号电池)。

体积:122 mm×65 mm×25 mm(宽×高×厚)。

质量:约 175 g(不带电池)。

2. 电路工作原理

(1)调频输入电路

LC 并联谐振回路在其固有振荡频率等于外界某电磁波频率时产生并联谐振,从而将某台的调幅发射信号接收下来,并通过线圈耦合到下一级电路。

(2)变频电路

变频电路的作用是将天线回路的高频调幅信号变成频率固定的中频调幅信号。利用晶体管的非线性特性,对输入信号的频率进行合成,得到多个频率不同的输出信号,并通过选频回路选择所需要的信号。在超外差收音机中,用一只晶体管同时产生本振信号和完成混频工作,这种电路称为变频。

(3)中频放大电路

中频放大电路的作用是将中频信号进行放大。要求有足够的中放增益(60 dB),常采用两级放大,并且要具备合适的通频带(10 kHz),如果频带过窄,音频信号中各频率成分的放大增益将不同,将产生失真,如果频带过宽,抗干扰性将减弱,选择性降低。为了实现中放级的幅频特性,中放级都由以 LC 并联谐振回路为负载的选频放大器组成,级间采用变压器耦合方式。

超外差收音机的中放可采用窄带放大器,可以较容易地实现很高的增益,能获得较高的灵敏度和稳定性,且经多个谐振回路选择,有较强的选择性和较高的信噪比。由于不论哪一个电台的广播信号,在接收中都变成固定频率的中频信号在放大,因此,对不同电台具有大致相同的灵敏度。

(4)检波电路

当 T_3 输入到某一正半周峰值时, T_3 导通, C_5 充电,当 T_3 的输入电压小于 C_5 上的电压时, T_3 截止, C_5 放电,放电时间常数远大于充电时间常数,这样在放电时, C_5 上的电压变化不大。在下一个峰点到来时, T_3 导通, C_5 继续充电。这样就能将中频信号中包含音频信息的包络线检测出来。

(5)低放和功放

低放和功放的作用是对微弱的小功率的音频信号放大,提出高输出功率,从而推动扬声器工作。

超外差式收音机的电路原理图如图 7.2 所示。

实训内容

1. 清点与检测

在进行装配和焊接前,要按照材料清单对元器件进行清点。清点完成后,用万用表检测收音机各个元器件。万用表检测元件的参数见表 7.2。注意: T_5、T_6 的 h_{FE} 相差应不大于 20%。

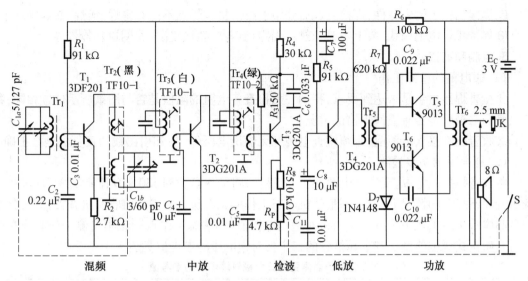

图 7.2　超外差式收音机的电路原理图

表 7.2　万用表检测元件的参数

类　　别	测量内容	万用表功能及量程	禁止用量程
电阻	电阻值	R	
三极管	h_{FE}（T_5、T_6配对）	$R \times 10 \ \Omega$，h_{FE}	$\times 1$、$\times 1 \ k\Omega$
b	绕组、电阻、绕组与壳绝缘	$R \times 1$	
c	绝缘电阻	$R \times 1 \ k\Omega$	
电解 CD	绝缘电阻及质量	$R \times 1 \ k\Omega$	
Tr_2（黑）本振线圈	绕组内阻	$R \times 1 \ k\Omega$	
Tr_3（白）中周 1	绕组内阻	$R \times 1 \ k\Omega$	
Tr_4（绿）中周 1	绕组内阻	$R \times 1 \ k\Omega$	
Tr_5（蓝或白）输入变压器	绕组内阻	$R \times 10 \ k\Omega$	
Tr_6（黄或粉）输出变压器	绕组内阻	$R \times 1 \ k\Omega$	

2. 对元器件的引线进行镀锡处理

镀锡过程中要注意时间、锡量、姿势等焊接要点。

3. 检查印制板的铜箔线条是否完好

要特别注意检查板上的铜箔线条有无断线及短路的情况,还要特别注意板的边缘是否完好。

4. 元件的装配与焊接

①装配 Tr_2、Tr_3、Tr_4:中周要求按到底,外壳固定支脚 90°。

②装配 Tr_5、Tr_6:输入变压器要与印制板紧紧相贴,引线固定后焊接。

③装配 $T_1 \sim T_6$:晶体管应平向自己,三条腿从左到右分别为 e、b、c。

④装配全部电阻:电阻 R_2、R_3 要平放焊接且要高于印制板 0.5 cm,然后焊接余下的电阻,所有电阻的色环方向要保持一致。

⑤装配全部电容:瓷介电容、涤纶电容、电解电容(注意极性和高度)及二极管(红正黑负,且焊接形状为三角形,其中红色为短腿)。

⑥装配双联电容、电位器和磁棒架:磁棒架要装在印制电路板和双联电容之间。

⑦焊接已插上的元器件,焊接完成后修整引线。检查焊点不能有虚焊、堆焊、漏焊等现象。

⑧焊接 Tr_1、电池引线,装上拨盘、磁棒、固定扬声器、装透镜、金属网罩及拎带等。

5. 检测和调试

(1)通电前的检测工作

①检查焊接质量是否达到要求,特别注意检查各电阻的阻值是否与图纸所示位置相同,各三极管和二极管是否有极性焊错的情况。

②收音机在接入电源前,必须检查电源有无输出电压(3 V)和引出线的正负极是否正确。

(2)通电后的初步检测

将收音机接入电源,要注意电源的正、负极性,将频率盘拨到530 kHz 附近的无台区,在收音机开关不打开的情况下,首先测量整机静态工作的总电流 I_0。然后将收音机开关打开,分别测量晶体管 $T_1 \sim T_6$ 的 b、c、e 三个电极对地的电压值(即静态工作点),该项检测工作必须在收音机开始正式调试前做。各个晶体管的三个极对地电压的参考值见表7.3。

表7.3 各晶体管的三个极对地电压的参考值

晶体管	工作电压:$E_c = 3$ V			整机工作电流:$I_0 = 10$ mA		
	T_1	T_2	T_3	T_4	T_5	T_6
e	1	0	0.056	0	0	0
b	1.54	0.63	0.63	0.65	0.62	0.62
c	2.4	2.4	1.65	1.85	2.8	2.8

(3)试听

如前两项检测结果正常,即可进行试听。将收音机接通电源,慢慢转动调谐盘,应能听到广播声,否则应重复前面做过的各项检查,找出故障并改正。注意:在此过程不要调中周及微调电容。

(4)收音机的调试

收音机经过通电检查并正常发声后,可以进行调试工作。

①调中频频率(即调中周)。调中周的目的是将各中周的谐振频率都调整到固定的中频频率465 kHz 这一点上。将信号发生器(XGD-A)的频率选择置于中波位置,频率指针放在465 kHz 位置上。打开收音机开关,将频率刻度盘放在频率指示的最底位置530 kHz 附近,将收音机靠近信号发生器。用无感螺丝刀按顺序反复微调中周 Tr_4 和 Tr_3 的磁芯,使收音机收到的信号最强。确认收音机信号最强的方法有两种:一是使扬声器发出的声音(1 kHz)达到最响为止,此时可把音量调到最小;二是测量电位器 R_P 两端或 R_8 对地的直流电压,使电压表的指示值最大为止,此时可把音量调到最小。

②调整收音机的频率范围(调频率覆盖)。调频率覆盖即对刻度,其目的是使双联电容从全部旋入到全部旋出时,收音机所接收的频率范围恰好是整个中波波段,即525 ~ 1 605 kHz。先进行频率底端的调整:将信号发生器调至525 kHz,收音机的刻度盘调至530 kHz 位置上,此时调整中周 Tr_2,使收音机的信号声出现并最强。再进行高端频率的调整:将信号发生器调到1 600 kHz,收音机刻度盘调到1 600 kHz 位置上,调双联上的微调电容器 C'_{1b},使信号声出现并最强。将上述步骤反复调整2 ~ 3 次,使收音机接收的信号最强。

③统调(调收音机的灵敏度和跟踪调整)。统调的目的是使本机的振荡频率始终比输入回路的谐振频率高出一个固定的中频频率465 kHz。首先进行低端调整:将信号发生器调至

600 kHz,收音机刻度盘调至 600 kHz,调整线圈 Tr_1 在磁棒上的位置,使接收的信号最强,一般线圈的位置应靠近磁棒的右端。然后进行高端调整:将信号发生器调至 1 500 kHz,收音机刻度盘调至 1 500 kHz,调双联电容器 C'_{1a},使收音机在高端接收的信号最强。在高低端要反复调 2~3 次,调完后即可用蜡将线圈固定在磁棒上。

6. 维修方法

(1)维修的基本方法

①信号注入法。收音机是一个信号捕捉、处理、放大系统,通过注入信号可以判定故障位置。用万用表挡,红表笔接电池负极(地),黑表笔触碰放大器输入端(一般为晶体管基极),此时扬声器可听到"咯咯"声。然后用手拿螺丝刀金属部分去碰放大器输入端,从扬声器听反应,此法简单易行,但响音信号微弱,不经晶体管放大则听不到声音。

②电位测量法。用万用表测各级放大管的工作电压,可具体判定造成故障的元器件。

③测量整机静态总电流法。将万用表拨至 250 mA 直流电流挡,两表笔跨接于电源开关的两端,此时开关应置于断开位置,可测量整机的总电流。本机的正常总电流为 (10 ± 2) mA。

(2)故障位置的判断方法

判断故障在低放之前还是低放之中(包括功放)的方法如下:

①接通电源开关,将音量电位器开至最大,喇叭中没有任何响声,可以判定低放部分肯定有故障。

②判断低放之前的电路工作是否正常,方法如下:将音量减小,万用表拨至直流电压挡。挡位选择 0.5 V,两表笔并接在音量电位器非中心端的两端上,一边从低端到高端拨动调谐盘,一边观察电表指针,若发现指针摆动,且在正常播出时指针摆动次数在数十次左右,即可断定低放之前电路工作是正常的。若无摆动,则说明低放之前的电路中也有故障,这时仍应先解决低放中的问题,再解决低放之前电路中的问题。

(3)完全无声故障的检修方法

将音量电位器开至最大,用万用表直流电压 10 V 挡,黑表笔接地,红表笔分别触碰电位器的中心端和非接地端(相当于输入干扰信号),可能出现三种情况:

①碰非接地端喇叭中无"咯咯"声,碰中心端时喇叭有声。这是由于电位器内部接触不良,可更换或修理以排除故障。

②碰非接地端和中心端均无声,这时用万用表"$\Omega\times10$"挡,两表笔并接碰触喇叭引线,碰触时喇叭若有"咯咯"声,则说明喇叭完好。然后将万用表拨至电阻挡,点触 Tr_6 次级两端,喇叭中如无"咯咯"声,则说明耳机插孔接触不良,或者喇叭的导线已断;若有"咯咯"声,则把表笔接到 Tr_6 初级两组线圈两端,这时若无"咯咯"声,则说明 Tr_6 初级有断线。

③将 Tr_6 初级中心抽头处断开,测量集电极电流。若电流正常,说明 T_5 和 T_6 的工作正常,Tr_5 次级无断线。若电流为 0,则可能是 R_7 断路或阻值变大,或 T_7 短路,或 Tr_5 次级断线,或 T_5 和 T_6 损坏(同时损坏情况较小)。若电流比正常情况大,则可能是 R_7 阻值变小,T_7 损坏,或 T_5 和 T_6 初、次级有短路,或 C_7 或 C_{10} 有漏电或短路。

④测量 T_4 的直流工作状态,集电极电压为 0 V,则 Tr_5 初级断线;若无基极电压,则 R_5 开路;C_8 和 C_{11} 同时短路较少,C_8 短路而电位器刚好处于最小音量处时,会造成基极对地短路。若红表笔触碰电位器中心端无声,碰触 T_4 基极有声,则说明 C_8 开路或失效。

⑤用干扰法触碰电位器的中心端和非接地端,喇叭中均有声,则说明低放工作正常。

(4)无台故障的检修

无台故障是指将音量开大,喇叭中有轻微的"沙沙"声,但调谐时收不到电台。

①测量 T_3 的集电极电压。若无,则 R_4 开路或 C_6 短路;若电压不正常,则检查是 Tr_4 是否良好。测量 T_3 的基极电压,若无,则可能 R_3 开路(这时 T_2 基极也无电压),或 Tr_4 次级断线,或 C_4 短路。注意:此时工作在近似截止的工作状态,所以它的发射极电压很小,集电极电流也很小。

②测量 T_2 的集电极电压。若无电压,则是 Tr_4 初级断线;若电压正常而干扰信号的注入在喇叭中不能引起声音,则是 Tr_4 初级线圈或次级线圈有短路,或槽路电容(200 pF)短路。

③测量 T_2 的基极电压。若无电压,则是 Tr_3 次级断线或脱焊;若电压正常,但干扰信号的注入不能在喇叭中引起响声,则是 T_2 损坏;若喇叭有声,T_2 正常。

④测量 T_1 的集电极电压。若无电压,则是 Tr_2 次级线圈、初级线圈有断线;若电压正常,喇叭中无"咯咯"声,则为 Tr_3 初级线圈或次级线圈有短路,或槽路电容短路。如果中周内部线圈有短路故障,由于其匝数较少,所以较难测出,则可采用替代法加以证实。

⑤测量 T_1 的基极电压。若无电压,则可能是 R_1 或 Tr_1 次级开路,或 C_2 短路;若电压高于正常值,则是 T_1 发射结开路;若电压正常,但无声,则 T_1 损坏。

此时如果仍收听不到电台,可进行下面的检查。

⑥将万用表拨至直流电压 10 V 挡,两表笔分别接于 R_2 的两端。用镊子将 Tr_2 的初级短路一下,看表针指示是否减小(一般减小 0.2～0.3 V)。若电压不减小,则说明本机振荡没有起振,或振荡耦合电容 C_3 失效或开路,或 C_2 短路(T_1 发射极无电压),或 Tr_2 初级线圈内部短路或断路,或双连质量不好。若电压减小很少,说明本机振荡太弱,或 Tr_2 受潮,或印刷板受潮,或双连漏电,或微调电容不好,或 T_1 质量不好,用此方法同时可检测 BG_1 偏流是否合适。若电压减小正常,可断定故障在输入回路。检查双连对地有无短路,电容质量如何,磁棒线圈 Tr_1 初级有否断线。至此,收音机应能收听到电台播音,可以进行整机调试。

实训报告

(1)描述超外差 AM 收音机的工作原理及结构组成。
(2)写出实际装配过程中的重点步骤和遇到的困难。
(3)对调试过程中出现的故障进行描述,并分析故障产生的原因。
(4)自拟表格记录调试过程中测量的数据,并总结本次实训的体会。

7.2　数字万用表装调实训

实训目标

①通过数字万用表装配实训,进一步加深对数字万用表电路原理的认识,能熟练地测量各种物理量,初步学会通过电路图焊接电路板,掌握一些简单的电路焊接工艺及与整机装配工艺。

②实际装配制作一台数字万用表,并通过标准万用表对自装机进行检测和矫正。

实训器材

①数字万用表散件 1 套(数字万用表元件清单见表 7.4);

158

②万用表装配说明书及使用说明书;

③电烙铁 1 个,螺丝刀、镊子、剪刀等。

④焊锡、松香若干;

⑤实验用标准数字万用表 1 台;

⑥待测电阻、电源若干。

表 7.4　数字万用表元件清单

序号	代号与名称		规格	数量	序号	代号与名称	规格	数量
1		R_1	100 kΩ	1 个	29	底面壳各		1 个
2		R_2	0.01 Ω	1 个	30	液晶片		1 片
3		R_3	1.5 kΩ	1 个	31	液晶片支架		1 个
4		R_4	300 kΩ	1 个	32	旋钮		1 个
5		R_5	910 Ω	1 个	33	屏蔽纸		1 张
6		R_6	1 MΩ	1 个	34	功能面板		1 个
7		R_7	220 kΩ	1 个	35	保险管、保险座		1 套
8		R_8	20 kΩ	1 个	36	HFE 座		1 个
9		R_9	9 kΩ	1 个	37	V 形触片		6 片
10		R_{10}	9 Ω	1 个	38	电池	9 V	1 个
11		R_{11}	100 Ω	1 个	39	电池扣		1 个
12		R_{12}	900 Ω	1 个	40	导电胶条		2 个
13		R_{13}	9 kΩ	1 个	41	滚珠		2 个
14	电阻	R_{14}	90 kΩ	1 个	42	定位弹簧	2.8×5	2 个
15		R_{15}	352 kΩ	1 个	43	接地弹簧	4×13.5	1 个
16		R_{16}	548 kΩ	1 个	44	自攻螺钉	2×8	3 个
17		R_{17}	470 kΩ	1 个	45	自攻螺钉	2×10	2 个
18		R_{18}	470 kΩ	1 个	46	电位器(R_P)	200	2 个
19		R_{19}	0.99 Ω	1 个	47	锰铜丝电阻(R_0)		1 个
20		R_{20}	9 Ω	1 个	48	IC:7106	7106	1 个
21		R_{21}	900 Ω	1 个	49	表笔插孔柱		3 个
22		R_{22}	100 Ω	1 个	50	表笔		1 付
23		R_{23}	220 kΩ	1 个	51		C_1	100 pF	1 个
24		R_{24}	470 kΩ	1 个	52		C_2	100 nF	1 个
25		R_{25}	100 kΩ		53	电容	C_3	100 nF	1 个
26		R_{26}	220 kΩ	1 个	54		C_4	100 nF	1 个
27		D_1	1N4007	1 个	55		C_5	100 nF	1 个
28		T_1	9013	1 个	56		C_6	100 nF	1 个

实训原理

1. 技术指标

本实训中的数字万用表能够测试 DCV、ACV、DCA、电阻、电池电流、晶体管、晶体管等,产品符合 CE/UL 等标准。数字万用表的主要技术指标见表 7.5、7.6。

表7.5 数字万用表的主要技术指标(1)

测量项目	量程	分辨力	准确度(23+C)	开路电压	输入电阻	过载保护
DCV	200 mV	0.1 mV	+(0.5%RDG+2字)			1 000 V,DC或AC峰值
	2 V	1 mV				
	20 V	10 mV			10 MΩ	
	200 V	100 mV	+(0.8%RDG+2字)			1 100 V,DC或AC峰值
	1 000 V	1 V				
ACV(RMS)(45~500 Hz)	200 mV	0.1 mV				
	2 V	1 mV				750 V,AC有效值或峰值
	20 V	10 mV	+(1.0%RDG+5字)		10 MΩ <100 pF	
	200 V	100 mV				
	750 V	1 V				
DCA	200 μA	0.1 μA				0.5 A快速熔丝管
	2 mA	1 μA	+(1.0%RDG+2字)			
	20 mA	10 μA		200 mV		
	200 mA	100 μA	+(1.2%RDG+2字)			未加保护
	10 A	10 mA				
ACA(RMS)(45~500 Hz)	200 μA	0.1 μA	+(1.2%RDG+2字)			0.5 A快速熔丝管
	2 mA	1 μA				
	20 mA	10 μA		200 mV		
	200 mA	100 μA	+(1.2%RDG+5字)			未加保护
	10 A	10 mA				
0	200 mV	0.1 mV	+(1.0%RDG+3字)			
	2 mV	1 mV		1.5 V		250 V,DC或AC有效值
	20 V	10 mV	+(1.0%RDG+2字)			
	200 V	100 mV	+(1.5%RDG+2字)			
	1 000 V	1 V	+(2.0%RDG+3字)	750 mV		

表7.6 数字万用表的主要技术指标(2)

测量项目	分辨力	测试电流	测试电压	测量范围	过载保护
二极管挡	1 mV	$I_p=1+0.5$ mA	2.8 V	$V_F=0\sim1.5$ V	250 V,DC或AC有效值
NPN挡 PNP挡	1	$I_b=10$ μA	$U_{ce}=2.8$ V	$h_{FE}=0\sim1\,000$	
蜂鸣器挡	0.1		1.5 V	<20+10	

2. 数字万用表的工作原理

数字万用表的工作原理框图如图 7.3 所示。输入的电压或电流信号经过一个开关选择器转换成 0 ~ 199.9 mV 的直流电压。电流测量则通过选择不同阻值的分流电阻获得。采用比例法测量电阻,即利用一个内部电压源加在一个已知电阻值的系列电阻和串联在一起的被测电阻上,被测电阻上的电压与已知电阻上的电压的比值,与被测电阻值成正比。输入 ICL7106 的直流信号被接入一个 A/D 转换器,转换成数字信号,然后送入译码器转换成驱动 LCD 的七段码。A/D 转换器的四个译码器将数字转换成七段码的四个数字,小数点由选择开关设定。

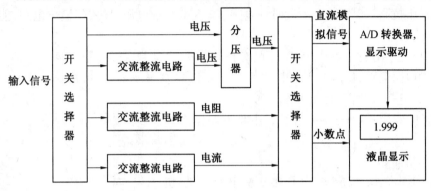

图 7.3　数字万用表的工作原理

数字万用表总电路主要包括 11 个部分:A/D 转换器电路、直流电压测量电路、直流电流测量电路、交流电压测量电路、交流电流测量电路、电阻测量电路、测量晶体管 h_{FE} 的电路、二极管测试电路、蜂鸣器电路、小数点驱动电路及低电压指示电路。

①A/D 转换器包括 ICL7106、振荡电阻、振荡电容、积分电阻、积分电容、基准电容、自动调零电容、高频滤波器及基准电压分压器。

②直流电压测量电路包括分压器、限流电阻及消噪电容。输入电压被分压电阻分压(分压电阻之和为 1 MΩ),每挡分压系数为 1/10,分压后的电压必须为 -0.199 ~ +0.199 V,否则将过载显示,过载显示为最高位显示"1",其余位数不显示。

③直流电流测量电路包括分流器、熔丝管及双向限幅二极管。内部的取样电阻将输入电流转换为 -0.199 ~ +0.199 V 的电压后送入 7106 输入端,当设置在 10 A 挡时,输入电流直接输入 10 A 输入孔,而不通过选择开关。

④交流电压测量电路(AC/DC 转换器)包括线形放大器、整流二极管、保护二极管、隔直电容、耦合电容、输入端过压保护电路、负反馈电阻、频率补偿电容、输出分压电路、平滑滤波器及输入分压器。交流电压首先须进行整流,并通过一低通滤波器对波形进行整形,然后送入共用的直流电压测量电路,最后测量出交流电压的有效值(RMS)。

⑤交流电流测量电路主要是分流器。

⑥电阻测量电路包括测试电压供给电路、标准电阻及保护电路。电路由电压源、标准电阻(这个电阻为分压电阻,由选择开关转换得到)及被测电阻(未知)组成,两个电阻的比值等于各自电压降的比值,因此,通过标准电阻及利用标准电阻上的标准电压,就可确定被测电阻的阻值。测量结果直接由 A/D 转换器得到。

⑦测量晶体管 h_{FE} 的电路包括基准偏置电阻、取样电阻及芯片。

⑧二极管测试电路包括测试电压供给电路、分压器及保护电路。

⑨蜂鸣器电路包括电压比较放大器、参考电压分压电路、分压器、门控振荡器、振荡电阻、振荡电容、偏置电阻及压电陶瓷蜂鸣片。

⑩小数点驱动电路及低电压指示电路。

⑪液晶显示器为LD–B7015A(3/2位LCD)。

3. 核心器件——ICL7106

ICL7106是数字万用表的核心器件,其主要特点包括:

①采用7~15 V单电源供电,可选用9 V叠层电池,低功耗(约16 mW)。

②输入阻抗高(10^{10} Ω)。内设时钟电路、+2.8 V基准电源、异或门输出电路,能直接驱动3位半液晶显示器。

③A/D转换精度高达±0.05%,且具有自动调零、自动判定极性等功能。

④外围电路简单,仅需配5个电阻、5个电容和LCD显示器,即可构成一块DVM(直流电压表)表头。其抗干扰能力强,可靠性高。

ICL7106采用DIP——40封装,引脚图如图7.4所示:

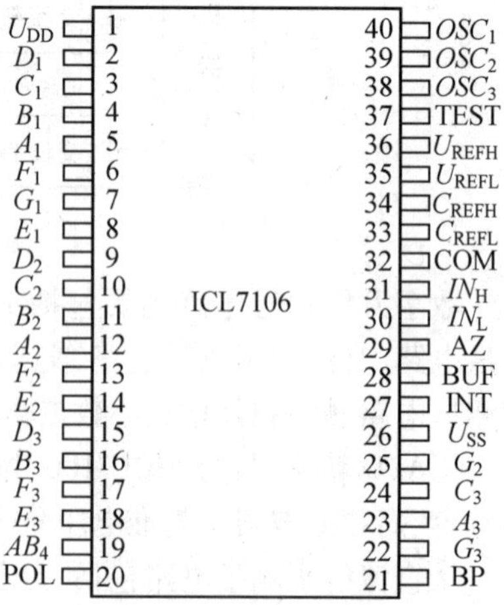

其引脚功能如下:

①U_{DD}(1脚)、U_{SS}(26脚)分别接9 V电源的正、负极;COM(32脚)为模拟信号的公共端,简称模拟地。

②TEST(37脚)是测试端,该端经内部500 Ω电阻接数字电路的公共端(GND),因二者呈等电位,故也称为数字地。该端有两个功能。

a.作测试指示,将它接U_{DD}时,LCD显示全部笔段1888,可检查显示器有无笔段残缺现象。

b.作为数字地供外部驱动器使用,来构成小数点及标识符的显示电路。

图7.4 ICL7106引脚图

③$A_1 \sim G_1$、$A_2 \sim G_2$、$A_3 \sim G_3$、AB_4(19脚)分别为个位、十位、百位、千位的笔段驱动端,接至LCD的相应笔段电极。千位b、c段在LCD内部连通。当计数值$N>1\,999$时,显示器溢出,仅千位显示"1",其余位消隐,以此表示仪表超量程(过载溢出)。

④POL(20脚)为负极性指示的驱动端。

⑤BP(21脚)为LCD背面公共电极的驱动端,简称背电极。

⑥INT(27脚)为积分器输出端,此端接积分电容C_{INT}。

⑦BUF(28脚)为积分器和比较器的反相输入端,此端接积分电阻R_{INT}。

⑧AZ(29脚)为积分器和比较器的反相输入端,此端接自动调零电容C_{AZ}。

⑨U_{REFH}(36脚)、U_{REFL}(35脚)分别为基准电压的正、负端,利用片内U_{DD}与COM之间的+2.8 V基准电压源进行分压后,可提供所需U_{REF}值,也可选外基准。

(10)C_{REFH}(34脚)、C_{REFL}(33脚)是外接基准电容端。

(11)IN_H(31脚)和IN_L(30脚)为模拟电压的正、负输入端。

需要说明的是,ICL7106的数字地(GND)并未引出,但可将测试端(TEST)视为数字地,该端电位近似等于电源电压的一半。数字万用表的简化电路原理图如图7.5所示。

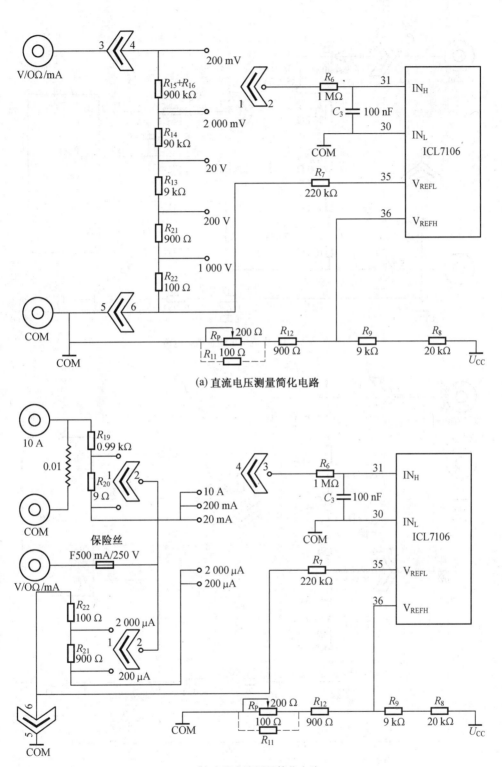

(a) 直流电压测量简化电路

(b) 直流电流测量简化电路

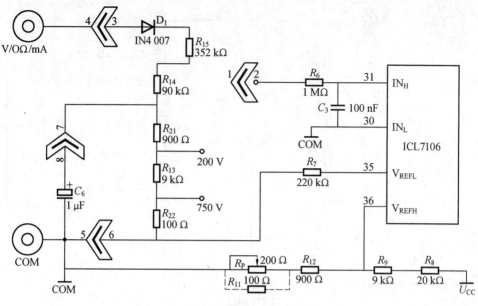

(c) 交流电压测量简化电路

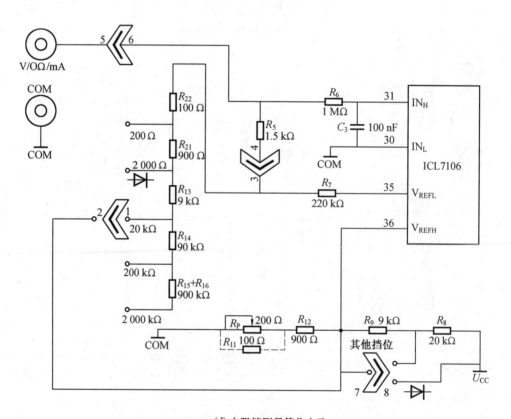

(d) 电阻档测量简化电路

图 7.5　数字万用表简化原理图

实训内容

数字万用表由机壳塑件(包括上下盖、旋钮)、印制板部件(包括插口)、液晶屏及表笔等组成,组装成功的关键是装配印制电路板部件。万用表整机安装流程如图7.6所示。

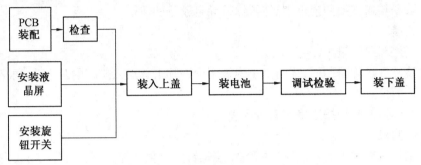

图 7.6　万用表整机安装流程图

在进行装配和焊接前,先按照材料清单对元器件进行清点。清点完成后,检测万用表各个元器件是否完好。准备就绪再开始万用表的装配。

1. 印制电路板的安装

数字万用表的印制电路板是一块双面板,板的 A 面是焊接面,中间圆形的印制铜导线是万用表的功能和量程转换开关电路,若铜导线被划伤或有污迹,则对整机的电气性能会有很大影响,必须小心加以保护。具体装配步骤如下:

(1)装配电阻、电容和二极管

安装电阻、电容和二极管时,如果安装孔距大于 8 mm,则采用卧式安装;如果孔距小于 5 mm,则应采用立式安装(如板上丝印图画"O"的其他电阻);通常,额定功率在1/4 W 以下的电阻可贴板装配,立式装配的电阻和电容元器件与 PCB 的距离一般为 0 ~ 3 mm。电容采用立式安装。

(2)安装电位器和晶体管插座

注意安装方向:晶体管插座装在 A 面,而且应使定位凸点与外壳对准,在 B 面焊接。

(3)安装保险座和弹簧

(4)安装电池线

电池线由 B 面穿到 A 面,再插入焊孔,在 B 面焊接。红线接"+",黑线接"-"。若焊接点大,则应注意预焊和焊接的时间。

注意事项:在没有特别指明的情况下,元件必须从线路板正面装入。线路板上的元件符号图指出了每个元件的位置和方向,根据元件符号的指示,按正确的方向将元件脚插入线路板的焊盘孔中,在线路板的另一面将元件脚焊接在焊盘上。推荐使用小的圆锥头 25 ~ 40 W 的电烙铁进行焊接,采用 63/37 铅锡合金的松香心焊锡丝,禁止使用酸性助焊剂焊锡丝。

2. 液晶屏的安装

液晶屏组建由液晶片、支架和导电胶条组成,液晶片的镜面为正面,用来显示字符,白色为背面,在两个透明条上的可见条状引线为引出电极,通过导电胶条与印制电路板上镀金的印制导线实现电气连接。由于这种连接靠表面接触导电,因此导电面若被污染或接触不良都会引起电路故障,表现为显示缺笔画或显示为乱字符,所以在进行装配时,务必要保持清洁并仔细对准引线位置。支架用来固定液晶片和导电胶条,通过支架上面的五个爪与印制电路板固定,并由四角及中间的三个凸点定位。具体装配步骤如下:

①面壳平面向下置于桌面,从旋钮圆孔两边垫起约 5 mm。

②将液晶屏放入面壳窗口内,白面向上,方向标记在右方;放入液晶屏支架,平面向下;用镊子把导电胶条放入支架两横槽中,注意保持导电胶条的清洁。

3. 旋钮安装

①V 形簧片装到旋钮上,共六个。

②装完簧片后把旋钮翻面,将两个小弹簧蘸少许凡士林放入旋钮的两个孔,再把两小钢珠放在表壳合适的位置上。

③将装好弹簧的旋钮按正确方向放入表壳。

4. 固定印制板

①将印制板对准位置装入表壳(注意:安装螺钉之后再装保险管),并用三个螺钉紧固。

②装上保险管和电池,转动旋钮,液晶屏应正确显示。

5. 调试

在装后盖前将转换开关置于 200 mV 电压挡,注意此时固定转换开关的四个螺钉还有两个未装,转动开关时应按住保险管座附近的印制电路板,防止开关转动时将滚珠滑出。开始调试。

(1)ICL7106 的功能检测

进行功能检测的目的是判断芯片的质量好坏,进而确定数字万用表的故障在芯片还是在外围电路,为分析原因提供重要的依据。以 200 mV 量程的 DVM 为例,对 ICL7106 做功能的检测包括以下四项内容:

① 检查零输入时的显示值。将 ICL7106 的 IN_H 端与 IN_L 端短接,使 $U_{IN}=0$ V,仪表应显示"00.0"。

② 检查比例读数。将 U_{REF} 端与 IN_H 端短接,用 U_{REF} 来代替 U_{IN},即 $U_{IN}=U_{REF}=100.0$ mV,仪表应显示"100.0",此步骤称为比例读数检查,表示 $U_{IN}/U_{REF}=1$ 时仪表的显示值。

③检查全显示笔段。将 TEST 端接 U_{DD} 端,令内部数字地变成高电平,全部数字电路停止工作。因每个笔段上部加有直流电压(不是交流方波),故仪表应显示全部笔段"1888"(此时小数点驱动电路也不工作)。为避免降低 LCD 的使用寿命,做此步检查的时间应控制在 1 min 之内。

④检查负号显示及溢出显示。将 IN_H 端接 U_{SS} 端,使 U_{IN} 远低于−200 mV。仪表应显示"−1"。

(2)数字万用表的功能和性能指标检测

①校准和检测原理。以集成电路 7106 为核心构成的数字万用表基本量程为 220 mV 挡,其他量程和功能均通过相应转换电路为基本量程。故校准时只需对参考电压 100 mV 进行校准,即可保证基本精度。其他功能及量程的精确度由相应元器件的精度和正确安装来保证。

②使用仪器。标准数字万用表校准测量仪(以下简称校测仪)。注意:该仪器 DCV100 mV 挡作为校准电压源,内部用电压基准和运放调整,并用高挡仪表校准。

③装后盖前将转换开关置 200 mV 电压挡,插入表笔,将表笔测量端接校测仪的 DCV100 mV 插孔,调节万用表内电位器 R_P,使表显示 99.9～100.1 mV 即可。

④检测。将待测万用表置于校测仪相对应挡位,检查显示结果,由于集成电路和选择外围元器件得到保证,只要安装无误,仅作简单的调整即可达到设计目标。

6. 总装

①贴屏蔽膜,将屏蔽膜上保护纸揭去,露出不干胶面。

②盖上后盖,安装后盖两个螺钉,至此安装、调试结束。

实训报告

①画出数字万用表的电路原理详图、整机布局图及整机电路配线接线图。

②写出数字万用表各部分电路的工作原理。

③对出现的故障进行分析。

④对万用表的每个技术参数进行检测,并记录测量数据。

⑤写出实训体会。

7.3　充电器和稳压电源两用电路的装调实训

实训目标

①通过充电器和稳压电源两用电路的装配实训,了解电子产品整机的生产制作全过程,训练动手能力,培养工程实践的能力。

②自行设计印刷电路板并焊接,将各模块电路连接起来,整机调试,并测量该系统的各项指标。

实训器材

①充电器和稳压电源两用电路散件一套;

②充电器和稳压电源装配说明书及使用说明书;

③万用表一台;

④直流稳压电源 1 台;

⑤电烙铁一个;

⑥焊锡、松香等若干;

⑦螺丝刀、镊子、剪刀等。

实训原理

说明:

充电器和稳压电源的主要性能指标:

输入电压:交流 220 V。输出电压(直流稳压):分 3 挡(3 V、4.5 V、6 V),各挡误差为 ±10%。

输出直流电流:额定值为 150 mA,最大值为 300 mA。

充电恒定电流:60 mA(±10%),可对 1~5 节 5 号可充电电池进行充电,充电时间为 10~11 h。

具有过载、短路保护,故障消除后自动恢复正常工作。

充电器和稳压电源两用电路的电路原理图如图7.7所示。

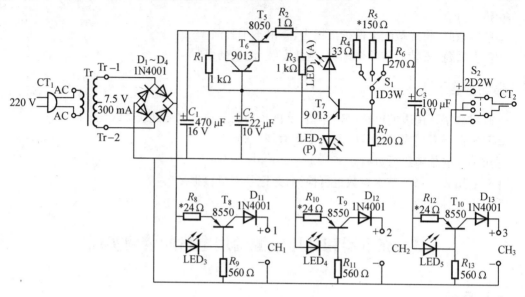

图7.7　充电器和稳压电源两用电路的电路原理图

变压器 Tr、二极管 $D_1 \sim D_4$ 及电容 C_1 构成典型的桥式整流、电容滤波电路,在稳压电路中若去掉 R_2 及 LED_1,则是典型的串联稳压电路,其中 LED_2 兼做电源指示及基准稳压管,当流经该发光二极管的电流变化不大时,其正向压降较为稳定,约为 1.9 V,但此值会因发光二极管的规格不同而有所不同,对同一种发光二极管则变化不大,因此发光二极管可作为低电压稳压管来使用。R_2 和 LED_1 组成简单的过载和短路保护电路,LED_1 还兼作电流过载指示。当输出过载(输出电流增大)时,R_2 上的压降增大,当增大到一定数值后会使 LED_1 导通,使调整管 T_5、T_6 的基极电流不再增大,限制了输出电流的增加,起到了限流保护作用。

S_1 为输出电压选择开关;S_2 为输出电压极性变换开关。

T_8、T_9、T_{10} 及其相应元器件组成三路完全相同的恒流源电路,以 T_8 单元为例,LED_3 在该处兼作稳压和充电指示作用,D_{11} 可防止将充电电池的极性接错,通过电阻 R_8 的电流(即输出电流)可近似的表示为

$$I_0 = \frac{U_z - U_{be}}{R_8} \tag{7.1}$$

式中　I_0——输出电流;

　　　U_{be}——基极和发射极间的压降(约为 0.7 V);

　　　U_z——LED_3 上的正向压降,取 1.9 V。

由此可见,输出电流 I_0 的值主要取决于 U_z 的稳定性,而与负载的大小无关。这实现了充电电路的恒流特性。

由式(7.1)可知,改变电路中 R_8 的大小,即可调节输出电流的大小,因此该电路也可改为大电流快速充电方式工作。但大电流充电会影响充电电池的寿命,当增大输出电流时可在 T_8 的 c~e 极之间并联一个电阻(电阻阻值约为 10 Ω),可减小 T_8 的功耗。

实训内容

1. 元器件的识别与检测

全部元器件在装配前必须准备齐全,然后用万用表对所有的元器件进行测试检查,检查合格后再进行装配。

2. 设计制作印制电路板

该电路在设计印制电路板时要考虑到实用性,设计成 A、B 两块印制电路板为好。参考印制电路板如图 7.8 所示,也可自己进行设计。

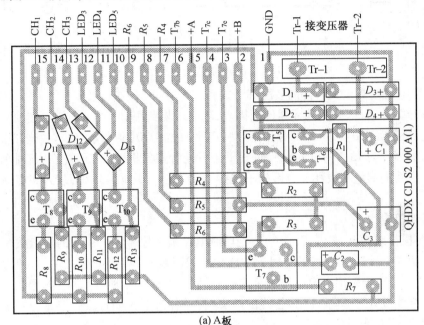

(a) A板

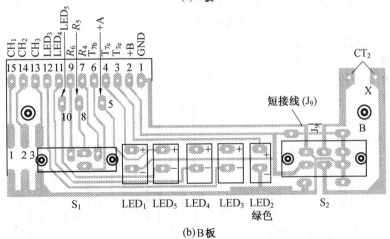

(b) B板

图 7.8　参考印制电路板的设计图

3. 元器件的装配和焊接

（1）印制电路板 A 上元器件的装配和焊接

印制电路板 A 上的元器件全部进行卧式装配，在装配中要注意二极管、晶体管和电解电容的极性。元器件卧式装配的结果应如图 7.9 所示，装配完成后可进行焊接。

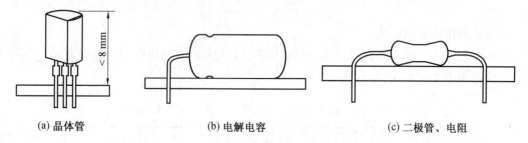

（a）晶体管　　　　　　　　（b）电解电容　　　　　　（c）二极管、电阻

图 7.9　元器件卧式装配的结果

（2）印制电路板 B 上元器件的装配和焊接

①先将开关 S_1、S_2 从 B 板的元器件面插入，且必须装到底。

②发光二极管 LED_1 ~ LED_5 的焊接高度一定要如图 7.10（a）所示，要求发光二极管顶部距离印制电路板高度为 13.5 ~ 14 mm，保证让五个发光管露出机壳 2 mm 左右，且排列整齐。要注意发光二极管的颜色和极性。也可先不焊接 LED，将 LED 插入 B 板，装入机壳调好位置后再进行焊接。

4. 焊接连接导线

先将 15 根排线的 B 端（图 7.10（b）），与印制电路板上序号为 1 ~ 15 的焊盘按顺序进行焊接。排线的两端必须先进行镀锡处理后才能焊接，排线的长度要适当。左、右两边各五根线（即 1 ~ 5，11 ~ 15），分别依次剪成均匀递减（参照图 7.10（b）中所标长度）的形状。再按图将排线中的所有线段分开，并将 15 根排线的两头剥去线皮 2 ~ 3 mm，然后把每个线头的多股线芯绞合后镀锡，要保证线头不能有毛刺。

①焊接十字插头线 CT_2，注意十字插头有白色标记的线必须焊在有 X 标记的焊盘上。

②焊接开关 S_2 旁边的短接线 J_9。

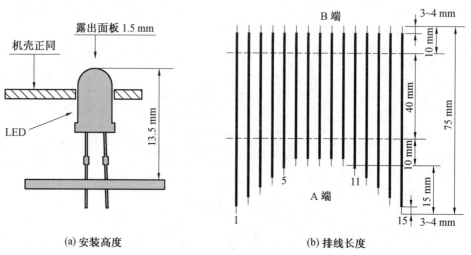

（a）安装高度　　　　　　　　　　　（b）排线长度

图 7.10　发光二极管 LED_1 ~ LED_5 的焊接高度和排线长度

（3）装接电池夹的正极片和负极弹簧

正极片和塔簧的焊接装配如图 7.11 所示。

①将电池夹的正极片凸面向下，将 J_1、J_2、J_3、J_4、J_5 五根导线分别焊在正极片的凹面焊接点上。正极片的焊点处应先进行镀锡，然后将正极片插入外壳插槽中，最后将极片弯曲 90°。

②装配负极弹簧（即塔簧）。在距塔簧第一圈起始点 5 mm 处镀锡，分别将 J_6、J_7、J_8 三根导线与塔簧进行焊接。

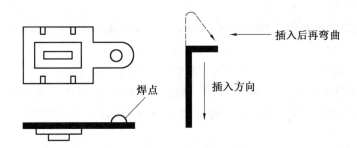

图 7.11　正极片和塔簧的焊接和装配

③电源线的连接。把电源线 CT_1 焊接至变压器交流 220 V 的输入端，一定要将两个接点用热缩管进行绝缘，热缩管套上后须加热两端，使其收缩固定，如图 7.12 所示。

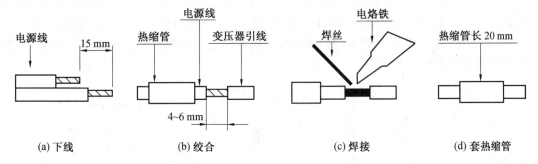

(a) 下线　　　　　　(b) 绞合　　　　　　(c) 焊接　　　　　　(d) 套热缩管

图 7.12　电源线的接点用热缩管进行绝缘

④焊接 A 板与 B 板以及变压器上的所有连线。将变压器副边的引出线焊接至 A 板的变压器 Tr-1、Tr-2；将 B 板与 A 板用 15 根排线对号按顺序进行焊接。

⑤焊接 B 板与电池片之间的连线。将 J_1、J_2、J_3、J_4、J_5、J_6、J_7、J_8 分别焊接在 B 板的相应点上。

5.进行整机装接

以上装配和焊接步骤全部完成后，按印制电路板的设计图进行检查，正确无误后，再进行整机装接。按下述步骤将电路板插入机壳内：

①将焊好的正极片先插入机壳的正极片插槽内，然后将其弯曲 90°。

②将塔簧插入槽内，要保证焊点在上面。在插左、右两个塔簧前，应先将 J_4、J_5 两根线焊接在塔簧上，之后再插入相应的槽内。

③将变压器副边引出线放入机壳的固定槽内。

④用 M2.5 的自攻钉固定 B 板的两端。

6.通电检查和技术指标的检测调试

（1）先进行目视检验

总装完毕后,按原理图及工艺要求检查整机装配情况,着重检查电源线、变压器连线、输出连线及 A 和 B 两块印制电路板的连线是否正确、可靠,连线与印制电路板相邻导线及焊点有无短路及其他缺陷。

(2)通电检测

①电压可调功能的检查。在十字头输出端测输出电压(注意电压表极性),所测电压应与面板指示灯相对应。拨动开关 S_1,输出电压应随其变化(与面板标称值误差在 ±10% 范围内正常),并记录该值。

②极性转换功能的检查。按面板所示开关 S_2 位置,检查电源输出电压极性能否转换,应与面板所示位置相吻合。

③带负载能力的检查。用一个 47 Ω/2 W 以上的电位器作为负载。接到直流电压输出端,串接万用表 500 mA 挡。调节电位器,使输出电流为额定值 150 mA,用连接线替下万用表,测此时的输出电压(注意将万用表换成电压挡)。将所测电压与①中所测值比较。各挡电压下降均应小于 0.3 V。

④过载保护功能的检查。将万用表 DC 500 mA 挡串入电源负载回路,逐渐减小电位器阻值,面板指示灯 A 应逐渐变亮。电流逐渐增大到一定数时(大于 500 mA)不再增大,则保护电路起作用。当增大阻值后,指示灯 A 熄灭,恢复正常供电。

⑤充电功能的检查。用万用表 DC 250 mA(或数字表 200 mA 挡)作为充电负载代替被充电电池,LED$_3$ ~ LED$_5$ 应按照面板指示位置的相应点亮,电流值应为 60 mA(误差为 ±10%)。注意:表笔不可接反,且不可接错位置,否则没有电流。稳压电源和充电器的面板功能和充电功能检测示意图如图 7.13 所示。

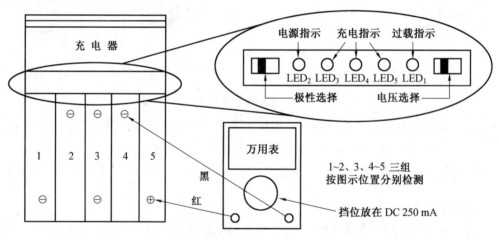

图 7.13　稳压电源和充电器的面板功能和充电电源检测示意图

稳压电源和充电器两用电路的整机装配图如图 7.14 所示。

实训报告

①描述稳压电源盒充电器两用电路的工作原理,并对其性能进行分析。

②写出实际装配过程中的重点步骤和遇到的困难。

③对调试过程中出现的故障进行描述,并分析故障产生的原因。

④自拟表格记录测量的数据,并总结本次实训的体会。

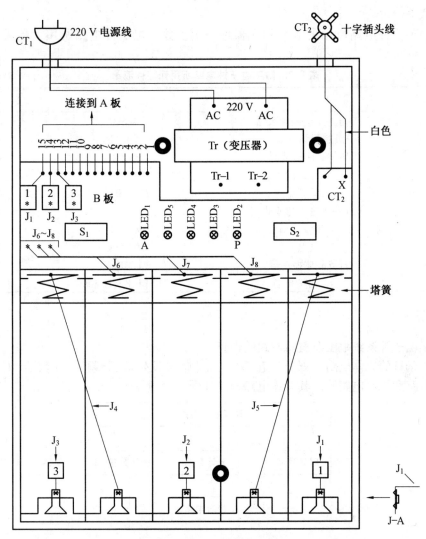

图 7.14 稳压电源和充电器两用电路的整机装配图

7.4 数字电子钟的设计与装调实训

实训目标

①通过设计和安装数字电子钟,掌握设计简单数字系统的一般方法,激发学生的创新思维,提高实践和设计能力。

②完成数字电子钟电路的设计、装配和调试。

实训器材

①数字逻辑实验箱一台;

②万用表一台;

③示波器一台;

④数字电子钟电路所用的芯片和元器件一套。数字电子钟电路所用元器件清单见表7.7。

表7.7 数字电子钟电路所用元器件清单

序 号	名 称	型 号	数 量
1	二-五-十进制计数器	74LS90	11
2	七段显示译码器	CC4511	6
3	半导体共阴极数码管	BS202	6
4	二输入四与非门	74LS00	2
5	六反相器	74LS04	1
6	双路2-2输入与或非门	74LS51	1
7	电阻	680 kΩ	2
8	电阻	100 kΩ	1
9	石英晶体振荡器	1 MHz	1
10	电容、可变电容	220 pF、8~16 pF	各1个

实训原理

1. 数字电子钟系统框图及逻辑电路的设计

数字电子钟的总体电路可划分为五部分:脉冲信号发生器、分频器、计数器(时、分、秒)、译码显示电路和校时电路等。其总体电路框图如图7.15所示。

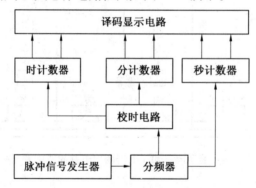

图7.15 数字电子钟总体电路框图

按照数字电子钟的电路框图设计的数字电子钟逻辑电路原理图如图7.16所示。

2. 数字电子钟各部分逻辑电路的功能

(1)脉冲信号发生器

石英晶体振荡器的振荡频率最稳定,其产生的信号频率为1 MHz,通过整形缓冲级 G_3 输出矩形波信号。

(2)分频器

石英晶体振荡器产生的信号频率很高,若要得到1 Hz的秒脉冲信号,则需要进行分频。数字电子钟的逻辑电路采用六个中规模计数器74LS90,将其串接起来组成 10^6 分频器。若每块74LS90的输出脉冲信号为输入信号的10分频,则1MHz的输入脉冲信号,秒信号进到计数器的时钟脉冲CP端进行计数。

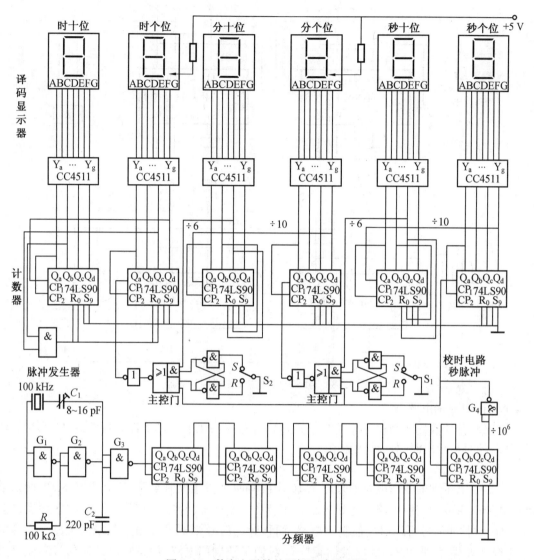

图 7.16 数字电子钟的逻辑电路原理图

首先将 74LS90 连成十进制计数器(共六块),再把第一级的 CP_1 接脉冲发生器的输出端,第一级的 Q_d 端接第二级的 CP_1,第二级的 Q_d 端接第三级的 CP_1,按顺序连接,直到第六级的输出 Q_d 就是秒脉冲信号。

(3)计数器

秒计数器采用两块 74LS90 接成六十进制计数器,如图 7.17 所示。分计数器也采用两块 74LS90 接成六十进制计数器。时计数器则采用两块 74LS90 接成二十四进制计数器,如图 7.18所示。秒脉冲信号经秒计数器累计,计数达到 60 时,向分计数器进入一个分脉冲信号。分脉冲信号再经分计数器累计,计数达到 60 时,向时计数器送出一个时脉冲信号。时脉冲信号再经时计数器累计,达到 24 时进行复位归零。

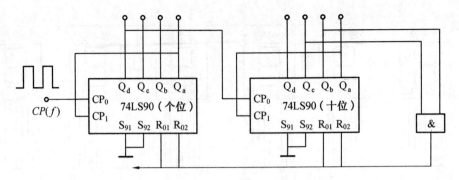

图 7.17 74LS90 接成六十进制计数器

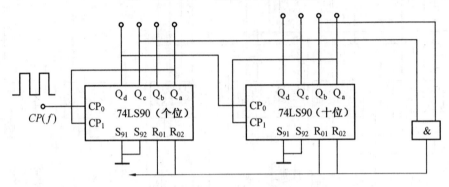

图 7.18 74LS90 接成二十四进制计数器

（4）译码显示电路

时、分、秒计数器的个位与十位分别通过每位对应一块七段显示译码器 CC4511 和半导体数码管,随时显示出时、分、秒的数值。

（5）校时电路

在数字电子钟的逻辑电路原理图 7.16 中设有两个快速校时电路,它是由基本 RS 触发器和与或非门组成的控制电路。电子钟正常工作时,开关 S_1、S_2 合到 S 端,将基本 RS 触发器置"1",分、时脉冲信号可以通过控制门电路,而秒脉冲信号则不可以通过控制门电路。当开关 S_1、S_2 合到 R 端时,将基本 RS 触发器置"0",封锁了控制门电路,使正常的计时信号不能通过控制门电路,而秒脉冲信号则可以通过控制门电路,使分、时计数器变成了秒计数器,实现了快速校准。

实训内容

1. 清点检查

装配前要清点好数字电子钟所需的芯片和元器件,用万用表对各芯片和元器件进行质量检测。

2. 了解芯片引脚

查表得出芯片 74LS90、CC4511、74LS04、74LS51、74LS00 以及数码管 BS202 各引脚的顺序和功能。

3. 整机电路的装配

按照先低后高、先小后大、先轻后重的插装顺序进行插装,注意按照集成芯片的方位标识正确连接,将数字钟的五个部分按图 7.16 所示电路连接好,对电路进行反复检查,检查无误后可通电进行调试。

4.整机电路的调试

调试可分级进行,具体步骤如下:

①用数字频率计测量晶体振荡器的输出频率,用示波器观察波形。

②将 1 MHz 信号分别送入分频器的各级输入端,用示波器检查分频器是否工作正常;若均正常工作,则在分频器的输出端可得到秒信号。

③将秒信号送入秒计数器,检查秒计数器是否按 60 进位,若正常,检查分计数器,若不正常,重新检查接线,测试集成芯片的好坏。

④将分信号送入分计数器,检查秒计数器是否按 60 进位,若正常,检查时计数器,若不正常,重新检查接线,测试集成芯片的好坏。

⑤将时信号送入时计数器,检查秒计数器是否按 24 进位,若正常,检查时计数器,若不正常,重新检查接线,测试集成芯片的好坏。

⑥各计数器在工作前应先清零。若计数器工作正常但显示有误,则可能是该级译码器的电路有问题,或计数器的输出端 Q_a、Q_b、Q_c、Q_d 有损坏。

⑦装配调试完毕后,将时间校正确,该电路可以准确地显示时间。

实训创新与设计

为数字电子钟增加以下功能:

①能够进行定时控制。

②具有整点报时功能等。

整点报时功能的参考设计电路如图 7.19 所示。

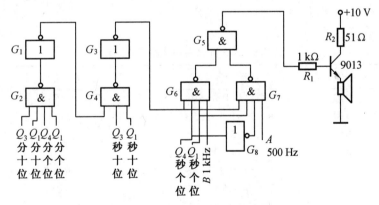

图 7.19　整点报时功能的参考设计电路

每当整点报时功能电路的分计数器和秒计数器计到 59 分 50 秒时,便自动驱动音响电路,在 10 s 内自动发出五次鸣叫声,每隔 1 s 叫一次,每次叫声持续 1 s,并且前四声的音调低,最后一声的音调高,此时计数器指示正好为整点(0 分 0 秒)。音响电路采用射极跟随器推动扬声器发声,晶体管的基极串联一个 1 kΩ 限流电阻,是为了防止电流过大而烧坏扬声器。晶体管选用高频小功率管,如 9013 等。报时所需的 1 kHz 及 500 Hz 音频信号分别取自前面的多级分频电路。

实训报告

①描述数字电子钟各部分电路的工作原理,画出整机布局图。

②根据故障现象进行分析,写出排除方法。

③写出整机电路的调试过程以及调试中遇到的现象。

④原理图和具体的实验步骤,完成设计部分的内容。

⑤总结本次实训的心得体会。

7.5 黑白电视机装调实训

实训目标

①通过实训使学生了解电视机的内部组成结构,掌握电视机的工作原理,学会分析基本的电路原理图,训练学生对复杂电路的装配技能,提高实践动手能力。

②完成一台电视机的组装、调试和焊接。按照技术要求对电视机进行调试,能够对简单的故障进行维修。

实训器材

①小屏幕5.5 in 黑白电视机散件一套(电视机的材料清单见表7.8);

②黑白电视机装配说明书及使用说明书;

③万用表一台;

④直流稳压电源一台;

⑤电烙铁一个,螺丝刀、镊子、剪刀等;

⑥焊锡、松香等若干。

表7.8 5.5 in 黑白电视机元件清单

序　号	名　称	型　号	位　号	数　量
1	电阻	RT114-1 Ω±5%	R_{34}、R_{35}、R_{36}、R_{66}	4 个
2	电阻	RT114-1.5 Ω±5%	R_{38}	1 个
3	电阻	RT114-2.2 Ω±5%	R_{82}	1 个
4	电阻	RT114-4.7 Ω±5%	R_{26}、R_{83}	2 个
5	电阻	RT114-8.2 Ω±5%	R_{41}	1 个
6	电阻	RT114-15 Ω±5%	R_{18}	1 个
7	电阻	RT114-18 Ω±5%	R_{2}	1 个
8	电阻	RT114-39 Ω±5%	R_{42}	1 个
9	电阻	RT114-56 Ω±5%	R_{1}、R_{11}、R_{85}	3 个
10	电阻	RT114-75 Ω±5%	R_{81}	1 个
11	电阻	RT114-100 Ω±5%	R_{31}、R_{47}、R_{57}、R_{86}	4 个
12	电阻	RT114-120 Ω±5%	R_{4}	1 个
13	电阻	RT114-150 Ω±5%	R_{29}、R_{39}	2 个
14	电阻	RT114-270 Ω±5%	R_{32}	1 个

续表 7.8

序　号	名　称	型　号	位　号	数　量
15	电阻	RT114–330 Ω±5%	R_{49}、R_{55}、R_{62}	3 个
16	电阻	RT114–470 Ω±5%	R_3、R_{33}	2 个
17	电阻	RT114–560 Ω±5%	R_{15}	1 个
18	电阻	RT114–680 Ω±5%	R_9、R_{52}	2 个
19	电阻	RT114–1 kΩ±5%	R_{17}、R_{24}、R_{54}、R_{60}、R_{63}、R_{84}	6 个
20	电阻	RT114–1.5 kΩ±5%	R_{23}、R_{51}	2 个
21	电阻	RT114–3 kΩ±5%	R_{25}	1 个
22	电阻	RT114–3.3 kΩ±5%	R_{30}	1 个
23	电阻	RT114–3.9 kΩ±5%	R_{28}、R_{10}	2 个
24	电阻	RT114–4.7 kΩ±5%	R_{12}、R_{44}	2 个
25	电阻	RT114–5.6 kΩ±5%	R_6、R_{13}	2 个
26	电阻	RT114–10 kΩ±5%	R_5、R_{20}、R_{27}、R_{50}	4 个
27	电阻	RT114–18 kΩ±5%	R_{46}	1 个
28	电阻	RT114–22 kΩ±5%	R_{37}、R_{58}、R_{64}	3 个
29	电阻	RT114–39 kΩ±5%	R_{87}	1 个
30	电阻	RT114–56 kΩ±5%	R_8、R_{65}	2 个
31	电阻	RT114–82 kΩ±5%	R_{45}	1 个
32	电阻	RT114–120 kΩ±5%	R_{16}、R_{43}、R_{80}	3 个
33	电阻	RT114–270 kΩ±5%	R_{59}	1 个
34	电阻	RT114–680 kΩ±5%	R_{14}	1 个
35	电阻	RT114–1.5 kΩ±5%	R_{61}	1 个
36	电阻	RT114–120 kΩ±5%	OR_2、R_{53}	2 个
37	瓷片电容	CC1–63V–10 pF±20%	C_1	1 个
38	瓷片电容	CC1–63V–7 pF±20%	C_{55}	1 个
39	瓷片电容	CC1–63V–101 pF±20%	C_{17}	1 个
40	瓷片电容	CC1–63V–103 pF±20%	C_2、C_4、C_6、C_{11}、C_{12}、C_{27}、C_{15}	11 个
41	瓷片电容	CC1–100V–103 pF±20%	C_8、C_9、C_{13}	3 个
42	瓷片电容	CC1–63V–104 pF±20%	C'、C_7、C_{82}、C_{83}、C_{84}、C_{85}	6 个
43	瓷片电容	CC1–63V–320 pF±20%	C_{81}	1 个
44	瓷片电容	CC1–63V–330 pF±20%	C_{19}、C_{46}	2 个
45	瓷片电容	CC1–100V–470 pF±20%	OC_3、C_{47}	2 个
46	瓷片电容	CC1–63V–473 pF±20%	C_{18}	1 个
47	瓷片电容	CC1–63V–680 pF±20%	C_{16}	1 个
48	涤纶电容	CL11–100V–103 mF±20%	C_{10}、C_{15}、C_{35}、C_{60}	4 个
49	涤纶电容	CL11–100V–104 mF±20%	C_{45}	1 个
50	涤纶电容	CL11–100V–222 mF±20%	C_{36} * 无位号	2 个
51	涤纶电容	CL11–100V–273 mF±20%	C_{29}、C_{39}	2 个
52	涤纶电容	CL11–100V–472 mF±20%	C_{40}	1 个
53	涤纶电容	CL11–100V–223 mF±20%	无位号	1 个
54	电解电容	CD11–50V–0.47 μF±20%	C_{14}、C_{68}	2 个
55	电解电容	CD11–50V–1 μF±20%	C_{62}	1 个
56	电解电容	CD11–50V–2.2 μF±20%	C_{41}	1 个

续表7.8

序　号	名　　称	型　　号	位　　号	数　量
57	电解电容	CD11-50V-3.3 μF±20%	C_{72}	1个
58	电解电容	CD11-50V-4.7 μF±20%	C_{30}	1个
59	电解电容	CD11-100V-6.8 μF±20%	C_{34}	1个
60	电解电容	CD11-25V-10 μF±20%	C_{18}、C_{65}、C_{80}、C_{88}、C_{12}	5个
61	电解电容	CD11-25V-22 μF±20%	C_{20}	1个
62	电解电容	CD11-16V-220 μF±20%	C_{43}、C_{44}、C_{63}	3个
63	电解电容	CD11-25V-220 μF±20%	C_{54}	1个
64	电解电容	CD11-16V-100 μF±20%	C_{5}、C_{33}、C_{38}	3个
65	电解电容	CD11-25V-100 μF±20%	C_{26}	1个
66	电解电容	CD11-16V-470 μF±20%	C_{23}、C_{86}、C_{87}	3个
67	电解电容	CD11-16V-1000 μF±20%	C_{31}	1个
68	电解电容	CD11-10V-2200 μF±20%	C_{37}	1个
69	电解电容	CD11-25V-2200 μF±20%	C_{21}	1个
70	电解电容	CD11-160V-3.3 μF±20%	C_{56}	1个
71	稳压二极管	1/2W 62 V	D_{11}	1个
72	稳压二极管	1/2W 33 V	D_{12}	1个
73	中周	6.5 MHz	Tr_1	1个
74	中周	38 MHz	$**Tr_2$	1个
75	二极管	1N4148	D_{13}、D_{14}、D_{17}	3个
76	二极管	1N5399	D_{20}、D_{21}、D_{22}、D_{23}	4个
77	二极管	1N4002/4004	D_{19}	1个
78	二极管	FR107	D_{15}、D_{18}	2个
79	阻尼二极管	FR157	D_{16}	1个
80	晶体管	D880	T_{10}、T_2	2个
81	晶体管	C1815	T_4、T_5、T_8、T_9	4个
82	晶体管	C945 或 C1674	T_1	1个
83	晶体管	S8050	T_3、T_6	2个
84	晶体管	S8550	T_7	1个
85	集成块	CD5151CP 或 CSC515IP	IC_1	1个
86	集成块	D386	IC_2	1个
87	电感线圈	1.8μH	L_2	1个
88	声表滤波	SF3811	SBM	1个
89	滤波器	L6.5B	Y_1	1个
90	排插座	2 p	P_1、P_2、A_4	3个
91	排插座	4 p	P_3、P_4	2个
92	集成插座	28 p		1个
93	集成插座	8 p		1个
94	跳线(自备)	5 mm	J_5	1个
95	跳线(自备)	7.5 mm	J_8、J_{25}、J_{26}、J_{28}、J_{82}	5根
96	跳线(自备)	10 mm	J_2、J_4、J_{10}、J_{15}、J_{21}、J_{29}、J_{30}	7根
97	跳线(自备)	12 mm	J_{22}	1根
98	跳线(自备)	15 mm	J_{17}、J_{27}	2根

续表7.8

序 号	名 称	型 号	位 号	数 量
99	线路板	DS326	160 mm×135 mm	1 块
100	微调电位器	RM-065-500 Ω 场线性调整	R_{P5}	1 个
101	微调电位器	RM-065-2 kΩ 直流输出调整	R_{P4}	1 个
102	微调电位器	RM-065-5 kΩ 调高放延迟量	R_{P1}	1 个
103	微调电位器	RM-065-10 kΩ 行频调整	R_{P7}	1 个
104	电位器	WH12111-2 kΩ 对比度	CONT	1 个
105	电位器	WH12111-33 kΩ 场频	V-HOLD	1 个
106	电位器	WH12111-1 kΩ 亮度	BRIG	1 个
107	电位器	WH12113-20 kΩ 音量	$2R_{P1}$	1 个
108	电位器	WH12113-100 kΩ 调谐	$2R_{P2}$	1 个
109	拨动开关	2W2DG11	S_3	1 个
110	自锁开关	SRK223(AV/TV,电源)	S_1、S_2	2 个
111	耳机插座	ϕ3.5	JK_3	1 个
112	直流插座	DC 圆针	DC	1 个
113	射频插座		ANTIN	1 个
114	音频插座	红色	JK_1	1 个
115	视频插座	黄色	JK_2	1 个
116	散热片	50 mm×35 mm		1 个
117	高压包	BSH8-6H	FRT	1 个
118	偏转线圈	QRS20-70-68	H-DY、Y-DY	1 个
119	钢丝框			1 个
120	显像管座	七脚		1 个
121	管座电路板			1 块
122	排线	2p×310 mm（接扬声器）		1 排
123	排线	4p×160 mm＊（CRT 地线）		2 排
124	导线	200 mm		1 根
125	电源线	单头 1.5 m		1 根
126	绝缘胶管	ϕ3×20 mm		2 根
127	螺钉	3×14×10 PWA(固定显像管)		4 个
128	螺钉	3×8 PA(固定散热片)		1 个
129	螺钉	3×6 PA		1 个
130	螺钉	3×10 PA		1 个
131	螺钉	3.5×14×10 PWA(固定变压器)		2 个
132	螺钉	3×10 PA(固定底座)		2 个
133	螺钉	3×12 PA(面壳与后壳连接)		1 个
134	底座	已在外壳上		1 个
135	转盘	已在外壳上		1 个
136	转向卡	已在外壳上		1 个

实训原理

电视机的主要作用是把电视台发出的高频信号进行放大、解调,并将放大的图像信号加至显像管栅极或阴极间,使图像在屏幕上重现,将伴音信号放大,推动扬声器放出声音。另外,在同步信号的作用下产生与发送端同步的行、场扫描电流,供给显像管偏转线圈,使屏幕重现图像。

说明:本实训以 5.5 in 黑白电视机为例介绍其装调过程。

5.5 in 小屏幕黑白电视机采用了大规模专用单片集成电路 CD5151CP,该芯片把所有小信号处理电路都集成在一起,因此该电视机电路具有工作可靠、电路简单、外围元件步调试比较简单等优点。

1. 电视机的工作流程

ZX2035 型 5.5 in 黑白电视机工作框图如图 7.20 所示。

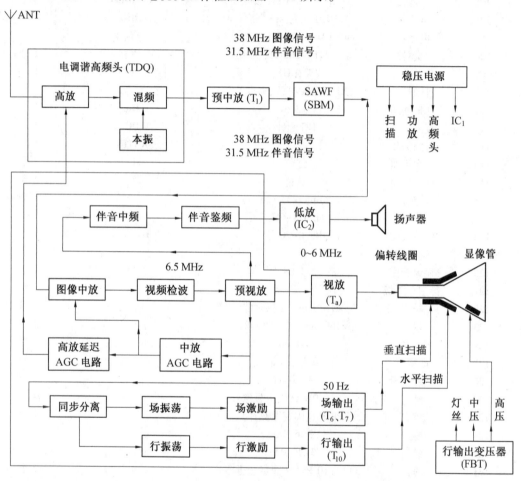

图 7.20　ZX2035 型 5.5 in 黑白电视机工作方框图

黑白电视机主要由图像通道、伴音通道、光栅形成电路及电源电路组成。图像信号和伴音信号经高频调谐放大、中频放大、视频检波后分离进入各自信号通道。伴音通道包括伴音中放、伴音鉴频器、音频功率放大器及扬声器等。光栅形成电路由同步分离电路、行扫描电路、场扫描电路、高中压电路及显像管电路组成。高频调谐器(高频电路)由输入回路、高频放大器、混频器和本机振荡器等组成。

2. ZX2035 型电视机的核心 CD5151CP

黑白电视机专用集成电路 CD5151CP 是将图像中频电路、伴音中频电路、调谐器 AFC 电路与偏转小信号处理电路集成于一个芯片上的集成元器件,且能提供 RF_{AGC} 信号输出。CD515ICP 集成电路采用 28 脚双列塑料封装,其工作电压范围为 8 ~ 12 V(典型值为 10 V)。CD5151CP 引脚排列及功能如图 7.21(a)所示;其内部框图如图 7.21(b)所示;其各引脚直流电压及对地电阻值见表 7.9。

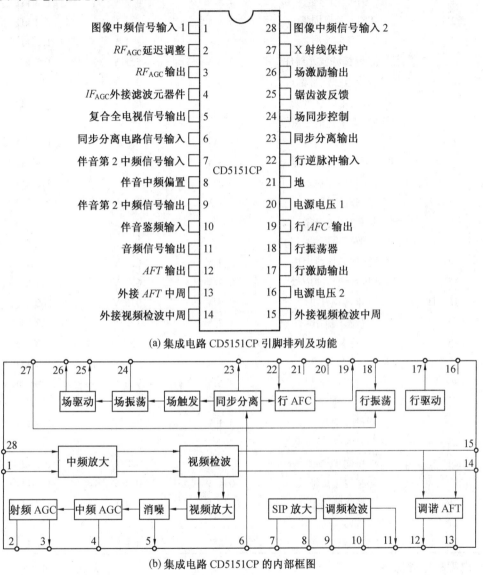

图像中频信号输入 1 —— 1　　28 —— 图像中频信号输入 2
RF_{AGC} 延迟调整 —— 2　　27 —— X 射线保护
RF_{AGC} 输出 —— 3　　26 —— 场激励输出
IF_{AGC} 外接滤波元器件 —— 4　　25 —— 锯齿波反馈
复合全电视信号输出 —— 5　　24 —— 场同步控制
同步分离电路信号输入 —— 6　　23 —— 同步分离输出
伴音第 2 中频信号输入 —— 7　　22 —— 行逆脉冲输入
伴音中频偏置 —— 8　　21 —— 地
伴音第 2 中频信号输出 —— 9　　20 —— 电源电压 1
伴音鉴频输入 —— 10　　19 —— 行 AFC 输出
音频信号输出 —— 11　　18 —— 行振荡器
AFT 输出 —— 12　　17 —— 行激励输出
外接 AFT 中周 —— 13　　16 —— 电源电压 2
外接视频检波中周 —— 14　　15 —— 外接视频检波中周

CD5151CP

(a) 集成电路 CD5151CP 引脚排列及功能

场驱动　场振荡　场触发　同步分离　行 AFC　行振荡　行驱动
中频放大　视频检波
射频 AGC　中频 AGC　消噪　视频放大　SIP 放大　调频检波　调谐 AFT

(b) 集成电路 CD5151CP 的内部框图

图 7.21　5.5 in 黑白电视机内部方框图

表 7.9　集成电路 CD5151CP 各引脚直流电压及对地电阻值

引脚序号	功　　能	直流电压		对地电阻
		无信号	有信号	黑笔接地
1	图像中频信号输入 1	4.8 V	4.8 V	1.3 kΩ
2	RF_{AGC}延迟周整	5.8 V	5.8 V	1.2 kΩ
3	RF_{AGC}输出	2 V	3.1 V	1.2 kΩ
4	IF_{AGC}外接滤波元器件	5.8 V	5.2 V	1.2 kΩ
5	复合全电视信号输出	4.5 V	3.2 V	1 kΩ
6	同步分离电路信号输入	6 V	6.5 V	1.3 kΩ
7	伴音第 2 中频信号输入	3 V	3 V	1.6 kΩ
8	伴音中频偏置	3 V	3 V	1.4 kΩ
9	伴音第 2 中频信号输出	4.5 V	4.5 V	1.4 kΩ
10	伴音鉴频输入	4.5 V	4.5 V	1.3 kΩ
11	音频信号输出	3.2 V	2.4 V	1.3 kΩ
12	AFT 输出（未用）			
13	外接 AFT 中周（未用）			
14	外接视频检波中周	6.4 V	6.4 V	1 kΩ
15	外接视频检波中周	6.4 V	6.4 V	1.1 kΩ
16	电源电压 2	9.5 V	9.5 V	800 kΩ
17	行激励输出	1.2 V	1.2 V	1.2 kΩ
18	行振荡器	5 V	5 V	1.3 kΩ
19	行 AFC 输出	3.6 V	4.8 V	1.2 kΩ
20	电源电压 1	9.6 V	9.6 V	700 kΩ
21	地	0	0	0
22	行逆脉冲输入	3.1 V	3.1 V	1.4 kΩ
23	同步分离输出（未用）			
24	场同步控制	5 V	4.8 V	1.3 kΩ
25	锯齿波反馈	0.4 V	0.4 V	1.1 kΩ
26	场激励输出	3.5 V	3.4 V	1.2 kΩ
27	X 射线保护（未用）			
28	图像中频信号输入 2	4.8 V	4.8 V	1.3 kΩ

3. 电视机电路原理

电视机电路原理图如图 7.22 所示。

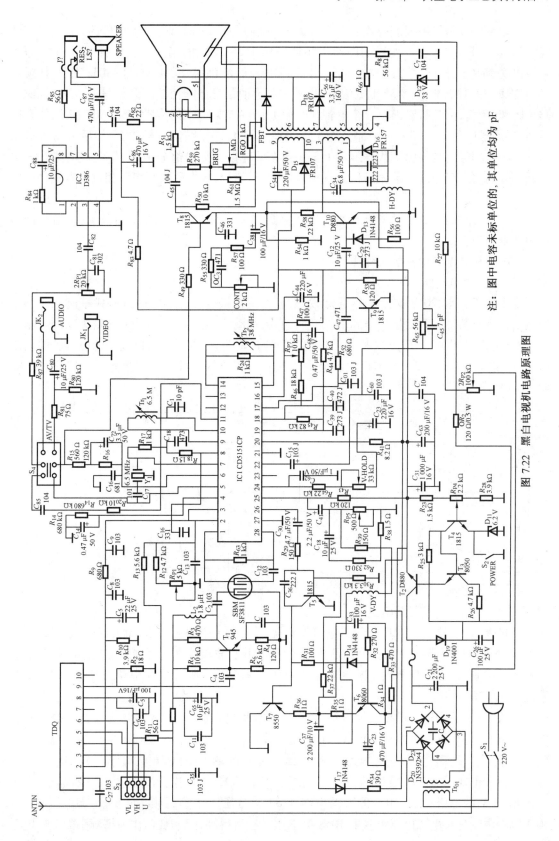

注：图中电容未标单位的，其单位均为 pF

图 7.22　黑白电视机电路原理图

射频全电视信号由天线接收后送入电调谐高频头 TDQ 的 1 脚,高频信号(48 MHz 以上)经过高放、混频后变成 38 MHz 的图像中频信号和 31.5 MHz 的第一伴音中频信号,然后从 9 脚输出送到中放管 T_1 进行中放,再输出送到声表面滤波器 SBM,将 38 MHz 图像中频和 31.5 MHz 第一伴音中频(8 M 带宽信号)以外的频率的信号滤除掉。剩余信号进入 IC_1 集成电路 1 脚和 28 脚,由 5 脚输出复合全电视信号(包括 0~6 MHz 视频信号、6.5 MHz 第二伴音信号、行场同步信号等)。其中,一部分送至末级视放管 T_8 进行图像信号放大,然后再输入显像管阴极。该信号的瞬时值就代表屏幕上某一像素的亮度。另一部分送至 IC_1 集成电路 6 脚进行同步分离,分离后对行、场振荡器的频率进行控制,使行、场振荡的频率和相位与电视台发射的信号保持同频、同相。只有如此才能在屏幕上形成完整的图像。还有一部分信号通过 C_{17}、Y_1(6.5 MHz 滤波器)送入伴音通道进行伴音解调,再进入 IC_2 集成电路进行放大,最后去推动扬声器发出声音。

4. 电视机各部分电路的工作原理

(1)电源供电电路

变压器 Tr_{01} 将 220 V 交流电降压为 12 V,经四只二极管 $D_{20}\sim D_{23}$ 进行桥式整流、电容 C_{21} 滤波后得到直流电。T_2 为稳压电路的调整管,T_3 为推动管,T_4 为取样放大管,D_{11} 为基准稳压管(其值作为准电压源)。R_{23}、R_{28} 和 R_{P4} 组成取样回路,调整 R_{P4} 的阻值可以改变稳压电源的输出电压,调整范围为 9~12 V。本机的额定输出电压为 10.8 V。黑白电视机电源电路原理图如图 7.23 所示。

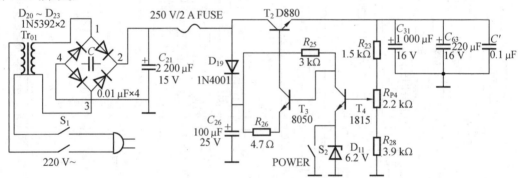

图 7.23　黑白电视机电源电路原理图

(2)高频调谐器及附属电路

本机采用 UD6201-RB 型全频道电子调谐器,共有 10 个引脚:1 脚为天线输入端、2 脚为 AGC 自动增益控制器;3、5、6 脚分别是波段选择控制端,波段选择电压为 9.1 V;4 脚是调谐电压引入端;8 脚是高频调谐器供电端,其工作电压为 9.1 V;9 脚为电视中频信号输出端;10 脚接地;7 脚闲置不用。

接收无线电视信号时,高频信号经 ANTIN 插座和电容器 C_{27} 进入高频头 1 脚。接收有线电视信号时,将有线电缆插头接入 ANTIN 插座,动触片与天线就自动断开,将有线电视信号经 C_{27} 接入高频头 1 脚。高频头 4 脚是调谐电压输入端,调谐电路由 $2R_{P2}$、R_8、R_{27}、C_7、D_{12} 等元件组成。行输出变压器 7 脚经 D_{18} 整流和 C_{56} 滤波后输出 +120 V 的电压,经稳压二极管 D_{12}、电阻 R_8 得到 33 V 的电压。$2R_{P2}$ 组成的调谐电路将 33 V 分压后送给高频头 4 脚,4 脚电压在 0~30 V 范围内变化。电源电压提供的 10.8 V 电压,经 R_{11} 得到 9 V 电压,作为高频头的工作电压和波段选择电压,分别送给高频头 8 脚和波段开关。

(3)公共通道

从高频调谐器 9 脚输出的中频信号,通过 C_4 送入预中放进行放大,放大后由 T_1 集电极输出,经 C_2 耦合至 SBM 声表面滤波器形成中放特性曲线,再送入 IC_1 集成电路 1 脚和 28 脚,经 IC_1 内部三级图像中频放大器放大后,直接加至视频检波器。检出的视频信号在预视放电路中进行放大,经噪声抑制电路去除噪声后从 5 脚输出,再经 R_{49} 耦合至视放输出电路。

在 IC_1 内部,噪声抑制电路输出的另一路信号加至中频 AGC、高放延迟 AGC 电路进行处理,得到高放延迟 AGC 电压,从 3 脚输出,经隔离电阻 R_9 送到高频头的 AGC 端。2 脚外接电位器 R_{P19} 用来调整高放 AGC 延迟量。4 脚外接的 RC 电路 C_{14}、R_{14} 决定了 AGC 滤波电路的时间常数。

(4)视频放大电路

T_8 是视放输出管,由于这一级要求输出信号幅度很大,因此集电极电源电压需 50 V 左右。T_8 接成阻容式耦合共发射极电路。C_{45} 是输出耦合电容。R_{51} 是集电极负载电阻,其阻值越大,放大器增益越高,通频带越窄。在对比度较小时,全电视信号中的消隐脉冲不足以使显像管电子束完全截止,从而画面上会出现回扫线。为消除这种现象,在视放输出管的发射极还加有消隐电路。

行扫描逆程脉冲由行输出变压器的 3 脚通过 R_{58} 加到 T_8 的发射极,场扫描逆程脉冲通过 R_{34}、T_7 加到 T_8 的发射极。当行或场逆程正脉冲到来时,视放输出管截止,集电极呈现高电位,有效地消除了逆程回扫线。视放输出管加上消隐电路之后,即使没有电视信号输入,光栅上也不会出现回扫线。

R_{54} 和 R_{55}、R_{57}、CONT(对比度调节电位器)形成交流并联电路,控制放大器的交流反馈量,从而控制放大器的增益。OC_3 是高频补偿电容器,R_{51} 为限流电阻,当显像管内部打火时,限制短路电流的幅度,起到一定的保护作用。

(5)伴音通道

第一伴音中频信号(31.5 MHz)在 IC_1 内部检波级与图像中频信号(38 MHz)相差一个第二伴音中频信号(6.5 MHz),从 IC_1 的 5 脚输出。这一信号通过 C_{17}、6.5 MHz 带通滤波器 Y_1 取出第二伴音中频信号送入 IC_1 的 7 脚。8 脚也是伴音中频放大电路的一个引脚,因它的外电路中接入 C_{18}、C_{19} 交流旁路电容,因此变成了单端输入式差分放大器电路。7 脚和 8 脚之间的电阻 R_{17}、R_{18} 为内部电路中伴音中频放大器的偏置电阻。9 脚和 10 脚之间所接元件 Tr_1 为内峰值鉴频器电路所需的线性电抗变换电路(鉴频回路)。鉴频器处理后得到的音频信号从 11 脚输出,通过 R_{20}、C_{85}、C_{87}、音量电位器 $2R_{P1}$、C_{82} 加至 IC_2(D386)3 脚,进行音频信号放大。

IC_2 是一块音频功放集成电路,它在电源电压为 9 V,扬声器阻抗为 8 Ω 时输出功率可达 0.7 W。IC_2 是单排 8 脚封装。3 脚为音频输入端;5 脚为音频功放输出端,放大的音频信号通过电容器 C_{87} 耦合至扬声器,发出电视伴音声音;2、4 脚接地;6 脚为电源输入端,通过 R_{83}、C_{86} 滤波电容器输入 9 V 的电源电压。

(6)显像管及其供电电路

显像管是一种电真空器件,共有七个引脚,1 脚和 5 脚是栅极,电压为 0 V(接地);2 脚是阴极,电压为 27 ~ 33 V;3 脚和 4 脚内接灯丝,两脚间交流电压为 9 V 左右;6 脚是加速极,电压为 120 V 左右;7 脚是聚焦极,电压为 0 V(接地)。

（7）场扫描电路

由 CD5151CP 集成电路内同步分离级输出的复合同步信号直接加至场触发电路,经处理后得到的场同步信号又加到场振荡电路,用以控制场振荡器的频率和相位,使其与发送端保持一致。场振荡器产生的振荡信号直接加到场激励级进行放大,然后从 26 脚输出(场频锯齿波信号),送到由分立元件构成的场输出电路。其中 24 脚外接场振荡频率,25 脚输入场频锯齿波反馈信号。调整电位器 R_{P5} 可以改变负反馈量的大小,从而进行场线性调整,而负反馈量又决定了场频锯齿波信号的幅度,因此能同时进行场幅的调整。

本机场输出由分立元件组成,是典型的互补型 OTL 输出电路。R_{35}、R_{36} 分别是输出管 T_6、T_7 的发射极电阻,具有交直流负反馈作用;R_{30}、R_{37} 是场输出推动管 T_5 的偏置电阻,调 R_{30} 可改变中点电位。R_{31}、D_{14} 正向导通电阻是 T_5 的集电极电阻;R_{32}、D_{14} 上的压降给 T_6、T_7 提供静态偏置,使 T_6、T_7 处于临界导通状态,可克服交越失真;C_{37} 是交流耦合电容。

（8）行扫描电路

CD5151CP 集成电路 5 脚输出的复合全电视信号进入 IC_1 内的同步分离电路中进行处理,得到的复合同步信号直接加至行检相器电路,与 22 脚输入的逆程脉冲信号进行比较,得到的检相误差电压从 19 脚输出,经 R_{45} 送入 18 脚,进入 IC_1 内的振荡电路。18 脚外接的 C_{68}、R_{44}、R_{P7} 为定时元件,其中 C_{68} 为定时电容,R_{P7} 为行频调整电位器。由行频输出变压器 5 脚送出的行逆程脉冲通过 C_{45}、R_{65} 加入 22 脚,用以控制行振荡的频率和相位,使其与发送端保持一致。行振荡产生的行脉冲信号直接加至行激励电路中进行放大。从 17 脚输出行脉冲信号,加到由分立元件构成的行推动级和行输出级。

CD5151CP 的 17 脚输出行激励信号经 R_{52} 控制行激励晶体管 T_9 的基极,使 T_9 工作在截止和饱和状态。R_{53} 为 T_9 的集电极负载电阻,通过 C_{12} 耦合至行输出管 T_{10} 基极。T_{13} 为基极输入回路,其作用是吸收反势电压和抑制高频自激。C_{34} 是 S 校正电容,D_{15} 是升压二极管,C_{54} 是升压电容。D_{16} 是阻尼二极管,与 D_{16} 并联的涤纶电容器 222J 和 223J 是逆程电容器,调节其大小就可调整行幅的大小。

本机行输出变压器的型号为 BSH8-6B,共有 10 个引脚:1 脚接阻尼二极管 D_{16};2 脚输出交流 6.3 V 显像管灯丝电压;3 脚接行输出管集电极、行偏转线圈和行消隐脉冲信号输出;4 脚接地;7 脚经 D_{18} 整流后输出 50 V 中压,提供给末级视放等电路,经 D_{18}、C_{56} 整流滤波后输出 120 V 左右的电压,提供给显像管加速极和亮度控制电路,经 R_{59}、R_{60}、BRIG 分压后得到可调的 27～33 V 电压,通过 R_{51} 加入显像管阴极;9 脚和 10 脚分别接升压二极管 D_{15} 和升压电容 C_{54},形成自举回路。高压阳极所需的电压是由行输出变压器的高压包输出的高压脉冲,经整流和显像管壳电容滤波后提供。

实训内容

1. 元件的装配与焊接

在进行装配前,要先对元器件进行清点,清点完毕后的元器件必须经过检测合格后才允许进行安装。整机安装时,要先插装低矮、耐热的元器件,再插装怕热的元器件,最后焊接集成电路。具体装配步骤如下。

（1）读图

将电视机电路原理图与印制电路板图进行对照,检查对两图中所标元器件是否一致。还需仔细对照印制电路板实物与印制电路板图,确认无误。读图并找出各元器件的正确装配位置。

(2)检测核对元器件

找出有极性元器件的各引脚的排列顺序。将高频调谐器贴有不干胶的一面朝向自己,从左至右依次是1脚至10脚。将电源调整管标有型号的一面朝向自己,散热器的一边朝后,靠左边的是基极,中间是集电极,右边是发射极。然后用万用表检测电阻器、电容器、二极管、晶体管的质量。电感类元件在出厂时已经测量好,装配后只需微调即可。

(3)插装

插装时,应按以下顺序进行插焊:短接线、电阻器、二极管、晶体管、电容器及其他元器件。装配二极管、晶体管、电解电容等元器件时要注意极性;装配二极管时应距离印制电路板 2 ～ 3 mm,以便散热;装配晶体管时引脚应留 6 ~ 7 mm;装配其余元器件时应尽量紧贴印制电路板;装配集成电路插座时要注意缺口方向。T_2 和散热器垂直插入印制电路板,将散热器反面 L 型突起部分扭转一个角度,以卡在印制电路板上。T_2 及散热器、高频调谐器、行输出变压器等应当放在最后装配。

(4)焊接

焊接前要把所有元器件都插装到位,不允许同时进行插装和焊接。焊接时,焊点要求光亮、大小适中、呈锥形,不能有虚焊、堆焊、漏焊等现象。焊接完成后,将焊接面上元器件引脚用斜口钳剪至焊点,然后用无水酒精将焊点清洗干净。对照装配图检查元器件装配是否正确,焊接质量是否满足工艺要求。

2. 电路的调试与总装

调试前先查清印制电路板上各电位器、插座、开关所起的作用和具体位置。调试前先测量各电路负载的电阻,确认无误后方可开机调试。不论是调试还是维修,都应按以下顺序进行:电源、行扫描、场扫描、视放、中频通道、同步分离及伴音。具体调试步骤如下。

(1)直流电源调试

直流电源的稳压输出直流应调整在额定输出电压 10.8 V,允许误差为 ±0.2 V(即为 10.6 ~ 11 V)。然后调节电位器 R_{P4},使电源输出电压在 ±2 V 范围内可调(即为 9 ~ 13 V 可调)。测量稳压管两端的电压(基准电压)应为 6.2 V 左右。

(2)扫描电路调试

电视机正常工作时各部分电路的平均电流大致应有一定范围。另外,还有些关键点的平均电压与电路工作状态有关。如行输出管的集电极电压、基极电压、OTL 场输出中点电压、集成电路中扫描电路引脚的电压等。调试时,可分别进行场扫描电路的调试和行扫描电路的调试。将 T_{10} 的集电极断开,对断开处进行测量,行输出电路的电流正常值应该在 250 mA 左右,行输出管集电极电压在 12 V 左右,此时可判定行输出电路基本正常。测量 CD5151CP 集成电路 17 脚的电压应为 0.4 V,T_9 基极电压也在 0.4 V 左右,此时集成电路内部扫描电路工作基本正常。然后测量 CD515ICP 的 24、25、26 脚电压,其值应与电路原理图上的标称值一致。这时在屏幕上可看见光栅,调节场频电位器使光栅出现闪烁,再调节场频电位器使闪烁消失,这时场频基本接近 50 Hz。调节场频电位器,在场频调至最高和最低时,光栅应出现闪烁,而当调至中间时,光栅应不闪烁。测量 C_{37} 正极电压,应该为电源电压的一半,即 5 V 左右。

（3）显像管附属电路调试

显像管附属电路包括视放电路、行/场偏转电路。调试前先不要插显像管的插座,用万用表直流电压 250 V 挡测量显像管第 6 脚电压值,应为 100 V 左右;测量母管座第 3 脚电压(用交流 10 V 挡),由于灯丝电压是由行输出变压器输出的脉冲电压,因此要用交流电压挡来测量,本机灯丝电压为 6.3 V(有效值)。调节亮度电位器,并同时测量 2 脚电压,应该在 10 ~ 80 V 之间可调。如果上述电压都正常,再把显像管插座插上。此时荧光屏应有光栅产生。拨动偏转线圈后的调节环,并观察荧光屏,使光栅处于荧光屏正中位置。如果显像管四个角出现暗角,则可以将偏转线圈向颈椎的方向推到底;如果光栅倾斜,可以通过旋转偏转线圈来解决。偏转线圈结构示意图如图 7.24 所示。行偏转线圈和场偏转线圈可以通过测量电阻的方法来判断,行偏转线圈的电阻只有一点几欧姆,而场偏转线圈的电阻比行偏转线圈的电阻大。调节亮度电位器,光栅最亮时能满足白天收看的需要,并且扫描亮线也不出现明显的散焦,最暗时亮度能关死。如果亮度不受控制,则需检查亮度控制电路。调试时,如果图像上、下颠倒,则要将场偏转线圈的两根引线对调。如果图像左、右颠倒,则要将行偏转线圈的两根引线对调。

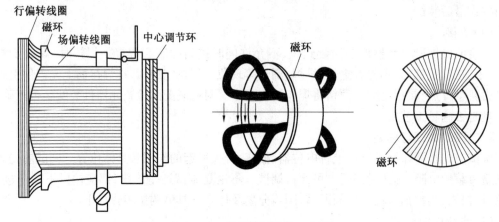

图 7.24　偏转线圈结构示意图

（4）信号通道调试

调试信号通道之前一定要将扫描电路调试好。信号通道调试方法较简单的有电流法和直观监测法,信号通道包括中频通道、视频输出电路、同步分离伴音电路等。信号通道电路的频率特性通常由声表面滤波器决定,一般不需要调试。调节调台电位器,高频调谐器 4 脚电压应为 0 ~ 33 V,8 脚电压应为 10 V 左右。测量预中放管 T_1 各极电压,应为基极 115 V、集电极 0.8 V、发射极 0.3 V,如果偏离过大,则应检查电路。将高频调谐置于空频道,用万用表测 CD5151CP 的第 28 脚、1 脚、2 脚、3 脚、4 脚、5 脚、14 脚、15 脚的电压,应与标称电压一致。调节调台电位器使电视机接收到电视图像信号,用万用表监测 CD5151CP 的 5 脚电压,并用无感应螺丝刀同时调节 14 脚、15 脚外接选频元件 Tr_2(38 MHz)的电感,使 5 脚电压最低输出信号最强。测量视放管 T_8 各极电压,应为基极 3 ~ 4 V,集电极 80 V 左右,发射极 3 V 左右,如果偏离过大,应认真检查相应电路。

如果荧光屏上有图像,但有十多把回扫线,应检查视放管 T_8 发射极的消隐电路。同步电路调试时,调出信号较强的节目,如果出现了场不同步的现象,可微调场频电位器 V-HOLD。

（5）伴音通道的调试

接通电源,检测 CD5151CP 的第 7～11 脚电压,应与标称电压一致。接收到电视信号后,微调 9 脚、10 脚外接 Tr_1(6.5 MHz)的电感,使伴音最清晰,噪声最小。测量 C_{86} 正极电压,应在 9 V 左右,否则就需要检查功放电路。通常调试视放输出电路及伴音功放时,可以用 VCD 或其他信号源将视频、音频信号直接从输入口引入,以检测这两个电路的质量。

3. 总装

①调试完成后,先将变压器及扬声器装在上盖的相应位置。变压器用 ϕ3.5 mm×15 自攻螺钉固定在上盖右边,将扬声器插装在上盖的左边槽内。

②电源开关装塑料按钮,电位器 $2R_{P1}$、$2R_{P2}$ 上接旋钮。先将上盖卡在前盖的槽内,并用 ϕ3 mm×12 自攻螺钉固定。所有的外壳在出厂前均已经装好,在拆开之前先仔细看好具体的装配方法。

实训报告

①描述 5.5 in 黑白电视机的工作原理及结构组成。

②写出实际装配过程中的重点步骤和遇到的困难。

③对调试过程中出现的故障进行描述,并分析故障产生的原因。

④自拟表格记录调试过程中测量的数据,并总结本次实训的体会。

7.6　声光两控延时电路的装调实训

实训目标

①了解声光两控延时电路的工作原理。

②根据声光两控延时电路的实际应用场所计算电路参数。

③能够合理设计电路的元件布局。

④设计制作声光两控延时电路的印制电路板。

⑤焊接调试声光两控延时电路。

实训器材

①声光两控延时电路散件一套(元器件清单见表 7.10);

②矩阵电路板一块;

③万用表一块;

④直流稳压电源一台;

⑤焊接工具一套。

表7.10　声光两控延时电路的元器件清单

序　号	名　称	型号规格	位　号	数　量
1	集成电路	CD4011	IC	1块
2	单向可控硅	100-6	T_1	1支
3	晶体管	9014	T	1支
4	整流二极管	1N4004A	$D_1 \sim D_5$	5支
5	驻极体话筒	(54±2)dB	BM	1支
6	光敏电阻	625A	RG	1支
7	电阻器	10 kΩ、120 kΩ	R_6、R_1	2支
8	电阻器	47 kΩ	R_2、R_3	2支
9	电阻器	470 kΩ、1 MΩ	R_7、R_5	2支
10	电阻器	2.2 MΩ、5.1 MΩ	R_4、R_8	2支
11	瓷片电容	104	C_1	1支
12	电解电容	10 μF/10 V	C_2、C_3	2支
13	印制板、图纸			1套

实训原理

随着电子技术尤其是数字电子技术的发展,用数字电子电路实现灯光的自动点亮、节能节电、延长灯的寿命变得越来越重要。声光两控延时电路已成为人们日常生活中必不可少的产品,广泛应用于走廊、楼道等公共场所,给人们的生活带来了极大的方便。本实训的任务是分析声光两控延时电路的基本工作原理,根据声光两控延时电路的实际应用场所计算确定电路参数,设计制作声光两控延时电路的印制电路板。

声光两控延时电路的电路原理如图7.25所示。本电路的功能就是将声音信号处理后,变为电子开关的开关动作。另外还有一路检测信号,检测光线的强弱,只有在光线较弱时,声控开关才能开启。延时电路一般采用RC充放电电路。

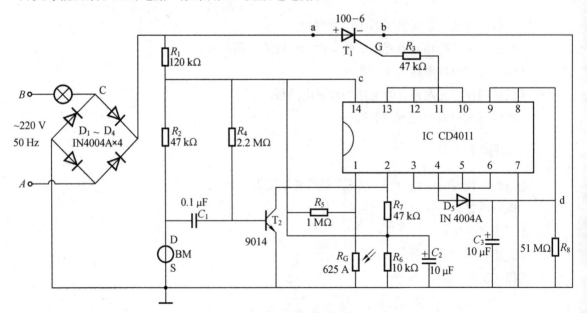

图7.25　声光两控延时电路原理图

电路中使用的元器件有整流、话筒、光敏电阻、可控硅等,核心元件采用数字集成芯片 CD4011,其内部含有四个独立的与非门 $G_1 \sim G_4$,使电路结构变得非常简单而可靠。CD4011 的内部结构如图 7.26 所示。

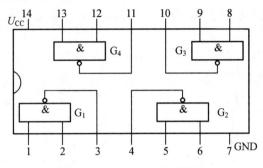

图 7.26　CD4011 的内部结构

二极管 $D_1 \sim D_4$ 对交流 220 V 进行桥式整流,变成脉动直流电,又经 R_1 降压、C_2 滤波后,成为整个控制电路的直流电源。

为了使声光两控开关在白天有光时开关断开,即灯不亮,由光敏电阻 R_G 等元件组成光控电路,R_5 和 R_G 组成串联分压电路,白天光线强时光敏电阻的阻值很小,光敏电阻 R_G 两端的电压很低,使与非门 G_1 的 1 脚为低电平,此时无论,IC 的 2 脚有无信号,G_1 的输出端 3 脚始终为高电平,经与非门 G_2 反相后使 4 脚始终为低电平,再经过 G_3、G_4 后,使 11 脚为低电平,可控硅没有触发信号,灯不亮。

从电路图可以看出,CD4011 中的四个与非门只有 G_1 是处于与非门逻辑状态,其余三个与非门都接成非门使用,起到转换电平、电路缓冲的作用。

当夜晚来临或者环境无光时,光敏电阻的阻值很大,R_G 两端的电压变高,与非门 G_1 的 1 脚成为高电平。这时若周围环境发出声响,则驻极体话筒拾取信号,经电容 C_1 隔直通交后,交流信号中的负半周使晶体管处于截止状态,使 G_1 的 2 脚为高电平,G_1 的输出变为低电平,经 G_2 输出后,4 脚为高电平,为电容 C_3 快速充满电,这个高电平使 G_3 的输出 10 脚为低电平,再经 G_4 输出后,11 脚变为高电平,触发可控硅使之导通,点亮灯泡。当外界的声音消失后,D_5 将处于截止状态,随着时间的推移,电容 C_3 将通过 R_8 放电,当放电到使 G_3 的 8、9 脚为低电平时,其 10 脚变为高电平,又使 G_4 的输出 11 脚为低电平,可控硅的触发信号消失。

但是此时可控硅的导通状态是不会随着触发信号的消失而改变的,真正使可控硅截止的原因是加在可控硅阳极上的电压波形是脉动的直流,当脉动的直流电变化到零点时,可控硅就会自动截止。若没有触发信号,即使加在可控硅阳极上的电压又为正时,可控硅也不会导通,灯也就熄灭了。

可见,在灯点亮期间,可控硅实际上处于不断的导通、截止状态。脉动直流电的每一个零点电压,都会使可控硅截止一次,即可控硅是每秒钟通断 100 次。然而由于灯泡灯丝的热惯性,人眼是看不出灯泡的闪亮的。

这个电路延时的长短,取决于电容 C_3 和电阻 R_8 的大小。改变 R_8 或 C_3 的值,即可改变灯泡的延时时间。

实训内容

1. 元件检测

集成电路 IC 选用 CMOS 数字集成芯片 CD4011,其里面含有四个独立的与非门电路。可控硅选用 1 A/400 V 的单向可控硅 100-6 型,如电路的负载电流很大,则可选用 3 A、6 A 或者 10 A 等规格的单向可控硅。单向可控硅 100-6 型的测量方法是:用 $R×1$ Ω 挡,将红表笔接可控硅的负极,黑表笔接正极,这时表针应无偏转,然后用黑表笔触一下控制极 G,这时表针如果有偏转,立即将黑表笔离开控制极 G,这时表针仍维持在偏转有读数,说明该可控硅质量是完好的。

接收声音的话筒选用的是一般收录机上用的小驻极体话筒。驻极体话筒的测量方法是用 $R×100$ Ω 挡,将红表笔接外壳(S 端)、黑表笔接 D 端,这时用口对着驻极体话筒吹气,若表针有摆动,则说明该驻极体完好,表针摆动越大,说明驻极体话筒的灵敏度越高。

光敏电阻可选用 625A 型。有光照射时,其电阻为 20 kΩ 以下,无光时,其电阻值可大于 100 MΩ,这样的元件就是完好的。

二极管采用 1N4004A,其正向电流为 1 A,耐压在 400 V。其他元器件按图 7.26 所示的标注即可。

2. 电路装接布局及走线设计

本电路属于分立元件和集成器件的混合电路,可采用印制矩阵电路板进行安装调试。安装前,应选择合适大小的电路板,必须保证电路板焊接的孔间距和集成电路管脚的间距一致。对元件的布局和连接线的走向要求如下:

①集成电路块放置方向要有利于输入和输出的连接,减少走线交叉,尽量减少连线。

②集成电路四周应留出检测及插装空间,每个引脚单独占用一个焊盘,要熟悉管脚排列。

③操作中需要经常调整的元件,应考虑调整方向和操作方便,应有利于输入和输出的连接和调整。

④分立元件布局要有一定的轴线方向,元件的疏密程度应尽量一致,相邻元件要保持一定的装接距离,保证元件的稳定性。在电路板四周的排列要整齐。

⑤对分立元件高低差别较大的元件应作适当调节,同类元件须尽量保持高低、形状一致。

声光两控延时电路 PCB 板如图 7.27 所示。

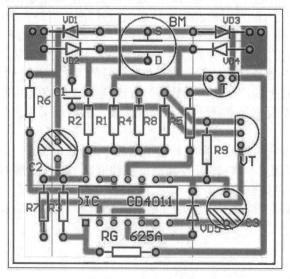

图 7.27　声光两控延时电路 PCB 板

3. 电路安装

①本电路中的外加电源变压器可根据电路板的大小确定装在板内或板外,应注意做好电源线的固定和短路保护。

②电路中使用的元件在安装前,应进行整形和镀锡,其高度为 1 ~ 1.5 cm。

③怕热元件和功率大的元件引线应略长一些。

④元件标称值应处于便于观察的位置。

⑤焊接晶体管和集成电路元件时,电烙铁接触时间不宜过长,以免烫坏元件。

⑥焊接面的焊点要均匀一致,表面光亮,无虚焊和漏焊。

⑦在使用焊接工具、焊接材料时,应当培养规范操作、文明操作的习惯;做到场地干净整洁,要爱护元件,节约材料,不断提高装接速度和质量。

声光两控延时电路装接实物如图 7.28 所示。

图 7.28 声光两控延时电路装接实物

4. 电路调试

先将焊好的电路板对照电路图认真核对一遍,不要有错焊、漏焊、短路、元件相碰等故障。电路通电后,人体不允许接触电路板的任一部分,防止触电,注意安全。需要用万用表检测时,只可将万用表的两表笔接触电路板的相应位置。

电路开始调试时,将测试点 a、b 用开关 S_1 连接,关闭检测开关 S_1,灯亮,说明主电路连接完毕。再将测试点 c、d 用开关 S_2 连接,关闭检测开关 S_2,灯亮,说明 D_5 电路连接正常。将光敏电阻用一块黑纸遮盖住,使之处于无光状态,两只手轻轻轻鼓掌,这时灯应亮。将光敏电阻上的黑纸拿掉,使光照射在光敏电阻上,再用手鼓掌,这时灯应该不亮,说明光控电路完好。电路调试结束。

实训报告

①画出声光两控延时电路的电路原理图。

②写出声光两控延时电路各部分电路的工作原理。

③对调试中出现的故障进行分析。

④记录电路中各与非门输出端的测量数据。

⑤写出实训体会。

7.7 音频功率放大电路的装调实训

实训目标

①熟悉音频功率放电路的组成、功能和作用。
②能够分析音频功率放大电路各部分的工作过程。
③能够合理设计电路的元件布局,防止信号的干扰和相互影响。
④能够熟练地对音频功率放大电路进行安装、调试和故障排除。
⑤熟悉信号的处理、控制、反馈及改善措施。

实训器材

①音频功率放大电路散件一套(元器件清单见表7.11);
②电子焊接工具一套;
③矩阵电路板一块;
④万用表一块;
⑤直流电源一台;
⑥示波器一台。

表7.11 功率放大电路的元件明细表

序号	元件	型号	位号	数量	序号	元件	型号	位号	数量
1	晶体管	8050	T_1、T_2、T_4	3	14	电位器	10 K/0.25 W	R_{P1}	1
2	晶体管	2N3055	T_3	1	15	电位器	5 K/0.25 W	R_{P2}	1
3	晶体管	2N2955	T_5	1	16	扬声器	8 Ω/5 W		1
4	二极管	FD—3 A		4	17	印刷电路板			1
5	运算放大器	LF357	A	1	18	管脚座	DIP8		1
6	电解电容	100 μF ±20%		2	19	三针插头			1
7	稳压器	7815、7915		2	20	二针插头			1
8	电阻	0.22 Ω/2 W	R_{12}/R_{13}	2	21	音频插头			1
9	电阻	1 K/0.25 W	$R_3/R_{14}/R_{15}$	3	22	铆钉			5
10	电阻	5 K/0.25 W	R_8	1	23	散热片			2
11	电阻	10 K/0.25 W	$R_1/R_4/R_7/R_9$	4	24	M3 螺钉			2
12	电阻	100 K/0.25 W	$R_2/R_6/R_{16}$	3	25	M4 测试钉			1
13	电阻	10 Ω/0.25 W	R_5	1	26	测试针			4

实训原理

日常生活中常见的录音机、电视机等小功率音频设备中都会用到音频功率放大电路。其工作过程为:通过音频电压放大电路对采集和分离出来的较弱的声音信号或线路信号进行放大,然后送给前置级进行低频放大,经激励级推动,由 OTL 组成的互补推挽功率放大电路实现功率的放大,如图 7.29 所示。本实训的任务就是制作一个音频功率放大器,并对其静态工作点和输出信号等进行测试、调整。

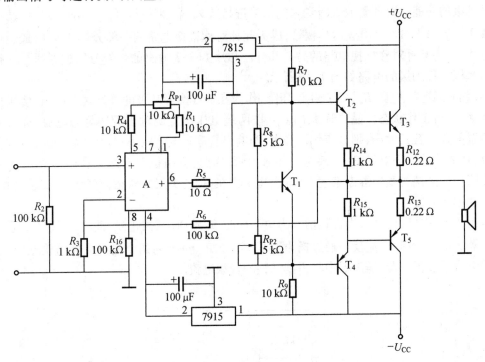

图 7.29　音频功率放大电路原理图

音频功率放大电路是将微弱音频电信号放大,使其足以推动扬声器发声的电路。它是一个多级放大电路,一般由前置放大级、推动级及功率放大级组成。前置放大级主要完成小信号放大,一般要求输入阻抗高,输出阻抗低,频带宽,噪声小;推动级主要提供给功率级足够大的激励信号;功率放大级主要完成音频电信号的功率放大,它决定了音频功率放大电路的输出功率、非线性失真系数等指标,一般要求效率高、失真小、输出功率大。

功率放大电路的组成结构如图 7.30 所示。

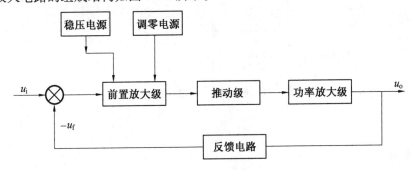

图 7.30　功率放大电路组成框图

1. 前置放大级

前置放大级由集成运放芯片 LF357 等元件组成(集成芯片 LF357 的管脚功能要求学生自查)。芯片的静态工作点由调零电位器 R_{P1}、电阻 R_1、R_4 构成分压式固定偏置电路得到,调整 R_{P1} 的阻值可改变前置放大级的输出电压。

2. 推动级

推动级的功能是对前置放大级送来的信号进行放大，晶体管 T_2、T_4 以推动方式，推动功率放大管 T_3、T_5，并与 T_2、T_3 组成达林顿管，成为互补对称推挽电路的一部分。T_4、T_5 组成达林顿连接方式，成为互补对称推挽电路的另一部分。芯片 LF357 输出的信号分别加到两个互补推挽管的基极。推动级的电路如图 7.31 所示。

利用晶体管 T_1、电阻 R_8、R_{P2} 产生的压降，作为互补推挽管基极的静态偏置电压，使输出管工作在甲、乙类工作状态。晶体管 T_1 的 c、e 极两端电压决定两输出管的静态电流，称为输出管的偏置电路。若其太小，则分流作用增大，两输出管静态电流减小；若其太大，则分流作用减小，输出功放管的静态电流增大，甚至烧坏输出管，因此，其阻值要合适。利用 T_1 两端产生的直流压降构成推挽管基极静态偏置，使输出管工作在甲、乙类工作状态，避免产生交越失真。

3. 功率放大级

从图 7.31 中可以看出，当音频信号为负半周时，T_5 导通（T_3 截止）。此时，电源 U_{CC} 通过 T_5 及扬声器放电，其音频电流反向通过扬声器。这样在正、负半周两个输出晶体管轮流导通，都使音频电流通过扬声器，扬声器中将得到完整的音频电流。

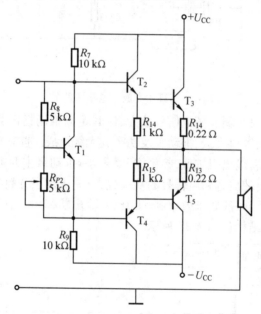

图 7.31　推动级、功率放大级电路

实训内容

1. 元件检测

①本电路中使用的电阻、电容、二极管和晶体管均为通用的常规元件，在使用前应使用万用表相应挡位，测量选用元件的大小、极性和好坏，分类固定存放，以方便使用。

②元件管脚有污物或受到氧化的需进行清污处理，并对各元件管脚进行整形、镀锡。

③T_1、T_2、T_3 要求电流放大系数范围为 60～100。T_4、T_5 的耐压、电流大小及电流放大系数应当接近。

④扬声器的阻抗和功率应符合规定要求，使用不当会烧坏扬声器或功放晶体管。

2. 电路装接布局及走线设计

本电路主要由分立元件组成,在设计总体布局时,要合理分布元件的位置,使电路有重心和稳定感;确定每个元件的位置时,要考虑到便于查看元件的规格和参数,要了解各引脚的功能和排列关系时,使走线尽量少走弯路,减少交叉走线,尽量做到连线合理,四周需留出检测及插装空间。分立元件布局要有一定的轴线方向,元件的疏密程度应尽量一致,相邻元件要保持一定的距离。元件布局时,还应考虑到控制方便,调节元件应放在边沿;输入、输出要引出接线端或接线座。

3. 电路安装

①电路中使用的元件在安装前,应进行整形和镀锡,其高度为 1 ~ 1.5 cm。

②怕热元件和大功率元件的引线应略长一些。

③元件标称值应处于便于观察的位置。

④每个引脚单独占用一个焊盘。

⑤焊接晶体管时,其管脚要预先镀锡,以保证容易焊接,确保速度和质量。

⑥电子元件焊接前要摆放端正,固定整齐,同类元件高度应尽量一致。

⑦焊接面的焊点要均匀一致,表面光亮,无虚焊和漏焊。

⑧各管脚之间较长的连接线应当垂直、平行、绷紧,不要有松动,减少拐弯。

⑨需要调试的元件,放置时应有利于调整操作。

⑩在使用焊接工具、焊接材料时,应当培养规范操作、文明操作的习惯,场地应当整洁干净,爱护元件,节约材料。

音频功率放大电路的安装实物如图7.32所示。

图 7.32　音频功率放大电路安装实物

4. 电路调试

电路中用较多的是电阻、电容、晶体管及集成运放,各器件的型号参数已在表7.11中注明。选择时,对于电阻应注意其额定功率,对于电容应注意其容量及耐压。焊接时,应注意各器件管脚的功能不要接错,特别是电解电容的极性不能接反,三端稳压器引脚不能接错,前置放大器、功放电路电源不能接反。

电路的调试过程一般先分级调试,后进行整机调试和性能指标的测试。调测时,为安全起

见,可以用同阻值大功率的电阻器代替扬声器。调试又分为静态调试和动态调试两种。

①静态调试时,将输入端交流对地短路,用万用表测试电路中各点的直流电位,进而判断电路中各元器件是否正常工作。首先将 R_{P1} 置于中间位置,大约为 5 kΩ。前置放大级集成运放 LF357 的输入 3 脚对地交流短路,电路由直流稳压电源提供 ±15 V 电压,用万用表测量 LF357 的输出 6 脚对地电位,正常时应在 0 V 附近。调整 R_{P2} 的阻值,测 T_2 基极、T_4 基极两端的电压,使其达到 2 V。调整 R_{P1} 的阻值,测量输出端电压,使 $U_0 = 0$ V。调整 R_{P2} 的阻值,测 R_{12} 电压为 0.02 V。调整 R_{P1} 的阻值,使 $V_{R12} = V_{R13} = 0.02$ V。上述电位都正常,说明电路静态工作正常,然后进行动态调试。

②动态调试时,在音频功率放大电路信号输入端输入适当信号,用示波器观测各级电路的输出波形及工作情况。音频功率放大电路由直流稳压电源 7815 和 7915 芯片提供 ±15 V 电压,在输出端接上 8 Ω/10 W 电阻负载,音量电位器 R_P 调最大,用低频信号发生器在音频功率放大电路输入端输入 10 mV 的正弦信号,保持幅度值不变,将输入正弦信号频率由小变大从 20 Hz 调到 20 kHz,用示波器分别观察 LF357 的输出 6 脚和功放级的输出波形,是否出现自激振荡和波形畸变,若无说明,则音频功率放大电路性能良好。

实训报告

①画出音频功率放大器的电路原理详图、整机布局图及整机电路配线接线图。
②写出音频功率放大电路各部分电路的工作原理。
③对调试中出现的故障进行分析。
④写出实训体会。

7.8 日光灯电子镇流器的装调实训

实训目标

①能读懂日光灯电子镇流器的电路图。
②能对照电路原理图看懂接线电路图。
③认识电路图上所有元器件的符号,并与实物相对照。
④会测试元器件的主要参数。
⑤熟练进行元器件的装配和焊接。
⑥能按照技术要求进行电路调试。

实训器材

①日光灯电子镇流器散件一套(元件清单见表 7.12);
②万用表一块;
③焊接工具一套。

表 7.12　日光灯电子镇流器主要元器件清单

元件名称	在电路图中的代号	参考型号	主要参数
二极管	$D_1 \sim D_8$	1N4007	1 A/700 V
	D_9	DB3	击穿电压 26～30 V
	$D_{10} \sim D_{15}$	1N4007	1 A/700 V
大功率晶体管	$T_{16} \sim T_{17}$	BUT11A	$P_{CM} \geqslant 70$ W、$U_{CEO} \geqslant 400$ V，两管对称
压敏电阻	R_V	10K471	阈值电压 470 V
热敏电阻	R_T	MZ 开关型	常温 150～350 Ω，居里点为 80～120 ℃
电阻器	R_1、R_{10}		1/4 W 电阻
电容器	$C_1 \sim C_9$		电容器和电解电容器（注意电容器的耐压）
振荡线圈	B		N_1、N_2、N_3 = 3 匝
镇流线圈	L		320 匝

实训原理

通过制作此电路，学生应熟悉日光灯电子镇流器的工作原理，提高识读电路图及印制电路板图的能力；通过对日光灯电子镇流器的装配与调试，掌握生产工艺流程，提高焊接工艺水平，掌握电子元器件的识别及质量检验，学会故障判断及排除。

说明：日光灯电子镇流器的主要性能指标如下。

①工作电压范围：AC 150～250 V。

②平均总消耗功率：40 W。

③工作电流：小于等于 400 mA。

④功率因数 cos φ = 0.92。

⑤流明系数：95%。

⑥三次谐波含量：小于等于 33%。

⑦预热启动时间：0.4～1.5 s。

⑧外壳最高温度：60 ℃。

1. 日光灯电子镇流器的电路组成

日光灯电子镇流器电路的形式很多，但基本原理大致相同。日光灯电子镇流器的电路框图如图 7.33 所示。

图 7.33　日光灯电子镇流器的电路框图

220 V 交流电源首先经过过压自动保护电路。当供电电网发生错相或因其他故障使电源电压升高，超过规定电压时，过压自动保护电路动作，起到过压自动保护作用。

高频谐波滤波器可有效地避免电网受电子镇流器高次谐波的影响，还可以滤除电网中的高次谐波。

整流电路直接对 220 V 交流电进行整流，减掉了电源变压器，大大减少了电路的体积和质量，也大大减少了电能损耗，节约了成本。

无源功率因数校正电路将高次谐波进行有效抑制,使电子镇流器的功率因数显著提高。

电子镇流器的核心是主振荡器,起变频换能作用,将约 300 V 的直流电变换成频率为几万赫兹的高频正弦波电压,使日光灯管点燃工作。

输出镇流级主要是抑制高频正弦波电压的峰值,其目的是为了延长日光灯管的使用寿命。灯丝预热电路的作用是使日光灯管在启辉前让阴极有一个延时预热时间。

2. 日光灯电子镇流器电路分析

现在市场上广泛应用的是 40 W 日光灯电子镇流器,其电路原理图如图 7.34 所示。

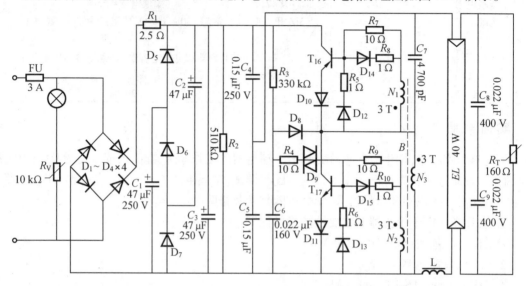

图 7.34　日光灯电子镇流器电路原理图

220 V 交流电源,经保险管 FU 和压敏电阻 R_V 组成的过压自动保护电路。电路工作正常时,压敏电阻 R_V 不导通,处于断路状态。当供电电网发生错相或因其他故障使电源电压升高,超过压敏电阻的压敏点时,压敏电阻立即出现短路导通状态,使供电电流突然增大,超过保险管 FU 的熔断点,保险管被熔断,起到过压自动保护作用。

四只二极管 $D_1 \sim D_4$ 对 220 V 交流电压进行桥式整流,C_7 担任电容滤波,其两端的直流电压大约为 280 V。二极管 D_5、D_6、D_7 和电解电容 C_5、C_6 组成无源功率因数谐波滤波器(也称为无源功率因数校正电路),可以有效地抑制尖峰脉冲波,使整流电路中产生的高次谐波得到有效抑制,使电子镇流器的功率因数显著提高。

电子镇流器的主振级采用双向触发二极管启动的串联推挽半桥式逆变电路,开关功率管 T_{16}、T_{17} 起变频换能作用。方波振荡能源的输出经 L 镇流线圈的限流及波形校正作用后,加到日光灯管上的电压变成了频率为几万赫兹的高频正弦波电压,使 40 W 的日光灯管点燃工作。

C_{12}、C_{13} 为日光灯管串联谐振回路的启动电容器,为了增加耐压值,采用了两个电容器相串联的方法,使串谐电容器的耐压值增加了一倍,以免被脉冲高压击穿。在串谐电容器 C_{12}、C_{13} 两端各并联一个正温度系数的热敏电阻,其目的是为了延长日光灯管的使用寿命,在启辉前让阴极有一个延时预热时间。

在常温下,热敏电阻 R_T 的阻值为 $160 \sim 350\ \Omega$。在电子镇流器接通电源的瞬间,高频振荡电流通过串谐电路 L、C_{12}、C_{13} 时,因热敏电阻的短路作用,电容器上不能产生高压,日光灯管不能启辉。电流只能通过电感及热敏电阻加到日光灯管的灯丝上,使灯丝进行预热。在灯丝预热过程中有电流通过热敏电阻 R_T,使热敏电阻的温度升高。当热敏电阻的温度上升到定点时,热敏电阻的阻值急剧增大,可超过 $10\ M\Omega$,相当于开路状态。串联谐振回路的电容器与镇流线圈 L 立即发生谐振,在串联谐振回路的电容器两端产生高频脉冲高压,激发日光灯管启辉点燃。

当灯管点燃以后,串联谐振回路的电容器又被点燃启辉后的日光灯管较低的内阻短路,破坏了谐振条件,电路中的电感线圈 L 便转入镇流作用。此时串联谐振回路中的电容器相当于一个高阻值的电阻并联在日光灯管两端,使灯管灯丝继续通过一个非常微弱的电流。

电路中的电阻 R_1 起低频平滑滤波作用,同时对整流电源中的脉冲浪涌电流进行缓冲。R_4 对双向触发二极管起到保护作用。

实训内容

1. 日光灯电子镇流器的装配

装配前对照元器件清单核对元件是否齐全,对电阻、电容、二极管、晶体管、线圈等元件要用万用表逐一检测其好坏。晶体管 T_{16}、T_{17} 用螺钉固定在足够面积的散热器上,在固定的同时要用导热绝缘的垫片垫在管子和散热器之间,并且保证与散热片绝缘良好。

2. 日光灯电子镇流器的调试步骤

①电路板上的全部元器件焊装完毕后,对照电路图及印制电路板图仔细检查有无漏焊及错焊现象,特别是二极管、晶体管、线圈的引脚有无接错,电容器的耐压、引脚有无接错,对有问题的部分进行修正。

②在电子镇流器的输出端接好 40 W 直管日光灯管,输入端串接 500 mA 的交流电流表,给镇流器接入 220 V 的交流电源,打开电源开关,观察电流表。在电路正常情况下,刚接通电源的瞬间电流指示值为 380 mA 左右,约 1 s 的预热后,两只日光灯管先后起辉点亮。此时电流表指示值应在 340 mA 左右,如果电流太高,可同时增大 L 的电感量。增大电感量的方法是把副线圈的头接到主线圈的尾,而将副线圈的尾接到电路中,这样等于增加了整个线圈的匝数,加大了电感量。如果整机电流太小,可同时减小 L 的电感量。

③调整 L 的电感量后,还要测试日光灯管 EL、L 的交流电压降。

④整机电流调试完毕后继续调试中点平衡电压,使 T_{16}、T_{17} 的 c、e 极直流电压相等。其方法是调换 T_{16}、T_{17} 的位置及微调电阻 R_3 的阻值。应该注意的是,整机电流与平衡电压互相钳制,要反复调整,以达到最佳值为好。

⑤试用。最后可将调好的电路板装入合适的机壳中,穿出引线,接好电源和灯管,试用并观察有无不正常的现象、外壳是否太热等。

实训报告

①画出日光灯电子镇流器各点的电路原理详图、整机布局图及整机电路配线接线图。
②写出日光灯电子镇流器各部分电路的工作原理及性能分析。
③对出现的故障进行分析。

④记录日光灯电子镇流器各点的测量数据。

⑤写出设计日光灯电子镇流器的步骤并总结实训体会。

7.9 无线遥控开关的装调实训

实训目标

①熟练掌握元件的选择、识别和测试,能对各类电阻、电容、二极管、晶体管的质量和性能作出准确判断。

②熟悉掌握无线遥控发射、接收模块的功能及使用。

③熟悉掌握无线遥控编、解码芯片的管脚功能及使用。

④完成电路的焊接和调试。

实训器材

①无线电遥控开关散件一套;

②万用表一块;

③直流稳压电源一台;

④焊接工具一套。

实训内容

通过制作此电路,学生应了解无线遥控编码和解码的工作原理,巩固所学的相关知识;熟练识读无线遥控开关电子电路原理图;熟练使用焊接工具以及相关仪器设备。

无线遥控技术是一个完整的收发过程。发射机把要发射的控制电信号先进行编码,然后转换成无线电波发送出去。接收机收到载有信息的无线电波后,进行放大和解码,得到原先的控制电信号,再将这个电信号进行功率放大,用来驱动相关的负载,实现无线遥控。无线遥控发射、接收系统框图如图7.35所示。

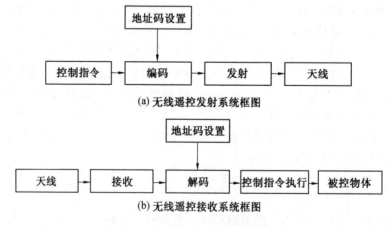

(a) 无线遥控发射系统框图

(b) 无线遥控接收系统框图

图 7.35 无线遥控发射、接收系统框图

1. 315 MHz 无线遥控发射和接收模块

（1）无线遥控发射模块

主要技术指标如下。

① 通信方式：调幅 AM。

② 工作频率：315 mHz/433 mHz。

③ 频率稳定度：±75 kHz。

④ 发射功率：小于等于 500 mW。

⑤ 静态电流：小于等于 0.1 μA。

⑥ 发射电流：3～50 mA。

⑦ 工作电压：DC3～12 V。

数据发射模块的工作频率为 315 MHz，采用声表谐振器 SAW 稳频，频率稳定度极高，当环境温度为 −25～+85 ℃时，频飘仅为 3×10^{-6} ℃。它特别适合多发一收无线遥控及数据传输系统。数据模块具有较宽的工作电压，范围为 3～12 V，当电压变化而发射频率基本不变时，和发射模块配套的接收模块无需任何调整就能稳定地接收。

发射模块未设编码集成电路，而增加了一只数据调制晶体管 T_1，这种结构使得它可以方便地和其他固定编码电路、滚动码电路及单片机接口，而不必考虑编码电路的工作电压和输出幅度信号值的大小。例如，用 PT2262 或者 SM5262 等编码集成电路配接时，直接将它们的数据输出端第 17 脚接至数据模块的输入端即可。

数据模块采用 ASK 方式调制，以降低功耗，当数据信号停止时，发射电流降为零，数据信号与发射模块输入端可以用电阻或者直接连接，而不能用电容耦合，否则发射模块将不能正常工作。数据电平应接近数据模块的实际工作电压，以获得较高的调制效果。

（2）无线遥控接收模块

高频接收模块采用进口 SMD 器件，如图 7.36 所示。6.5 GHz 高频晶体管，高 Q 值电感生产，性能稳定可靠，灵敏度高，功耗低，质优价廉，广泛应用于各种防盗系统及遥控控制系统。

主要技术指标如下。

① 工作电压：5.0 VDC±0.5 V。

② 工作电流：小于等于 3 mA。

③ 工作原理：超再生。

④ 调制方式：00 K/ASK。

⑤ 频率范围：250～450 MHz。

⑥ 带宽：2 MHz（315 MHz，灵敏度下降 3 dB 时）。

⑦ 灵敏度：优于 −105 dBm（50 Ω）。

⑧ 传输速率：小于 5 Kbps（315 MHz，−95 dBm 时）。

⑨ 输出信号：TTL 电平透明传输。

⑩ 天线长度：24 cm。

2. 无线遥控编解码芯片

（1）PT2262/PT2272 是台湾普城公司生产的一种 CMOS 工艺制造的低功耗、低价位通用编解码芯片。其管脚分布如图 7.37 所示。

PT2262/PT2272 最多可有 12 位（$A_0 \sim A_{11}$）三态地址端管脚（悬空，接高电平，接低电平）。

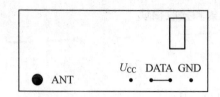

图 7.36　接收模块 SH9902

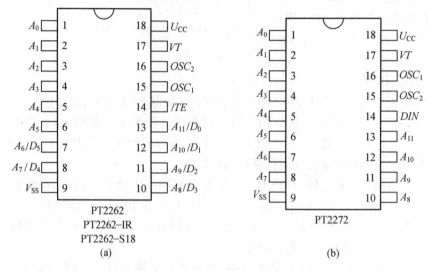

(a)　　　　　　　　　　　　　　　　(b)

图 7.37　PT2622/PT2722 管脚分布图

PT2262 最多可有六位($D_0 \sim D_5$)数据端管脚,设定的地址码和数据码从 17 脚串行输出,可用于无线遥控发射电路。

编码芯片 PT2262 的管脚功能见表 7.13。

表 7.13　编码芯片 PT2622 的管脚功能

名称	管脚	说　　明
$A_0 \sim A_{11}$	$1 \sim 8$、$10 \sim 13$	地址管脚,用于进行地址编码,可置为"0""1""f"(悬空)
$D_0 \sim D_5$	$7 \sim 8$、$10 \sim 13$	数据输入端,有一个为"1",即有编码发出,内部下拉
U_{CC}	18	电源正端(+)
U_{SS}	9	电源负端(−)
TE	14	编码启动端,用于多数据的编码发射,低电平有效
OSC_1	16	振荡电阻输入端,OSC_2 所接电阻决定振荡频率
OSC_2	15	振荡电阻振荡器输出端
D_{out}	17	编码输出端(正常时为低电平)

编码芯片 PT2262 有不同的后缀,表示解码芯片不同的功能,常见的有 L_4、M_4、L_6、M_6 之分,其中字母 L 表示锁存输出,数据只要成功接收就能一直保持对应的电平状态,直到下次遥控数据发生变化时再改变。字母 M 表示非锁存输出,数据脚输出的电平是瞬时的而且和发射端是否发射相对应,可以用于类似点动的控制。后缀中的"6"和"4"表示有几路并行的控制通道,当采用 4 路并行数据时(PT2272-M4),对应的地址编码应该是四位,如果采用 6 路的并行数据时(PT2272-M6),对应的地址编码应该是六位。

②在通常使用中,一般采用八位地址码和四位数据码,这时编码电路 PT2262 和解码电路

PT2272 的第 1～8 脚为地址设定脚,有三种状态可供选择:悬空、接正电源、接地三种状态,3 的 8 次方为 6 561,所以地址编码不重复度为 6 561 组,只有发射端 PT2262 和接收端 PT2272 的地址编码完全相同,才能配对使用。

PT2262 发射芯片和 PT2272 接收芯片的 15 和 16 脚的外接振荡电阻可根据需要进行适当的调节,阻值越大振荡频率越慢,编码的宽度越大,发码一帧的时间也就越长。常用振荡电阻的推荐配对值如下:

2262/6.8 MΩ—2272/1.2 MΩ

2262/4.7 MΩ—2272/820 kΩ

2262/3.3 MΩ—2272/680 kΩ

2262/1.5 MΩ—2272/270 kΩ

2262/1.2 MΩ—2272/200 kΩ

③遥控模块的生产厂家为了便于生产管理,出厂时遥控模块的 PT2262 和 PT2272 的八位地址编码端全部悬空,这样用户可以很方便地选择各种编码状态。用户如果想改变地址编码只要将 PT2262 和 PT2272 的 1～8 脚设置相同即可。例如,将发射机的 PT2262 的第 1 脚接地、第 5 脚接正电源,其他引脚悬空,那么接收机的 PT2272 只要也是第 1 脚接地、第 5 脚接正电源,其他引脚悬空,就能实现配对接收。当两者地址编码完全一致时,接收机对应的 $D_0 \sim D_3$ 端输出约 4 V 的互锁高电平控制信号,同时 VT 端也输出解码有效高电平信号。用户可将这些信号加一级放大,便可驱动继电器、功率晶体管等负载,实现遥控开关操纵。

在遥控类的电子产品上一般都预留地址编码区,采用焊锡搭焊的方式来选择悬空、接正电源和接地三种状态,出厂时一般都处于悬空状态,以便于用户自己修改地址码。

跳线区是由三排焊盘组成,中间的八个焊盘是 PT2272 解码芯片的第 1～8 脚,最左边有 1 字样表示的是芯片的第 1 脚。最上面的一排焊盘上标有 L 字样,表示和电源地连通,如果用万用表测量,会发现它和 PT2272 的第 9 脚连通。最下面一排焊盘上标有 H 字样,表示和正电源连通,如果用万用表测量,则会发现它和 PT2272 的第 18 脚连通。所谓的设置地址码就是用焊锡将上、下相邻的焊盘用焊锡桥搭短路起来。例如,将第 1 脚和上面的焊盘 L 用焊锡短路后,就相当于将 PT2272 芯片的第 1 脚设置为接地。同理,将第 1 脚和下面的焊盘 H 用焊锡短路后,就相当于将 PT2272 芯片的第 1 脚设置为接正电源。如果第 1 脚什么都不接,就是表示悬空。

设置地址码的原则是同一个系统地址码必须一致;不同的系统可以依靠不同的地址码加以区分。

3. 无线遥控开关的电路原理图

(1)无线遥控发射电路原理

无线遥控发射电路原理如图 7.38 所示。电路主要由供电部分、无线发射部分、数据编码部分和开关控制部分组成。

编码芯片 PT2262 发出的编码信号由地址码、数据码、同步码组成一个完整的码字,解码芯片 PT2272 接收到信号后,其地址码经过两次比较核对后,VT 脚才输出高电平,与此同时相应的数据脚也输出高电平。如果发送端一直按住按键,编码芯片也会连续发射。当发射机没有按键按下时,PT2262 不接通电源,其 17 脚无信号输出,无电源经 $S_1 \sim S_4$ 和 $D_7 \sim D_{10}$ 向 IC_1 的 U_{CC} 供电,同时也不向 PT2262 的 U_{CC} 供电,所以 315 MHz 的高频发射电路不工作。

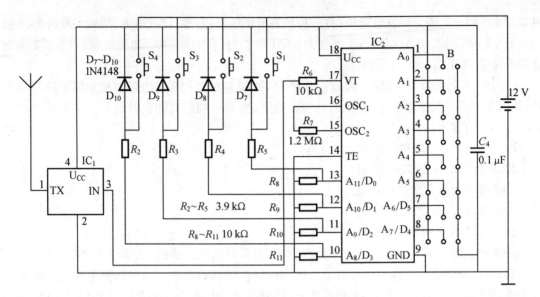

图7.38 无线遥控发射电路原理图

当有按键按下时,PT2262 得电工作,经 $S_1 \sim S_4$ 和 $D_7 \sim D_{10}$ 向 IC_1 的 U_{CC} 供电。其第 17 脚输出的串行数据信号,该信号送入发射模块的输入端,315 MHz 的高频发射电路起振并发射高频信号。当 17 脚无信号输出为低平期间,315 MHz 的高频发射电路停止振荡。所以高频发射电路完全受控于 PT2262 的 17 脚输出的数字信号,从而对高频电路完成幅度键控(ASK 调制)。

(2)无线遥控接收电路原理

无线遥控接收电路原理如图 7.39 所示。该电路主要由供电部分、无线接收部分、数据解码部分和开关控制部分组成。直流 12 V 电源输入接收器,一路向继电器供电,另一路经三端稳压器件稳压后,输出 5 V 工作电压,作为无线接收部分和解码部分的电源。

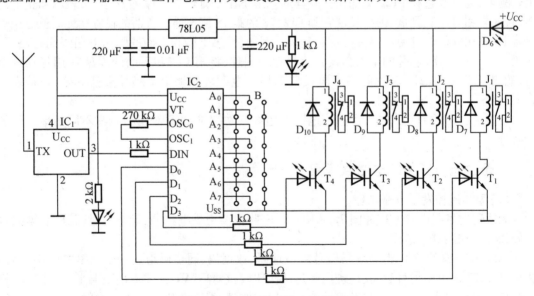

图7.39 无线遥控接收电路原理图

接收部分的核心采用 PT2272 芯片。该芯片的工作原理和操作过程如下:用发射模块上的按键来控制遥控器的收发,当按动一个键时,按编码原理的不同,接收模块相对应的一路输出高电平并保持。直至另外一个键按下时,停止该输出,转换另一路,被按下键的那一路输出高电平并保持;当同时按下两个或三个键时,接收模块相对应的两路或三路输出高电平并保持;当同时按下四个键时,接收模块的四路不再输出(即停止工作)。接收机天线输入端有选频电路,而不依赖 1/4 波长天线的选频作用,控制距离较近时可以剪短甚至去掉外接天线。无线接收模块接收到信号后,经模块 OUT 端输出至解码芯片输入端,解码芯片 PT2272 接收到信号后,其地址码经过两次比较核对后,VT 脚才输出高电平,17 端 VT 为解码有效输出端,指示发光二极管点亮,同时相应的数据脚也输出高电平,10、11、12、13 是解码芯片 PT2272 集成电路的 10~13 脚,为四位数据锁存输出端,有信号时能输出 5 V 左右的高电平,驱动电流约为 2 mA,与发射器上的四个按键一一对应。

该输出经 T_1~T_4 放大,驱动继电器 J_1~J_4 四个大电流继电器,对应发射机的四个按键,动作的逻辑关系为锁存方式,也就是说,按下发射机的一个按键如 S_1,对应接收板的 J_1 继电器就吸合,松开按键,J_1 继电器仍然保持吸合,直到下次按动 S_2、S_3、S_4 中的任意一个按键时,S_2、S_3、S_4 中的对应继电器吸合,而 J_1 继电器释放,也就是说,接收板能记忆上次遥控的状态,并且能够自锁保持,直到接收到下次的遥控指令才改变继电器的状态。

超再生接收方式内含放大整形及解码电路,使用极为方便。

实训内容

1. 无线遥控开关接收系统的安装与调试

装配前准备好所需元器件及芯片,检测所有元器件参数,保证所用元器件的质量。制作中先将阻容元件等焊上,然后焊上集成电路插座,最后焊上无线接收模块 SH9902。

为了快速检测电路的工作情况,下面提供几个点的电压测试。

(1)测量输入电压

接通 12 V 直流电源,电源指示灯点亮,若不亮,查看发光二极管是否正常。用万用表黑表笔接输入电源的负极,用红表笔分别测量输入电源的正极和 D_6 负端的电压,D_6 负端的电压值正常应为输入电压减去 0.6 V,若输入电压是 12 V,则测出的 D_6 负端的电压应为 11.4 V 左右,如果测出的 D_6 负端的电压为 12 V,同时发光二极管不亮,应仔细检查极性保护二极管 D_6,查看是否反焊或虚焊。

(2)测量 5 V 电压

万用表黑表笔接输入电源负极,红笔测量 IC_2 的 U_{CC} 端电压,即 78L05 输出电压。正常应为 5.0 V 左右,若不正常,查看 78L05 是否反焊,同时在线路板上查看 5 V 电压供电的无线接收头和解码电路是否有搭锡、短路等问题。

(3)测量无线解调电压

测量 IC_2 第 14 脚对地电压,在没有按遥控器时,这个电压是变化的,而且没有规律,当按下遥控器时,可以看到这个脚的电压变为一个较为稳定的直流电压(具体的数值,由于发送数据的不同,实际从万用表上得到的电压数据也是不同的),只要所测电压符合以上规律,就说明无线解调部分工作基本正常。

(4)测量数据解码电压

测量 IC_2 第 17 脚对地电压,在没有按遥控器时,这个电压为 0 V,当按下遥控器后,若解码正确,这个脚就会输出一个高电平,表示解码成功。若所测结果不符合上述规律,应仔细查看

IC_2的八位地址编码是否与遥控器端 PT2262 的地址编码一致,查看 IC_2 第 15、16 脚间的振荡电阻是否与发射端相匹配等。

经过以上调试工作后,若各项都正常,说明整机的无线遥控接收部分电路工作正常,安装成功。

2. 无线遥控开关发射系统的安装与调试

无线遥控发射电路的安装与调试和上述过程类似,可以参见具体套件的说明书。

实训报告

①画出无线遥控开关电路的电路原理详图、整机布局图及整机电路配线接线图。
②写出无线遥控开关电路的各部分电路的工作原理及性能分析。
③对出现的故障进行分析。
④记录测量数据。
⑤写出实训体会。

7.10　八路竞赛抢答器的装调实训

实训目标

①用中小规模集成电路设计出一个八路竞赛抢答器电路。
②安装制作出八路竞赛抢答器电路。
③能实现八路竞赛抢答器电路设计目标。

实训器材

①八路竞赛抢答器散件一套(元器件清单见表 7.14);
②数字系统设计实验箱一台;
③万用表一块。

表 7.14　八路竞赛抢答器元器件清单

序　号	名　称	型　号	数　量
1	8 线-3 线优先编码器	74LS148	1
2	RS 锁存器	74LS279	1
3	4 线-7 段译码/驱动器	74LS48	1
4	共阴极数码管	BS205	1
5	六反相器	74LS04	1
6	4-2 输入与非门	74LS00	1
7	3-3 输入或非门	74LS27	1
8	音乐门	KD-9300	1
9	电阻	1 kΩ、4.7 kΩ	12
10	电容器	0.01 μF	11
11	稳压二极管	1N4619	1
12	晶体管	9013	1
13	扬声器	8 Ω/2 W	1
14	面包板连线		若干
15	常开开关		9

实训原理

该项目通过对八路竞赛抢答器的装配与调试训练,使学生掌握多路竞赛抢答器电路的设计思路,会制订设计方案;掌握数字电路的设计、组装与调试方法;熟悉中小规模集成电路的综合应用;培养学生综合分析问题的能力和提高工程实践的能力。

1. 八路竞赛抢答器电路的总体设计方案

八路竞赛抢答电路的总体设计框图如图 7.40 所示。它电路主要由抢答器按键电路、8 线 -3 线优先编码电路、R-S 锁存器电路、译码显示驱动电路、门控电路、"0"变"8"变号电路和音乐提示电路共七部分组成。

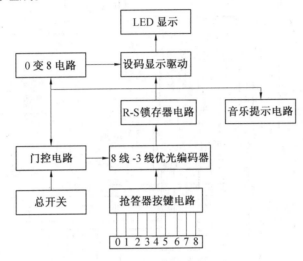

图 7.40　八路竞赛抢答器电路总体设计框图

当主持人按下再松开"清除/开始"开关时,门控电路使 8 线 -3 线优先编码器开始工作,等待数据输入,此时优先按动开关的组号立即被锁存,并由数码管进行显示,同时电路发出音乐信号,表示该组抢答成功。与此同时,门控电路输出信号,将 8 线 -3 线优先编码器处于禁止工作状态,对新的输入数据不再接受。按照此设计方案设计的八路竞赛抢答器电路图如图7.41所示。

2. 八路竞赛抢答器电路的功能

(1)门控电路的功能

门控电路由基本 RS 触发器组成,接收由裁判控制的总开关信号,非门的使用可以使触发器输入端的 R、S 两端输入信号反相,保证触发器能够正常工作,禁止无效状态的出现。门控电路接收总开关的信号,其输出信号经过与非门和其他信号共同控制 8 线 -3 线优先编码器的工作。基本 RS 触发器可以采用现成的产品,也可以用两个与非门进行首尾连接组成。

(2)各集成电路的功能

①8 线 -3 线优先编码电路 74LS148 的功能。8 线 -3 线优先编码电路 74LS148 完成抢答电路的信号接收和封锁功能,当抢答器按键中的任一个按键 S_n 按下使 8 线 -3 线优先编码电路的输入端出现低电平时,8 线 -3 线优先编码器对该信号进行编码,并将编码信号送给 RS 锁存器 74LS279。8 线 -3 线优先编码器的 14 脚优先扩展输出端 GS 上所加电容 C_2 的作用是为了消除干扰信号。

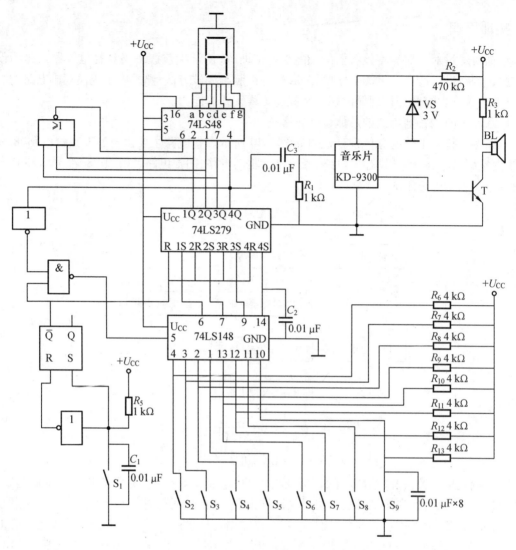

图 7.41　八路竞赛抢答器电路图

②RS 锁存器 74LS279 的功能。RS 锁存器 74LS279 的功能是接收编码器输出的信号,并将此信号锁存,再送给译码显示驱动电路进行数字显示。

③译码显示驱动电路 74LS48 的功能。译码显示驱动电路 74LS48 将接收到的编码信号进行译码,译码后的七段数字信号驱动数码显示管显示抢答成功的组号。

(3)抢答器按键电路的功能

抢答器按键电路由简单的常开开关组成,开关的一端接地,另一端通过 4 kΩ 的上拉电阻接高电平,当某个开关被按下时,低电平被送到 8 线-3 线优先编码电路的输入端,8 线-3 线优先编码器对该信号进行编码。每个按键旁并联一个 0.01 μF 的电容,其作用是防止在按键过程中产生的抖动所形成的重复信号。

(4)音乐提示电路的功能

音乐提示电路采用集成电路音乐片,它接受锁存器输出的信号作为触发信号,使音乐片发出音乐信号,经过晶体管放大后推动扬声器发出声音,表示有某组抢答成功。

（5）显示数字的"0"变"8"变号电路的功能

人们习惯于用第 1 组到第 8 组表示八个组的抢答组号，而编码器是对"0"变"7"八个数字编码，若直接显示，会显示"0"变"7"八个数字，用起来不方便。采用或非门组成的变号电路，将 RS 锁存器输出的"000"变成"1"送到译码器的 A_3 端，使第 0 组的抢答信号变成四位信号"1000"，则译码器对"1000"译码后，使显示电路显示数字"8"。若第 0 组抢答成功，数字显示的组号是"8"而不是"0"，符合人们的习惯。由于采用了或非门，所以对"000"信号加以变换时，不会影响其他组号的正常显示。

3. 八路竞赛抢答器电路的工作过程

在抢答开始前，裁判员合上"清除/开始"开关 S。使基本 RS 触发器的输入端 $S=0$，由于有非门的 0 作用，使触发器的输入端 $R=1$，则触发器的输出端 Q 为 1，$\overline{Q}$ 为 0，使与非门的输出为 74LS148 编码器的 EI 端信号为 1，EI 端为选通输入端，高电平有效，使集成 8 线－3 线优先编码器处于禁止编码状态，使输出端 A_2、A_1、A_0 和 GS 均被封锁。同时，触发器的输出端 $\overline{Q}$ 为 0，使 RS 锁存器 74LS279 的所有 R 端均为零，此时锁存器 74LS279 清零，使 BCD 七段译码驱动器 74LS148 的消隐输入 $\overline{BI/RBO}=0$。数码管不显示数字。

当裁判员将"清除/开始"开关 S 松开后，基本 RS 触发器的输入端 $S=1$，$R=0$，触发器的输出端 Q 为 0，$\overline{Q}$ 为 1，使 RS 锁存器 74LS279 的所有 R 端均为高电平，锁存器解除封锁并维持原态，BCD 七段译码驱动器 74LS48 的消隐输入端 $\overline{BI/RBO}=0$，数码管仍不显示数字。此时，RS 锁存器 4Q 端的信号 0 经非门反相变 1，使与非门的输入端全部输入 1 信号，则与非门的输出为 0，使集成 8 线－3 线优先编码器 74LS148 的选通输入端 EI 为 0，74LS148 允许编码。

从此时起，只要有任意一个抢答键按下，则编码器的该输入端信号为 0，编码器按照 BCD8421 码对其进行编码并输出，编码信号经 RS 锁存器 74LS279 将该编码锁存，并送入 BCD 七段译码驱动器进行译码和显示。

与此同时，74LS148 的 GS 端信号由 1 翻转为 0，经 RS 锁存器 74LS279 的 4S 端输入后在 4Q 端出现高电平，使 BCD 七段译码驱动器 74LS48 的消隐输入端 $\overline{BI/RBO}=1$，数码管显示该组数码。

另外，RS 锁存器 4Q 端的高电平经非门取反，使与非门的输入为低电平，则与非门的输出为 1，使 74ILS148 的选通输入端 EI 为 1，编码器被禁止编码，实现了封锁功能。数码管只能显示最先按动开关的对应数字键的组号，实现了优先抢答功能。

八路竞赛抢答器电路的工作状态见表 7.15。

表 7.15　八路竞赛抢答器电路的工作状态表

	门控电路			RS 锁存器								编码器		译码器	数码管
	S	R	$\overline{Q}$	1R	1S	2R	2S	3R	3S	4R	4S	EI	GS	$\overline{BI/RBO}$	
清除	0	1	0	0	X	0	X	0	X	0	X	1	1	0	灭
开始	1	0	1	1	1	1	1	1	1	1	1	0	1	0	灭
按键	1	0	1	1	A_2	1	A_1	1	A_0	1	1	1	0	1	显示

此外，当 74LS148 的 GS 端信号由 1 翻转为 0 时，经 RS 锁存器 74LS279 的 4S 端输入后在 4Q 端出现高电平，触发音乐电路工作，发出音响。注意：音乐集成电路的电源一般为 3 V，当

电压高于此值时,电路将发出鸣叫声,因此在电路中需选用一个 3 V 的稳压管稳定电源电压。R_2 为稳压管的限流电阻,音乐电路的输出经晶体管 VT 进行放大,驱动扬声器发出音乐。R_1、C_3 组成的微分电路为音乐电路提供触发信号,同时起到电平隔离的作用。

这个八路竞赛抢答器的电路图只实现了抢答成功后音乐提示和抢答组号的显示,功能还不够完善,还可以加上倒计时提示和记分显示电路,学生可自行研究设计。这里提示如下。

倒计时提示电路:可采用振荡电路产生的振荡信号作为加减计数器的计数脉冲,抢答开始时就进行预置时间,可以控制抢答电路的工作时间。

记分显示电路:可以用三位数码显示输出,采用加减计数器控制驱动电路,驱动三位数码管显示分数。

实训内容

①复习有关数字电路的基本知识。

②查找编码电路、锁存器、译码驱动电路等集成电路的有关资料,熟悉其内部组成和外围电路的接法。

③熟悉和掌握多路抢答器电路的设计思路,分析和理解整个电路的工作原理,熟悉电路的测量方法。

④根据电路图装配电路,检查无误后,通电进行检测,在各个集成电路正常工作后,进行模拟抢答比赛,查看数字显示是否正常,音乐电路是否正常工作。

⑤电路的基本功能实现后,再进行电路功能的扩展设计,并进行电路的装配和实验。

实训报告

①写出多路抢答器各部分电路的工作原理。

②画出八路抢答器电路的原理详图、元器件布局图和整机电路配线图。

③列出八路抢答器电路所用元器件的逻辑功能表和集成电路的引脚排列功能图。

④针对实训内容进行总结,对出现的故障进行分析,说明解决问题的方法。

7.11　交通信号控制电路的装调实训

实训目标

①用中小规模集成电路设计交通信号控制电路。

②制作并调试交通信号控制电路。

实训器材

①交通信号控制电路散件一套(所用元器件清单见表 7.16);

②数字系统设计实验箱一台;

③万用表一块。

表 7.16　元器件明细表

序　号	名　　称	型　　号	数　　量
1	十进制同步加法计数器	74LS290	3 块
2	七段显示译码驱动器	74LS247	4 块
3	时基电路芯片	NE555	1 块
4	七段 LED 显示器	LDD580	4 块
5	六反相器	74LS04	3 块
6	4-2 输入与非门	74LS00	1 块
7	3-3 输入与非门	74LS10	2 块
8	电阻、电容		若干

实训原理

通过对交通信号控制电路的装配与调试训练,学生应掌握交通信号控制电路的设计、组装及调试过程;进一步熟悉中小规模集成电路的综合应用,加深理解电路的控制原理;提高综合运用所学知识的工程实践能力。

1. 交通信号控制系统技术要求分析

十字交叉路口的交通信号控制系统平面示意图如图 7.42 所示。

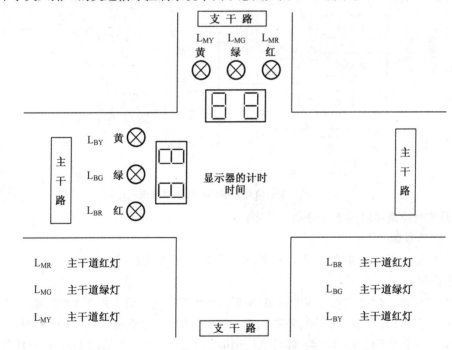

图 7.42　十字路口交通信号控制系统平面示意图

在一个主、支干道的十字路口,东西和南北方向各设置一个红、黄、绿三种颜色的交通灯。红灯亮表示禁止通行,绿灯亮表示可以通行,黄灯亮表示警示。由于主干道车辆较多,支干道车辆较少,所以要求主干道处于通行状态的时间要长一些,为 20 s;而支干道通行时间为 10 s;黄灯等待时间为 5 s。

设主干道通行时间为 N_1,支干道通行时间为 N_2,主、支干道黄灯的时间均为 N_3,按主、支干道通行的时间来看,设置 $N_1 > N_2 > N_3$。系统工作流程图如图 7.43 所示。

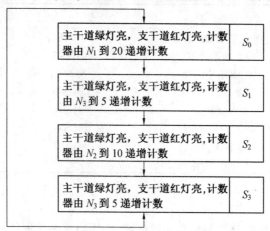

主干道绿灯亮,支干道红灯亮,计数器由 N_1 到 20 递增计数	S_0
主干道绿灯亮,支干道红灯亮,计数由 N_3 到 5 递增计数	S_1
主干道绿灯亮,支干道红灯亮,计数器由 N_2 到 10 递增计数	S_2
主干道绿灯亮,支干道红灯亮,计数器由 N_3 到 5 递增计数	S_3

图 7.43　系统工作流程图

要实现上述交通信号灯的自动控制,则要求控制电路由时钟信号发生器、计数器、主控制器、信号灯译码驱动电路和数字显示译码驱动电路等部分组成,整机电路的原理框图如图7.44所示。四个路口设有红、黄、绿三色灯和两位 8421BCD 码的计数、译码显示器。

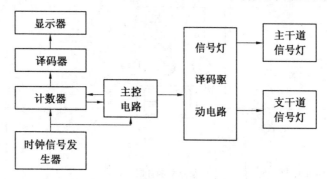

图 7.44　交通信号灯控制原理电路框图

2. 交通信号控制系统的电路分析

(1)时钟信号源

时钟信号源由 NE555 时基电路组成,用于产生 1 Hz 的标准秒脉冲信号。

(2)主控制器

十字路口车辆运行情况只有四种可能,实现这四个状态的电路可用两个触发器构成,也可用一个二-十进制计数器或二进制计数器构成。这里采用二-十进制计数器 74LS290 来实现。采用反馈归零法构成四进制计数器,即可从输出端 $Q_B Q_A$ 得到所要求的四个状态。74LS290 管脚排列图如图 7.45 所示。

为以后叙述方便,$X_1 = Q_B$,$X_0 = Q_A$。

(3)计数器

计数器的作用:一是根据主干道和支干道车辆运行时间以及黄灯切换时间的要求,进行 20 s、10 s、5 s 三种方式的计数;二是向主控制器发出状态转换信号,主控制器根据状态转换信号进行状态转换。计数器电路图如图 7.46 所示。

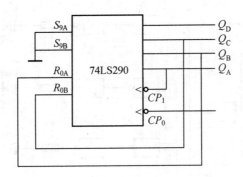

图 7.45 74LS290 组成四进制计数器

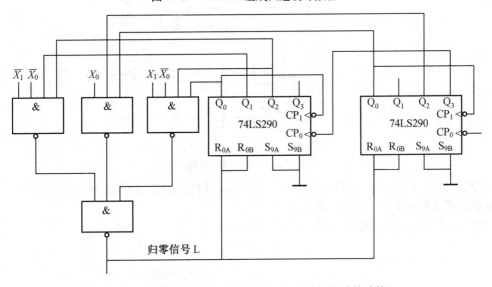

图 7.46 计数器电路图(利用 74LS290 实现加法计数功能)

(4)控制信号灯的译码电路的真值表

主控制器的四种状态分别要控制主、支干道红、黄、绿灯的亮与灭。设灯亮为 1,灯灭为 0,则控制信号灯的译码电路的真值表见表 7.17。

表 7.17 控制信号灯的译码电路真值表

主控制器状态			主干道			支干道		
S	X_1	X_0	红灯 R	黄灯 Y	绿灯 G	红灯 R	黄灯 Y	绿灯 G
S_0	0	0	0	0	1	1	0	0
S_1	0	1	0	1	0	1	0	0
S_2	1	0	1	0	0	0	0	1
S_1	1	1	1	0	0	0	1	0

(5)状态译码电路

根据灯控函数逻辑表达式,可画出由与非门和非门组成的状态译码器电路,如图 7.47 所示。将状态控制器、状态译码器以及模拟三色信号灯相连接,构成三色信号灯逻辑控制电路。

(6)译码显示电路

译码显示电路主要是由共阳极 LED 七段数码管、74LS247 译码器组成。

①共阳极 LED 七段数码管。

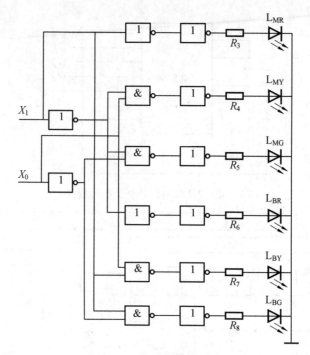

图 7.47　状态译码电路

数码管分为共阳极结构和共阴极结构。若显示器共阳极连接,则对应接低电平的字段发光;而显示器共阴极连接,则接高电平的字段发光。

此次设计采用的是共阳极连接,如图 7.48 所示。

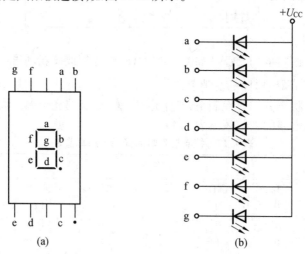

图 7.48　共阳极数码管引脚及连接图

②显示译码电路图。

74LS247 是一种 BCD 码输入的驱动共阳极 LED 数码管的显示译码器,其中输入 BCD 码的最高位 D 为 1;a、b、c、d、e、f、g 是输出端,输出低电平有效,和共阳极半导体发光数码管各发光段的阴极引出线相互连接。显示译码电路图如图 7.49 所示。

(7)交通灯信号灯控制原理图

根据设计各部分的功能可画出交通信号灯控制原理方框图,如图 7.50 所示。

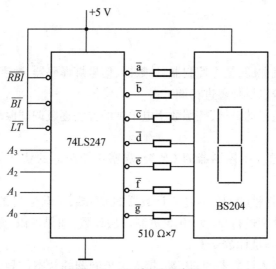

图 7.49　显示译码电路图

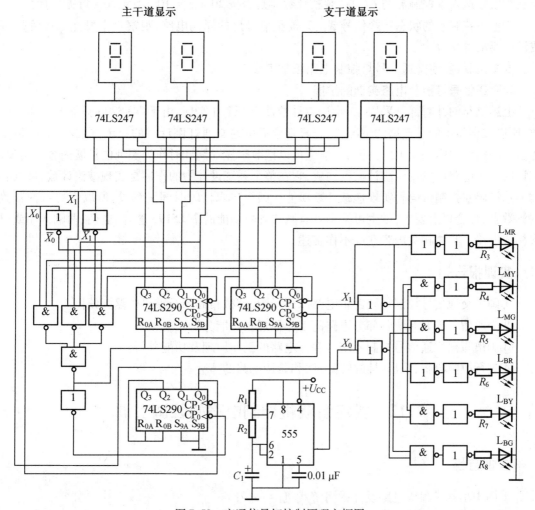

图 7.50　交通信号灯控制原理方框图

实训内容

1. 电路装接及调试

在电路板上按整机框图,把主控制器、计数器、信号灯译码器、数字显示译码器和秒脉冲信号发生器焊接好然后按以下步骤进行调试:

①秒脉冲信号发生器的调试,按照数字电子钟的方法逐级调试振荡电路和分频电路,使输出设计符合设计要求。

②将秒脉冲信号送入主控制器的 CP 端,观察主控制器的状态是否是按 00、01、10、11、00 等的规律变化。

③接好计数器,并将秒脉冲信号送入计数器的 CP 端,手动控制 X_1、X_0,分别为 00、01、10、11。观察计数器是否分别进行 20、5、10、5 进制加法计数,如果可以,则进行下一步,否则检查计数器电路连接,直到满足计数要求。

④将秒脉冲信号送入计数器的 CP 端,接入主控制器的状态信号 X_0、X_1,并把计数器的反馈状态信号送入主控制器的 CP 端,观察计数器是否按 20 s、5 s、10 s、5 s、20 s 等循环计数。

⑤把主控制器的状态转换信号 X_1、X_0 接至信号灯的译码电路,观察六个发光二极管是否按设计要求发光。

⑥整机联调,使交通信号灯控制电路正常工作。

2. 交通信号灯控制电路实训的扩展

上述电路的计时部分采用二–十进制计数器 74LS290 实现,由于 74LS290 只能实现加法计数,所以数字显示的是递增的情况,这与日常生活中的交通灯倒计时的显示方式不同,但是作为学生的实训内容完全可以。因此,学生可以把数码显示倒计时作为实训的扩展内容来实现。倒计时计数电路可以用减法计数器构成,它在整个系统设计中的作用是实现减法计数,可以驱动显示译码器控制数码管实现递减计数功能。因为要求计时时间可预设,所以需要可预置数的计数器,综合以上要求,学生可采用具有减法计数功能的 74LS193 芯片、非门、两输入端或门来构成电路。具体相关内容在此不作赘述。

实训报告

①画出交通信号控制系统逻辑电路原理详图、整机布局图及整机电路配线图。

②交通信号控制系统各部分电路的工作原理及功能分析。

③画出写出交通信号控制系统各部分电路的工作原理及功能分析。

④进行故障分析,写出排除故障方法和装调电路的体会。

7.12 拔河游戏机控制电路的装调实训

实训目标

①用中小规模集成电路设计拔河游戏机。

②制作并调试拔河游戏机的控制电路。

实训器材

①拔河游戏机控制电路散件一套(所用元器件清单见表7.18);
②数字系统设计实验箱一台;
③万用表一台。

表7.18　拔河游戏机元器件清单

序　号	名　称	型　号	数　量
1	4线−16线译码/分配器	CC4514	1
2	同步递增/递减二进制计数器	CC40193	1
3	与非门	CC4011	11
4	与门	CC4081	2
5	异或门	CC4030	1
6	译码器	CC4511	2
7	共阴极数码管		2
8	双十进制同步计数器	CC4518	2
9	发光二极管		9
10	电阻、电容、开关		若干

实训原理

拔河游戏机是趣味设计题,需要用15个(或9个)发光二极管排列成一行。开机后只有中间一个点亮,以此作为拔河的中心线,游戏双方各持一个按键,迅速、不断地按动产生脉冲,谁按得快,亮点向谁方向移动,每按一次,亮点移动一次。移到任一方终端二极管点亮,这一方就获胜,此时双方按键均无作用,输出保持,只有经复位后才使亮点恢复到中心线。数码显示器显示胜者的盘数。

1. 拔河游戏机的电路组成框图

拔河游戏机的电路组成框图如图7.50所示。

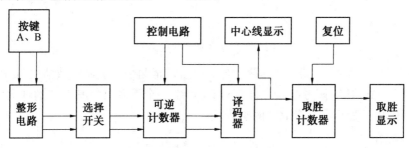

图7.50　拔河游戏机的电路组成框图

2. 拔河游戏机的控制电路分析

拔河游戏机电路图如图7.51所示。可逆计数器CC40193原始状态输出4位二进制数0000,经译码器输出使中间的一只发光二极管点亮。当按动A、B两个按键时,分别产生两个脉冲信号,经整形后分别加到可逆计数器上,可逆计数器输出的代码经译码器译码后驱动发光二极管点亮并产生位移,当亮点移到任何一方终端后,由于控制电路的作用,使这一状态被锁定,输入脉冲此时已不起作用。如按动复位键,亮点又回到中点位置,比赛又可重新开始。

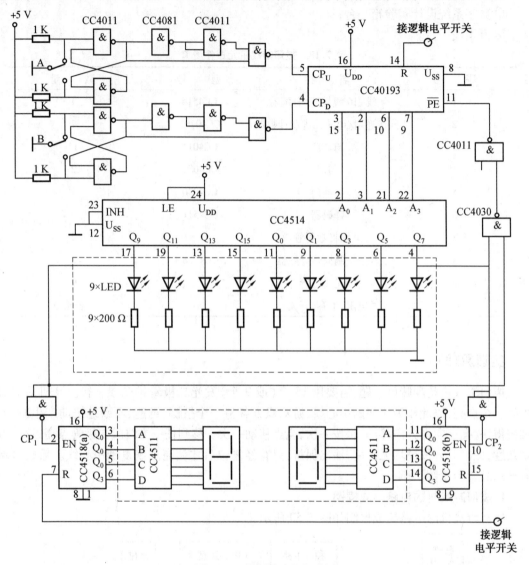

图 7.51　拔河游戏机电路图

将双方终端二极管的正端分别经两个与非门后接至两个十进制计数器 CC4518 的允许控制端 EN,当任一方取胜,该方终端二极管点亮,产生一个下降沿使其对应的计数器计数。这样,计数器的输出即显示了胜者取胜的盘数。

（1）编码电路

编码器有两个输入端、四个输出端,要进行加／减计数,因此选用 CC40193 双时钟二进制同步加／减计数器来完成。

（2）整形电路

CC40193 是可逆计数器,控制加减的 CP 脉冲分别加至 5 脚和 4 脚,此时当电路要求进行加法计数时,减法输入端 CP_D 必须接高电平;进行减法计数时,加法输入端 CP_U 也必须接高电平,若直接由 A、B 键产生的脉冲加到 5 脚或 4 脚,那么就有很多时机在进行计数输入时另一计数输入端为低电平,使计数器不能计数,双方按键均失去作用,拔河比赛不能正常进行。加一整形电路,使 A、B 二键出来的脉冲经整形后变为一个占空比很大的脉冲,这样就减少了进行某一计数时另一计数输入为低电平的可能性,从而使每按一次键都有可能进行有效的计数。整形电路由与门 CC4081 和与非门 CC4011 实现。

（3）译码电路

选用 4～16 线 CC4514 译码器。译码器的输出 $Q_0 \sim Q_{14}$ 分接 15 个（或 9 个）个发光二极管,二极管的负端接地,而正端接译码器;这样,当输出为高电平时发光二极管点亮。

比赛准备,译码器输入为"0000",Q_0 输出为"1",中心处二极管首先点亮,当编码器进行加法计数时,亮点向右移;进行减法计数时,亮点向左移。

（4）控制电路

为指示出谁胜谁负,需用一个控制电路。当亮点移到任何一方的终端时,判该方为胜,此时双方的按键均宣告无效。此电路可用异或门 CC4030 和非门 CC4011 来实现。将双方终端二极管的正极接至异或门的两个输入端,当获胜一方为"1",而另一方则为"0",异或门输出为"1",经非门产生低电平"0",再送到 CC40193 计数器的置数端 $\overline{PE}$,于是计数器停止计数,处于预置状态。由于计数器数据端 A、B、C、D 和输出端 Q_A、Q_B、Q_C、Q_D 对应相连,输入也就是输出,从而使计数器对输入脉冲不起作用。

（5）胜负显示

将双方终端二极管正极经非门后的输出分别接到二个 CC4518 计数器的 EN 端,CC4518 的两组 4 位 BCD 码分别接到实验装置的两组译码显示器的 A、B、C、D 插口处。当一方取胜时,该方终端二极管发亮,产生一个上升沿,使相应的计数器进行加一计数,于是就得到了双方取胜次数的显示,若一位数不够,则进行二位数的级联。

（6）复位电路

为能进行多次比赛而需要进行复位操作,使亮点返回中心点,可用一个开关控制 CC40193 的清零端 R 即可。

胜负显示器的复位也应用一个开关来控制胜负计数器 CC4518 的清零端 R,使其重新计数。

实训内容

1. 清点检查

装配前要清点好拔河游戏机所需的芯片和元器件,并使用万用表对各芯片和元器件进行质量检测。

2. 了解芯片引脚

查表得出芯片 CC4514、CC40193、CC4011、CC4081、CC4030、CC4511、CC4518 引脚的顺序和功能。

3. 整机电路的装配

按照先低后高、先小后大、先轻后重的插装顺序进行插装,注意按照集成芯片的方位标志正确连接,将拔河游戏机的 6 个部分按图 7.51 所示电路连接好,对电路进行反复检查,检查无

误后,可通电进行调试。

实训报告

①分析整形电路的工作原理,解释其在拔河游戏机电路中的作用。

②列出拔河游戏机电路所用元器件的逻辑功能表和集成电路的引脚排列功能图。

③针对实训内容进行总结,对出现的故障进行分析,说明解决问题的方法。

附　录

国标(GB 3430—89)集成电路型号命名由五部分组成,各部分的含义见附表1。常见集成电路(IC)芯片的封装形式见附表2。

附表1　国标集成电路的型号命名

原国标规定的命名方法				
第一部分	第二部分	第三部分	第四部分	第五部分
中国国标产品	器件类型	用阿拉伯数字和字母表示器件系列品种	工作温度范围	封装
C	T:TTL 电路	其中 TTL 分为:	C:0～70 ℃	F:多层陶瓷扁平
	H:HTTL 电路	54/74×××	G:−25～70 ℃	B:塑料扁平
	E:ECL 电路	54/74H×××	L:−25～85 ℃	H:黑瓷扁平
	C:CMOS 电路	54/74L×××	E:−40～85 ℃	D:多层陶瓷双列直插
	M:存储器	54/74S×××	R:−55～85 ℃	J:黑瓷双列直插
	U:微型机电路	54/74LS×××	M:−55～125 ℃	P:塑料双列直插
	F:线性放大器	54/74AS×××		S:塑料单列直插
	W:稳压器	54/74ALS×××		T:金属圆壳
	D:音响、电视电路	54/F×××		K:金属菱形
	B:非线性电路			C:陶瓷芯片载体
	J:接口电路			E:塑料芯片载体
	AD:A/D 转换器	CMOS 分为:		G:网格针栅阵列
	DA:D/A 转换器	4000 系列		本手册中采用了:
	SC:通信专用电路	54/74HC×××		SOIC:小引线封装(泛指)
	SS:敏感电路	54/74HCT×××		PCC:塑料芯片载体封装
	SW:钟表电路			LCC:陶瓷芯片载体封装
	SJ:机电仪电路			W:陶瓷扁平
	SF:复印机电路			

①第一部分用字母"C"表示该集成电路为中国制造,符合国家标准;

②第二部分用字母表示集成电路的类型;

③第三部分用数字或数字与字母混合表示集成电路的系列和品种代号;

④第四部分用字母表示电路的工作温度范围;

⑤第五部分用字母表示电路的封装形式

附表 2　常见集成电路(IC)芯片的封装形式

金属圆形封装　TO99	
	最初的芯片封装形式。引脚数为 8 ~ 12。散热好,价格高,屏蔽性能良好,主要用于高档产品
PZIP(Plastic Zigzag In-line Package)塑料 ZIP 型封装	
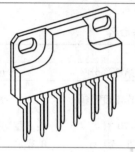	引脚数为 3 ~ 16。散热性能好,多用于大功率器件
SIP(Single In-line Package)单列直插式封装	
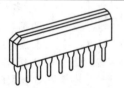	引脚中心距通常为 2. 54 mm,引脚数为 2 ~ 23,多数为定制产品。造价低且安装便宜,广泛用于民用产品
DIP(DualIn-line Package)双列直插式封装	
	绝大多数中小规模 IC 均采用这种封装形式。其引脚数一般不超过 100 个。适合在 PCB 板上插孔焊接,操作方便。塑封 DIP 应用最广泛
SOP(Small Out-Line Package) 双列表面安装式封装	
	引脚有 J 形和 L 形两种形式,中心距一般分为 1. 27 mm 和0. 8 mm 两种。引脚数为 8 ~ 32。体积小。是最普及的表面贴片封装

续附表 2

金属圆形封装　TO99

PQFP(Plastic Quad Flat Package)塑料方形扁平式封装

 芯片引脚之间距离很小,管脚很细,一般大规模或超大型集成电路都采用这种封装形式。其引脚数一般在 100 个以上。适用于高频线路,一般采用 SMT 技术在 PCB 板上安装

PGA(Pin Grid Array Package)插针网格阵列封装

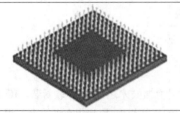 插装型封装之一,其底面的垂直引脚呈阵列状排列,一般要通过插座与 PCB 板连接。引脚中心距通常为 2.54 mm,引脚数为 64 ~ 447。插拔操作方便,可靠性高,可适应更高的频率

BGA(Ball Grid Array Package)球栅阵列封装

 表面贴装型封装之一,其底面按阵列方式制作出球形凸点用以代替引脚。适应频率超过100 MHz,I/O 引脚数大于 208 Pin(引角数的单位)。电热性能好,信号传输延迟小,可靠性高

PLCC(Plastic leaded Chip Carrier)塑料有引线芯片载体

 引脚从封装的四个侧面引出,呈 J 字形。引脚中心距为 1.27 mm,引脚数为 18 ~ 84。J 形引脚不易变形,但焊接后的外观检查较为困难

CLCC(Ceramic leaded Chip Carrier)陶瓷有引线芯片载体

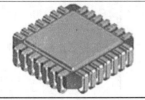 陶瓷封装。其他同 PLCC

续附表2

金属圆形封装　TO99

LCCC(leaded Ceramic Chip Carrier) 陶瓷无引线芯片载体

芯片封装在陶瓷载体中,无引脚的电极焊端排列在底面的四边。引脚中心距为 1.27 mm,引脚数为18~156。高频特性好,造价高,一般用于军用产品

COB(Chip On Board) 板上芯片封装

裸芯片贴装技术之一,俗称软封装。IC 芯片直接黏结在 PCB 板上,引脚焊在铜箔上并用黑塑胶包封,形成"帮定"板。该封装成本最低,主要用于民用产品

SIMM(Single Ln-line Memory Module) 单列存储器组件

通常指插入插座的组件。只在印刷基板的一个侧面附近配有电极的存储器组件。引角中心距有2.54 mm (30 Pin)和1.27 mm (72 Pin)两种规格

FP(Flat Package)扁平封装	LQFP(Low Profile Quad Flat Package)薄型 QFP
	 封装本体厚度为1.4 mm

HSOP 带散热器的 SOP	CSP(Chip Scale Package)芯片缩放式封装
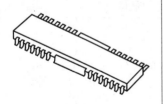	 芯片面积与封装面积之比超过 1∶1.14

参 考 文 献

[1] 卢庆林. 电子产品工艺实训[M]. 西安:西安电子科技大学出版社,2006.

[2] 夏西泉,刘良华. 电子工艺与技能[M]. 北京:机械工业出版社,2011.

[3] 王天曦,李鸿儒. 电子技术工艺基础[M]. 北京:清华大学出版社,2010.

[4] 王永红. 电子产品安装与调试[M]. 北京:中国电力出版社,2012.

[5] 王成安,马宏骞. 电子产品整机装配实训[M]. 北京:人民邮电出版社,2010.

[6] 史久贵. 基于 Altium Designer 的原理图与 PCB 设计[M]. 北京:机械工业出版社,2009.

[7] 梁湖辉,郑秀华. 电子工艺实训教程[M]. 北京:中国电力出版社,2009.

[8] 人力资源和社会保障部教材办公室. 电子专业技能训练[M]. 北京:中国劳动社会保障出版社,2009.